非洲

电力市场规划研究

中国水电顾问集团国际工程有限公司　编著

中国水利水电出版社
www.waterpub.com.cn

内 容 提 要

本书共六部分，25章。内容主要包括非洲自然地理、社会经济、自然资源、政治及对外关系概况、能源资源的开发现状及规划情况、电力系统现状、电力需求预测、电力发展规划等，同时，书中还推荐了重点合作国别，并提出了中国和非洲国家电力合作重点领域以及有关市场开发建议。

本书可作为中国企业开展非洲电力工程投资、工程承包和工程咨询的基础材料，也可为政府部门了解非洲社会经济、能源资源和电力市场等提供参考。

图书在版编目（ＣＩＰ）数据

非洲电力市场规划研究 / 中国水电顾问集团国际工程有限公司编著. -- 北京：中国水利水电出版社，2015.6
ISBN 978-7-5170-3331-8

Ⅰ．①非… Ⅱ．①中… Ⅲ．①电力市场－经济规划－研究－非洲 Ⅳ．①F440.66

中国版本图书馆CIP数据核字(2015)第144389号

审图号：GS（2015）645号

书　　　名	**非洲电力市场规划研究**
作　　　者	中国水电顾问集团国际工程有限公司　编著
出 版 发 行	中国水利水电出版社 （北京市海淀区玉渊潭南路1号D座　100038） 网址：www.waterpub.com.cn E - mail：sales@waterpub.com.cn 电话：(010) 68367658（发行部）
经　　　售	北京科水图书销售中心（零售） 电话：(010) 88383994、63202643、68545874 全国各地新华书店和相关出版物销售网点
排　　　版	中国水利水电出版社微机排版中心
印　　　刷	北京纪元彩艺印刷有限公司
规　　　格	184mm×260mm　16开本　14.25印张　338千字　1插页
版　　　次	2015年6月第1版　2015年6月第1次印刷
印　　　数	0001—1500册
定　　　价	**80.00元**

凡购买我社图书，如有缺页、倒页、脱页的，本社发行部负责调换

版权所有·侵权必究

本书编委会

主 任 委 员 　陈观福

副主任委员 　王宴涛　　胡俊德　　李斯胜

主要汇编人员

综 合 篇　　黄银华　　章立欣　　郭亚男

北部非洲篇　　杨　磊　　黄银华　　于开坤　　丛翔宇　　于　健
　　　　　　　郑　翔

东部非洲篇　　赵　恺　　章立欣　　刘华振　　周　婷　　许　可
　　　　　　　程　帅　　庞　浩

西部非洲篇　　周　佳　　温　鹏　　何　一　　吴晓蓉　　周再举
　　　　　　　钟继友　　蔺令行　　朱　杰

中部非洲篇　　姚晨晨　　雷倪铭　　田　薇　　杨　华　　李华昌
　　　　　　　王旭辉　　诸建益　　范正行

南部非洲篇　　覃俊杰　　朱瑞柱　　王　昆　　王晓冬　　贾浩帅
　　　　　　　张　娉　　卢锟明　　徐　栋

主要审稿人员　钱钢粮　　李斯胜　　王朝阳　　潘登宇　　杨霄霄
　　　　　　　　　杨立锋　　牟兴明　　张文江　　刘碚洪　　高朝荣
　　　　　　　　　张云杰　　程春萌　　张　明　　陈汉雄　　杨　华
　　　　　　　　　程　杰

前　　言

　　非洲为世界第二大洲，包括 54 个国家和 6 个地区，在地理上习惯分为北部非洲、东部非洲、西部非洲、中部非洲和南部非洲等五个区域。非洲拥有丰富的煤炭、石油、天然气和水能资源，同时太阳能、风能、地热等新能源资源也很丰富，但由于非洲国家历史上长期遭受殖民主义统治和掠夺，独立后经济发展较缓慢，基础设施较落后，上述能源资源未能得到很好的开发利用。

　　21 世纪以来，非洲经济迸发出巨大活力，连续十几年年均增长超过 5%，经受住了国际金融危机的严峻考验。非洲社会总体保持稳定，经济进入增长快车道，正在成为崛起的大陆。2012 年非洲经济增速达 5.0%，远超世界平均水平的 2.2%，46 个非洲国家的经济增长率超过世界平均水平；2013 年全球增长最快的 10 个国家中非洲占 7 个。部分发展中国家，如赤道几内亚、塞舌尔、加蓬、毛里求斯、南非、博茨瓦纳、安哥拉、阿尔及利亚等，已步入了中高等收入国家的行列。非洲拥有 10 亿多人口，经济总量达 2 万亿美元，被公认为全球重要的新兴市场。非洲 35 岁以下人口占总人口的 70% 左右，拥有巨大的人口红利。越来越多的学者认为，非洲将成为全球经济增长新的一极。

　　但非洲较落后的交通、电力等基础设施，已严重阻碍了非洲社会和经济的可持续发展。非洲陆地面积占世界陆地总面积的 20.2%，而其铁路总长度仅占世界铁路总长度的 7%，且还有 13 国不通铁路；截至 2013 年，非洲人均电源装机容量仅约 0.139kW，远低于世界人均电源装机容量的 0.74kW；非洲普通公路和高速公路的密度分别仅为世界平均水平的 1/4 和 1/10。

　　近年来，随着经济稳步发展，非洲国家对基础设施建设需求快速增长。从全球范围来讲，非洲已超越亚洲和拉美，成为基础设施行业发展潜力最为强劲的地区。加之非洲不同国家发展阶段的差异性，可以预见，未来 20 年，非洲将进入交通、电力、能源、水利、通信等基础设施建设的旺盛时期。这为中国工程建设企业进一步开拓非洲市场提供了巨大机遇。

　　中国经过多年发展，在交通、电力、能源、水利、通信等基础设施建设领域已具备较强的投资和建设能力，在国际上享有良好声誉。中国不仅装备技术完善，运营经验成熟，而且性价比高、质量有保障，能较好地满足非洲国家基础设施和产业发展的现实需求，具有很强的互补性。因此，中非双方合作，取长补短，必将为各自发展注入更强劲的动力。

中非经贸合作不断深入，中国连续5年成为非洲第一大贸易伙伴国，2013年中非贸易额高达2102亿美元；中国对非洲投资35亿美元，增长20.3%，对非洲累计直接投资存量达到252亿美元，在非洲投资的中国企业超过2500家。2013年，中国对非洲承包工程业务新签合同额678.4亿美元，同比增长5.9%，完成营业额479亿美元，同比增长17.3%，业务范围主要分布在交通运输、电力、房建、通信等行业。非洲已连续四年成为中国第二大海外工程承包市场，是中国企业走出去势头最旺的市场。

2014年上半年，习近平主席和李克强总理相继访问非洲，极大地促进了中非经贸合作。2014年5月初，李克强总理在非盟会议中心发表题为"开创中非合作更加美好的未来"的演讲中表示，中非合作到了提质升级新阶段，力争实现到2020年中非贸易规模达到4000亿美元左右，中国对非洲直接投资存量向1000亿美元迈进，中非合作前景广阔；中方将积极参与非洲电力、公路、铁路、电信等项目建设，实现区域互联互通，让非洲内部相互联通起来；实施金融合作工程，支持双方加强在跨境本币结算、货币互换、互设金融分支机构等方面进行合作；还将实施减贫合作工程、生态环保合作工程、人文交流合作工程和和平安全合作工程。中国工程建设企业将迎来更多进入非洲市场的机会。

中国水电工程顾问集团有限公司实施"高端切入、规划先行、技术领先、融资推动"的国际发展战略，在非洲、亚洲、拉丁美洲均开展了多个国际项目的工程承包、工程投资和工程咨询工作，组织开展的埃塞俄比亚阿达玛风电场、埃塞俄比亚风电和太阳能发电规划、哥伦比亚马哥达莱纳河综合规划、泰国防洪抗旱规划、埃塞俄比亚亚的斯亚贝巴城网改造、喀麦隆颂东水电站、印度尼西亚上思索肯抽水蓄能电站咨询等项目的顺利推进，发挥了规划设计的龙头作用，以规划发掘项目，以技术带动开发，以融资推动实施，从而带动中国技术、标准、设备、承包、运营走出去。

2013年6月至2014年9月，中国水电顾问集团国际工程有限公司组织中国电力建设集团有限公司所属的13个设计院开展非洲电力市场规划研究工作，研究取得了一定的成效，在此基础上完成了本书的编写。在本书编写过程中，得到了中国电力建设集团有限公司电力勘测设计事业部和海外事业部的大力支持和指导，得到了中国电建集团北京勘测设计研究院、中国电建集团华东勘测设计研究院、中国电建集团中南勘测设计研究院、中国电建集团西北勘测设计研究院、中国电建集团成都勘测设计研究院、中国电建集团贵阳勘测设计研究院、中国电建集团昆明勘测设计研究院以及福建省电力勘测设计院、河南省电力勘测设计院、河北省电力勘测设计研究院、湖北省电力勘测设计院、四川省电力设计咨询有限责任公司、江西省电力设计院的大力支持，在此表示感谢！

本书思路清晰、资料翔实，既有大量的社会经济、能源资源统计数据，又有电力规划方面的具体分析，对研究非洲能源资源、电力市场颇具指导价值，可为政府部门、中国企业开展非洲能源资源研究、非洲电力项目研究工作提供参考。

通过本书的出版，希望越来越多的中国企业能够关注非洲基础设施领域尤其是电力、交通等领域的发展，积极开发工程投资、工程承包和工程咨询项目，推动中非关系的蓬勃发展。同时，希望本书能够带动更多的研究者和行业人士，将他们的知识和经验拿出来与大家分享交流，共同促进工程承包行业的转型升级和健康发展。

由于时间和水平有限，书中难免存在不妥之处，敬请读者批评指正。

作者

2015 年 5 月

目 录

前言

综 合 篇

1 非洲概况 ·· 3

  1.1 自然地理 ··· 3

  1.2 人口与国别 ·· 4

  1.3 资源与经济 ·· 4

  1.4 中国与非洲关系 ··· 7

2 非洲能源资源状况 ··· 12

3 非洲电力系统现状及其发展规划 ······················ 15

  3.1 电力系统现状 ··· 15

  3.2 电力市场需求分析 ·· 21

  3.3 电源建设规划 ··· 23

  3.4 电力平衡分析 ··· 25

4 中非电力合作重点领域 ····································· 30

5 非洲电力项目实施意见 ····································· 32

北 部 非 洲 篇

6 北部非洲概况 ··· 37

  6.1 国家概况 ··· 37

  6.2 资源概况 ··· 42

  6.3 主要河流概况 ··· 42

7 北部非洲能源资源状况及其发展规划 ··············· 44

  7.1 能源资源概况及开发现状 ······························ 44

  7.2 能源资源开发规划 ·· 46

8 北部非洲电力系统现状及其发展规划 ··············· 49

  8.1 电力系统现状 ··· 49

  8.2 电力市场需求分析 ·· 58

8.3 电源建设规划 ·· 68

8.4 电力平衡分析 ·· 69

8.5 电网建设规划 ·· 70

8.6 区域电网互联互通规划 ·· 71

9 中国与北部非洲国家电力合作重点领域 ···················· 74

东 部 非 洲 篇

10 东部非洲概况 ·· 79

10.1 国家概况 ·· 79

10.2 资源概况 ·· 82

10.3 主要河流概况 ·· 83

11 东部非洲能源资源状况及其发展规划 ····················· 84

11.1 能源资源概况及开发现状 ···································· 84

11.2 能源资源开发规划 ·· 86

12 东部非洲电力系统现状及其发展规划 ····················· 88

12.1 电力系统现状 ·· 88

12.2 电力市场需求分析 ·· 92

12.3 电源建设规划 ·· 94

12.4 电力平衡分析 ·· 95

12.5 电网建设规划 ·· 96

12.6 区域电网互联互通规划 ······································ 98

13 中国与东部非洲国家电力重点合作领域 ·················· 103

西 部 非 洲 篇

14 西部非洲概况 ·· 107

14.1 国家概况 ··· 107

14.2 资源概况 ··· 117

14.3 主要河流概况 ··· 119

15 西部非洲能源资源状况及其发展规划 ···················· 121

15.1 能源资源概况及开发现状 ··································· 121

15.2 能源资源开发规划 ··· 126

16 西部非洲电力系统现状及其发展规划 ···················· 131

16.1 电力系统现状 ··· 131

16.2 电力市场需求分析 ··· 138

16.3 电源建设规划 ·· 140

16.4 电力平衡分析 ·· 140

16.5 电网建设规划 ·· 142

16.6 区域电网互联互通规划 ·· 145

17 中国与西部非洲国家电力合作重点领域 ·························· 147

中 部 非 洲 篇

18 中部非洲概况 ··· 151

18.1 国家概况 ··· 151

18.2 资源概况 ··· 153

18.3 主要河流概况 ·· 154

19 中部非洲能源资源状况及其发展规划 ······························· 156

19.1 能源资源概况及开发现状 ·· 156

19.2 能源资源开发规划 ·· 160

20 中部非洲电力系统现状及其发展规划 ······························· 166

20.1 电力系统现状 ·· 166

20.2 电力市场需求分析 ·· 168

20.3 电源建设规划 ·· 169

20.4 电力平衡分析 ·· 170

20.5 电网建设规划 ·· 171

20.6 区域电网互联互通规划 ·· 172

21 中国与中部非洲国家电力合作重点领域 ·························· 174

南 部 非 洲 篇

22 南部非洲概况 ··· 179

22.1 国家概况 ··· 179

22.2 资源概况 ··· 183

22.3 主要河流概况 ·· 184

23 南部非洲能源资源状况及其发展规划 ······························· 190

23.1 能源资源概况及开发现状 ·· 190

23.2 能源资源开发规划 ·· 193

24 南部非洲电力系统现状及其发展规划 ······························· 197

24.1 电力系统现状 ·· 197

24.2 电力市场需求分析 ·· 203

24.3 电源建设规划 ·· 206

24.4 电力平衡分析 ·· 207

24.5 电网建设规划 ·· 208

24.6 区域电网互联互通规划 ······························ 211

25 中国与南部非洲国家电力合作重点领域 ······················ 214

参考文献 ·· 216

综合篇

1 非 洲 概 况

1.1 自然地理

非洲位于东半球的西南部，地跨赤道南北，西北部的部分地区伸入西半球。东濒印度洋，西临大西洋，北隔地中海和直布罗陀海峡与欧洲相望，东北隅以狭长的红海与苏伊士运河紧邻亚洲，大陆东至哈丰角（东经51°24′、北纬10°27′），南至厄加勒斯角（东经20°02′、南纬34°51′），西至佛得角（西经17°33′、北纬34°45′），北部至吉兰角（东经9°50′、北纬37°21′）。非洲总面积约3020万km²（包括附近岛屿），南北长约8000km，东西长约7403km。约占世界陆地总面积的20.2%，仅次于亚洲，为世界第二大洲。

非洲有世界第四大岛——马达加斯加岛。其他小一些的岛屿有东部的塞舌尔群岛、索科特拉岛等；东南部有科摩罗、毛里求斯、留尼旺等；西南部的有亚森欣、圣赫勒拿岛和特里斯坦-达库尼亚群岛；西部有维德角、比热戈斯群岛、比奥科和圣多美与普林西比岛；西北部则有亚速群岛、马德拉群岛和加那利群岛等。

非洲为高原型大陆，平均海拔750m，地势比较平坦，大部分山脉分布于南北两端。以刚果河河口至埃塞俄比亚高原北部边缘为界，东南半部多海拔1000m以上的高原；西北半部大多在海拔500m以下。非洲较高大的山多矗立在高原的沿海地带：西北沿海有阿特拉斯山脉，东部有肯尼亚山和乞力马扎罗山，南部有德拉肯斯山脉。乞力马扎罗山是一座活火山，海拔5895m，为非洲最高峰。非洲东部的大裂谷是世界上最长的裂谷带，南起希雷河口，北至西亚的死海北部，长约6400km。裂谷中有不少狭长的湖泊，水深岸陡，埃塞俄比亚高原东侧的阿萨勒湖湖面在海平面以下153m，是非洲大陆的最低点。非洲沙漠广布，沙漠面积占全非洲陆地面积的1/3，撒哈拉沙漠面积占全非洲陆地面积的1/4，是世界上最大的沙漠。

非洲大部分地区位于南北回归线之间，全年高温地区的面积广大，其气候特点是高温、少雨、干燥，气候带分布呈南北对称状。赤道横贯中央，绝大部分地域处于南北回归线内，气温一般从赤道随纬度增加而降低。全洲年平均气温在20℃以上的地带约占全洲面积95%，其中一半以上的地区终年炎热。非洲降水量从赤道向南北两侧减少，仅刚果盆地和几内亚湾沿岸一带年平均降水量在1500mm以上，年平均降水量在500mm以下的地区占全洲面积50%。刚果盆地和几内亚湾沿岸一带属热带雨林气候。地中海沿岸一带夏热干燥、冬暖多雨，属亚热带地中海式气候。北非撒哈拉沙漠、南非高原西部降雨量极少，属热带沙漠气候。其他广大地区夏季多雨、冬季干旱，多属热带草原气候。马达加斯加岛东部属热带雨林气候，西部属热带草原气候。

1.2 人口与国别

非洲为世界第二大洲，2012 年人口约 10.6 亿，约占世界总人口的 15%，居世界第二位。城市人口约占全洲人口的 26%，目前非洲人口以年均 2.3% 的速度增长，远高于亚洲的 1%，其中撒哈拉以南非洲人口增长率又高于撒哈拉以北非洲。非洲人口的出生率、死亡率和增长率均居世界各洲的前列。非洲人口分布极不平衡，尼罗河沿岸及三角洲地区，约 1000 人/km²；撒哈拉、纳米布、卡拉哈迪等沙漠和一些干旱草原、半沙漠地带不到 1 人/km²，还有大片的无人区。非洲人口结构年轻，且将继续向年轻化发展，贫困人口众多。

非洲大部分居民属于黑种人。非洲是世界上种族成分最复杂的大洲，拥有 700 多个民族和部族。根据语言近似的程度，非洲的语言属下列基本语系：苏丹语系，属此语系的居民占全洲人口 32%，分布在撒哈拉以南，赤道以北，埃塞俄比亚以西至大西洋沿岸的地带；班图语系，属此语系的居民占全洲人口 30%，分布在赤道以南地区；闪米特-含来特语系，属此语系的阿拉伯人占全洲人口 21%，占世界阿拉伯人总数的 66%，主要分布在北非各国；此外还有少数其他语系，如马来-波利尼西亚语系。

非洲目前有 60 个国家和地区。从地理上可将其划分为北部非洲、东部非洲、西部非洲、中部非洲和南部非洲 5 大区域。

北部非洲通常包括苏丹、南苏丹、埃及、利比亚、突尼斯、阿尔及利亚、摩洛哥、亚速尔群岛（葡）和马德拉群岛（葡）等 9 个国家和地区。北部非洲的面积 826.1 多万 km²，人口约 2.2 亿。

东部非洲通常包括埃塞俄比亚、肯尼亚、坦桑尼亚、乌干达、厄立特里亚、吉布提、卢旺达、布隆迪、索马里和塞舌尔等 10 个国家。东部非洲面积约 370 万 km²，人口约 2.3 亿。

西部非洲包括贝宁、多哥、佛得角、几内亚、几内亚比绍、加纳、科特迪瓦、利比里亚、马里、毛里塔尼亚、尼日尔、尼日利亚、塞拉利昂、塞内加尔、布基纳法索、西撒哈拉、冈比亚和加那利群岛（西）等 18 个国家和地区。西部非洲面积约 628.5 万 km²，人口约 3.2 亿。

中部非洲通常包括刚果（金）、刚果（布）、中非共和国、加蓬、赤道几内亚、乍得、喀麦隆、圣多美和普林西比等 8 个国家和地区。西部非洲面积 536.6 万 km²，人口约 1.2 亿。

南部非洲通常包括安哥拉、南非、赞比亚、马达加斯加、莫桑比克、纳米比亚、津巴布韦、博茨瓦纳、莱索托、马拉维、毛里求斯、斯威士兰、科摩罗、留尼汪岛（法）、圣赫勒拿岛（英）等 15 个国家和地区。南部非洲面积 658.8 万 km²，人口约 1.7 亿。

本书将非洲 5 大区域共 48 个电力市场发展前景较好的国家作为研究对象，这些国家是非洲最主要的电力市场。

1.3 资源与经济

1.3.1 自然资源

非洲拥有丰富的矿产、水力、农林业等资源。世界上最重要的 50 种矿产非洲都不缺少，其中有 17 种矿产的蕴藏量居世界第一。非洲的铂、锰、铬、钌、铱等矿藏蕴藏量占世界总储量的 80% 以上，磷酸盐、钯、黄金、金刚石、锗、钴和钒等矿藏占世界总储量的 50% 以上，铀、钽、铯、铝矾土、氟石、锆、石墨和铪等矿藏也占世界总储量的 30% 以上。

非洲矿产资源中铜、钴主要分布在赞比亚与刚果（金）等国；黄金主要分布在南非、加纳、津巴布韦和刚果（金）等；金刚石主要分布在刚果（金）、南非、博茨瓦纳、加纳、纳米比亚等国；铬、铂、镍主要分布在南非和津巴布韦；煤炭主要分布在南非、博茨瓦纳、津巴布韦等国；铝矾土主要分布在几内亚、喀麦隆、马里等国；铀主要分布在尼日尔、南非、纳米比亚等国。

非洲森林资源主要分布在刚果（金），其覆盖面积约 1.25 亿 hm²，占非洲热带森林面积的一半，可采面积 8000 万 hm²，目前仅采伐 62 万 hm²。另外，非洲水力资源、渔业资源极其丰富，开发潜力巨大。

被称为"不毛之地"的撒哈拉沙漠是个巨大的能源宝库，地下蕴藏着大量可供开采的石油，其周围的埃及、苏丹、南苏丹、利比亚、阿尔及利亚、突尼斯都是重要的石油出口国；几内亚湾也是世界重要的油气出产地之一，目前几内亚湾探明拥有油气资源的国家包括尼日利亚、赤道几内亚、喀麦隆、加蓬、刚果（布）、安哥拉等国家。

各国自然资源种类及储量详见各区域篇章。

1.3.2 社会经济

非洲是世界上社会经济发展较落后的大洲之一。除少数国家外，各国经济总量较小，以传统农业为主，经济基础薄弱。2012 年非洲各国 GDP 总值约 20284.9 亿美元，人均 GDP 约为 1914 美元。本次研究的 48 个国家总面积为 2939.2 万 km²，占非洲总面积的 97.3%；人口约 102543 万人，占非洲总人口的 96.7%；2012 年该 48 个国家 GDP 总值约 20063.5 亿美元，占非洲经济总量的 98.9%；平均经济增长率约为 8.0%，人均 GDP 约为 1957 美元❶。非洲 48 国国情统计如表 1-1 所示。

表 1-1　　　　　非洲 48 国国情统计表（2012 年数据）

区域	国家	面积/km²	人口/万人	GDP/亿美元	人均GDP/亿美元	经济增长率/%	通货膨胀率/%	失业率/%	外汇和黄金储备/亿美元	外债总额/亿美元
北部非洲	苏丹	188.6	3678	587.7	1598		31.5			
	南苏丹	62	826	93.4	1131					
	埃及	100.2	8207	2572.9	3135	1.5	10.1	13.5	136	349.1
	利比亚	176	660	830	12576		6.7	40	719.9	52.8
	突尼斯	16.4	1073	456.6	4255	2.9	5.6	18.1	78	246
	阿尔及利亚	238.2	3780	2079.6	5502	2.5	8.4	10	1892	43
	摩洛哥	44.7	3260	967.3	2967	2.4	1.4	9	168	296

❶ 数据来自世界银行统计资料。

区域	国家	面积/km²	人口/万人	GDP/亿美元	人均GDP/亿美元	经济增长率/%	通货膨胀率/%	失业率/%	外汇和黄金储备/亿美元	外债总额/亿美元
东部非洲	埃塞俄比亚	110.4	9087	431.3	475	9	8			
	肯尼亚	58.3	4107	372.3	907	2.6	9.2			
	坦桑尼亚	94.5	4274	282.5	661	6.7	11.1			
	乌干达	24.2	3461	198.8	574	3.4	23.2			
	厄立特里亚	12.5	594	30.9	520	17	20			
	吉布提	2.3	92	12.4	1348	5	9.2			
	卢旺达	2.6	1137	71	624	8	5.9			
	布隆迪	2.8	1021	24.7	242	4	15.4			
西部非洲	贝宁	11.3	933	75.6	810	5.4	6.8		7.13	14.23
	多哥	5.7	677	38.1	563	5.6	2.6		4.42	6.43
	佛得角	0.4	52	19	3654	4.3	2.5		3.76	10.25
	几内亚	24.6	1060	67.7	639	3.9	15.2		1.14	31.39
	几内亚比绍	3.6	160	8.9	556	−1.5	2.1		1.65	2.84
	加纳	23.9	2479	407.1	1642	7.9	9.2		53.68	112.89
	科特迪瓦	32.2	2150	246.8	1148	9.5	1.3		39.28	120.12
	利比里亚	11.1	379	17.7	467	10.8	6.8		5	4.48
	马里	124.1	1416	103.1	728	−1.2	5.4		13.41	29.31
	毛里塔尼亚	103.1	328	42	1280	7.6	4.9		9.49	27.09
	尼日尔	126.7	1647	65.7	399	11.2	0.5		10.15	14.08
	尼日利亚	92.4	15521	2626.1	1692	6.6	12.2		464.05	131.08
	塞拉利昂	7.2	536	38	709	15.2	12.9		4.78	10.19
	塞内加尔	19.7	1264	141.6	1120	3.7	1.4	47	20.82	43.2
	布基纳法索	27.4	1675	104.4	623	5.6	2.7			
中部非洲	刚果（金）	234.5	7171	178.7	249	7.2			16.3	
	刚果（布）	34.2	424	136.8	3226	3.8			55.5	
	中非共和国	62.3	495	21.4	432	4.1			1.6	
	加蓬	26.8	158	186.6	11810	6.1			23.5	
	赤道几内亚	2.8	67	177	26418	2.5			44	
	乍得	128.4	1075	110.2	1025	5			11.6	
	喀麦隆	47.5	1971	249.8	1267	4.7			33.8	
南部非洲	安哥拉	124.7	1334	1142	8561	6.8	10.3	20	346.3	196.5
	南非	121.9	4900	3843	7843	2.6	5.2	24.4	549.8	475.6
	赞比亚	75.3	1388	206.8	1490	6.1	6.5	14	26.16	54.45
	马达加斯加	59.1	2192	99.8	455	1.8	9.2	2.3	12.94	26.31
	莫桑比克	79.9	2294	145.9	636	7.5	3.5	27	26.26	48.8

续表

区域	国家	面积/km²	人口/万人	GDP/亿美元	人均GDP/亿美元	经济增长率/%	通货膨胀率/%	失业率/%	外汇和黄金储备/亿美元	外债总额/亿美元
南部非洲	纳米比亚	82.4	215	128.1	5958	4	6.5	28	18.4	42.04
	津巴布韦	39.1	1208	108.1	895	5	8.3		4.2	69.75
	博茨瓦纳	58.2	207	144.1	6961	3.8	6.9	7.5	86.5	19.68
	莱索托	3	192	24.5	1276	3.8	6.1	57	10.9	7.15
	马拉维	11.8	1588	42.6	268	1.6	34.6		3.2	12.14
	毛里求斯	0.2	130	104.9	8069	3.4	4.7	8	28.5	57.68
合计		2939.2	102543	20063.5	1957	8.03				

非洲的黄金、金刚石、铁、锰、磷灰石、铝矾土、铜、铀、锡、石油等矿产资源的产量都在世界上占有重要地位。轻工业以农畜产品加工、纺织为主。木材工业有一定的基础，制材厂较多。重工业有冶金、机械、金属加工、化学和水泥、大理石采制、金刚石琢磨、橡胶制品等部门。农业在非洲国家国民经济中占有重要的地位，是大多数国家的经济支柱。非洲的粮食作物种类繁多，有麦、稻、玉米、小米、高粱、马铃薯等。非洲的经济作物，特别是热带经济作物在世界上占有重要地位，棉花、剑麻、花生、油棕、腰果、芝麻、咖啡、可可、甘蔗、烟叶、天然橡胶、丁香等的产量都很高。畜牧业发展较快，牲畜头数多，但畜产品商品率低，经营粗放落后。渔业资源丰富，但渔业生产仍停留在手工操作阶段，近年来淡水渔业发展较快。非洲交通运输业较不发达，至今尚未形成完整的交通运输体系，大多数交通线路从沿海港口伸向内地，运输方式以公路为主，另有铁路、海运和空运等。

尽管非洲国家在过去10年里平均收入水平有所提高，经济状况有所改善，但今后相当一段时期内仍不足以解决收入低下、社会发展不平衡等问题。目前安哥拉、埃塞俄比亚、尼日利亚、加纳、莫桑比克、塞内加尔、坦桑尼亚和乌干达等大多数国家经济增长较快，但仍有部分非洲国家仍很大程度上依赖各种援助。

1.4 中国与非洲关系

1.4.1 中国与非洲间经贸关系

自1949年新中国诞生以来，中国与广大非洲国家相继建立了外交关系。中国与非洲国家在"和平共处五项原则"和"中国对外援助八项原则"的指导下，建立起牢固的友谊和广泛的合作。60多年来，中国与非洲关系不断深入发展，政治互信进一步增加，经济合作成绩显著，双边贸易突飞猛进。截至2013年年底，中国已与51个非洲国家建立了外交关系。中国先后同非洲50多个国家和地区建立了贸易关系，同40多个国家签订了《双边贸易协定》，与35个国家建立了双边经贸混（联）委会机制，同28个非洲国家签署了《双边鼓励和保障投资协定》，与8个非洲国家签订了《避免双重征税协定》❶。

---

❶ 摘自中华人民共和国商务部网站。

随着中非贸易额的不断增长，中非贸易占中国和非洲对外贸易的比重有所上升。2009年，中国已成为非洲第一大贸易伙伴国。2012 年，中国与非洲贸易总额达 1984.9 亿美元，创历史新高。2000—2012 年，中非贸易占中国对外贸易总额的比重从 2.23％增加到 5.13％。其中，中国自非洲进口占比从 2.47％增加到 6.23％，出口非洲的占比从 2.02％增加到 4.16％。从非洲角度看，中非贸易占非洲对外贸易的比重，呈现出更为明显的上升趋势。2000—2012 年，中非贸易占非洲对外贸易总额的比重从 3.82％增加到 16.13％。其中，非洲对中国出口的商品占比由 3.76％上升到 18.07％，从中国进口商品占比从 3.88％上升到 14.11％，增长迅速❶。

1.4.2 中国在非洲投资情况

根据统计，2009—2012 年，中国对非直接投资流量由 14.4 亿美元增至 25.2 亿美元，年均增长 20.5％，存量由 93.3 亿美元增至 212.3 亿美元，增长 1.3 倍。中国对非投资的快速增长，一方面说明非洲的发展潜力和投资吸引力，另一方面也体现出中国与非洲在投资领域合作的互补性。

截至 2012 年年底，有超过 2000 家的中国企业在非洲 50 多个国家和地区投资兴业，合作领域从传统的农业、采矿、建筑等，逐步拓展到资源产品深加工、工业制造、金融、商贸物流、地产、能源等。

作为中非合作论坛北京峰会推出的八项举措之一，截至 2012 年年底，中非发展基金在非洲 30 个国家投资 61 个项目，决策投资额 23.85 亿美元，并已对 53 个项目实际投资 18.06 亿美元。初步统计，决策投资项目全部实施后，可带动对非投资超过 100 亿美元，每年增加非洲当地出口约 20 亿美元，超过 70 万人从中受益。中国金融机构通过多种手段，积极扩大对非融资支持。2009 年中非合作论坛第四届部长级会议上，中国宣布设立"非洲中小企业发展专项贷款"。截至 2012 年年底，专项贷款累计承诺贷款 12.13 亿美元，已签合同金额 10.28 亿美元，发放贷款 6.66 亿美元，有力地支持了农林牧渔、加工制造、贸易流通等与非洲民生密切相关行业的发展。

能源矿产资源开发是非洲国家经济起飞和发展的重要动力。在这一领域，中国企业帮助非洲国家建立和发展上下游一体化的产业链，把资源优势转化为经济发展优势，并积极参与项目所在地的公共福利设施建设。在刚果（金），中国企业在开发铜钴矿的同时，建设了包括公路、医院在内的多个公共项目。在南非，进行矿产开发和加工的中国公司设立捐赠基金，赞助矿区医疗、减贫和教育事业，并建成先进的水处理设施。

制造业是中国对非投资的重点领域。2009—2012 年，中国企业对非制造业直接投资额合计达 13.3 亿美元，2012 年年底，在非制造业投资存量达 34.3 亿美元。其中，马里、埃塞俄比亚等国吸引了大量中国投资。中国企业在马里投资糖厂，在埃塞俄比亚建立玻璃、皮革、药用胶囊和汽车生产企业，在乌干达投资纺织和钢管生产项目等，弥补了所在国自然条件、资源禀赋的不足，创造了大量税收和就业。中国企业的投资给非洲社会发展带来了全方位的变化。如在津巴布韦，投资经济作物种植的中国企业向当地农户提供无息贷款，改善生产基础设施条件，进行生产全程技术指导，组织当地员工赴华访问，资助当

---

❶ 摘自《中国与非洲的经贸合作 2013》白皮书。

地建设学校、孤儿院，促进了中国企业与当地的良性互动和共同发展。

服务业具有无污染、低能耗的特点，是近年来中非投资合作的新亮点，中国企业在金融、商贸、科技服务、电力供应等领域均进行了投资。截至 2012 年年底，中国对非洲金融业直接投资存量已达 38.7 亿美元，占全部对非投资的 17.8%，这在一定程度上弥补了当地企业建设发展资金的不足。在商贸领域，中国企业与当地公司合作开发的安哥拉国际商贸城项目已经开工，建成后将成为西南部非洲最大的商贸物流中心、会展中心和投资服务中心。当前，还有众多中国中小投资者在非洲从事农副产品加工、小商品生产等，他们提供的产品和服务与非洲人民生活息息相关，对满足非洲人民生活需求、吸纳当地就业、促进中非经贸往来发挥了积极作用。随着中非人民相互了解与认知程度的加深，以及中非政府间的通力合作，这些中小投资者也将进一步融入当地社会，与当地人民共享发展成果。

近年来，随着非洲各国经济实力的增强和中非关系的日益密切，非洲企业也积极开展对华投资。截至 2012 年，非洲国家对华直接投资达 142.42 亿美元，较 2009 年增长 44%。其中，2012 年直接投资额为 13.88 亿美元，投资来源国包括毛里求斯、塞舌尔、南非、尼日利亚等，涉及石油化工、加工制造、批发零售等行业。

中非投融资合作巩固了非洲经济发展的基础，增强了非洲自主发展能力，提升了非洲在全球经济格局中的竞争力，也推动了中国企业的国际化发展。

1.4.3　中国在非洲的工程承包情况

2012 年，中国企业在非洲完成承包工程营业额 408.3 亿美元，比 2009 年增长了 45%，占中国对外承包工程完成营业总额的 35.02%[1]。非洲已连续四年成为中国第二大海外工程承包市场。来自中国的资金、设备和技术有效降低了非洲国家建设成本，使非洲基础设施落后的面貌逐步得以改善。

中国企业在非洲建成了大量市政道路、高速公路、立交桥、铁路和港口项目，有效改善了非洲国家的通行状况，促进了非洲国家内部和国家间的经贸发展和人员往来。在安哥拉，由中国企业承建的铁路修复工程，横穿安哥拉东西部。

中国通信企业在非洲参与了光纤传输骨干网、固定电话、移动通信、互联网等通信设施建设，扩大了非洲国家电信网络的覆盖范围，提升了通信服务质量，降低了通信资费。中国企业在坦桑尼亚承建的光缆骨干传输网，除覆盖坦桑尼亚境内主要省市外，还连接周边六国及东非和南非海底光缆，建成后将形成坦桑尼亚境内北部、南部和西部三个骨干环路和八条国际过境链路，提升整个东非地区的通信一体化水平。

中国与非洲国家在电源建设、电网铺设等方面合作密切，缓解了非洲部分国家长期存在的电力危机。2002 年，中国水利水电建设股份有限公司与中国葛洲坝集团股份有限公司以联营体模式在埃塞俄比亚承建的特克泽水电站项目开工。2009 年特克泽水电站正式投产发电，电站集水利、发电、灌溉等功能于一体，是该国最大的水电站，被称为埃塞俄比亚的"三峡工程"。电站建成后，埃塞俄比亚的总装机容量增加近 30%，极大地推动埃塞俄比亚国民经济发展。2003 年，中国水利电力对外公司与中国水利水电建设股份有限

---

[1]　摘自《中国与非洲的经贸合作 2013》白皮书。

公司组成联营体在苏丹承建了麦洛维大坝项目，2012 年工程正式投入使用。大坝的建设可灌溉农田面积达 100 多万亩，300 多万人将因此受益，而电站总装机容量将达到 125 万 kW，极大地缓解了苏丹电力短缺困境。2007 年，中国水利水电建设股份有限公司在加纳承建的布维水电站项目开工，项目建成后将具备灌溉、农业种植、发展渔业和观光旅游等功能。装机容量 400MW 的布维水电工程的建设，将在加纳的社会经济发展进程中发挥重要作用，同时也将造福西非更广阔的地区。2010 年，中国企业在赤道几内亚承建的马拉博燃气电厂项目开工，建成后将形成发电—输电—变电完整供电系统，从根本上改善马拉博市及毕奥科岛的电力供应状况，并对周边地区农业灌溉、生态旅游具有较大促进作用。2011 年，中国水电顾问集团与中地海外建设集团联营体，承建了埃塞俄比亚阿达玛风电项目一期。该项目的投产在当地引起了强烈的反响，埃塞俄比亚总理海尔马里亚姆对该项目给予了高度评价。

中国政府及其金融机构为非洲基础设施建设提供了大量优惠性质贷款和商业贷款。2010 年至 2012 年 5 月间，中国对非优惠性质贷款项目累计批贷 92 个项目，批贷金额达 113 亿美元。埃塞俄比亚亚的斯—阿达玛高速公路、喀麦隆克里比深水港等项目均由中国的优惠贷款支持建设。中国大型商业银行也在非洲开展了多项买方信贷，支持了加纳电网、阿尔及利亚东西高速公路、埃塞俄比亚阿达玛一期风电、二期风电等项目。

1.4.4　中国与非洲国家的政治关系

在非洲国家和人民争取民族独立、发展经济的事业中，中国政府和中国人民一直在道义上和物质上给予坚决的支持。20 世纪六七十年代，中国向非洲提供了大量无私的工程和物资援助，包括著名的坦赞铁路、毛里塔尼亚港和许多学校、医院、会议大厦、政府办公楼和体育场馆等。至 2012 年年底，我国共为 50 多个非洲国家援建 900 多个成套项目，其中，建成铁路超过 2200km，公路超过 4000km，桥梁超过 12 座，体育场馆超过 40 座，学校超过 100 所，医院超过 50 所等。

同时，非洲国家积极支持恢复中国在联合国的合法席位。1971 年 10 月 25 日，第二十六届联合国大会以高票通过阿尔巴尼亚和阿尔及利亚等 23 国提出的恢复"中华人民共和国在联合国组织中的合法权利问题"的议案，支持中国的 76 票赞成国家中有 26 票来自非洲国家。

目前中国已与 51 个非洲国家建立外交关系，与 24 个非洲国家建立了外交部间政治磋商机制。

中非高层往来频繁。早在 20 世纪 60 年代，周恩来总理就曾 3 次访问非洲，提出了中国同非洲国家发展关系的五项原则和援外八项原则，为中非关系的发展奠定了坚实的基础。江泽民主席于 1996 年对肯尼亚、埃塞俄比亚、埃及、马里、纳米比亚和津巴布韦等六国进行国事访问；胡锦涛主席于 2007 年对喀麦隆、利比里亚、苏丹、赞比亚、纳米比亚、南非、莫桑比克、塞舌尔等八国进行国事访问，2013 年 3 月底，习近平主席访问了坦桑尼亚、南非和刚果（布），并在德班金砖国家领导人会晤期间与埃及、埃塞俄比亚等多个非洲国家和非盟的领导人进行了广泛交流和沟通；许多非洲国家的国家元首和政府首脑也相继访问中国。这些访问增进了中非之间的相互了解和传统友谊，推动了中非友好合作关系的持续发展，为中非务实合作注入了新内涵、增添了正能量。

1 非 洲 概 况

改革开放以后，中国进一步明确提出把加强与广大发展中国家尤其是非洲广大国家的团结与合作作为中国对外关系的立足点和出发点，努力探讨同广大发展中国家进行双边互利合作的新途径。冷战结束后，中国与广大非洲国家的关系在经历冷战结束后的考验后得到进一步的加强。

为了加强中非磋商与合作，共同应对新世纪挑战，由一些非洲国家推动，中国倡议成立的中非合作论坛，成为探讨和加强中非合作的重要平台。在中国与非洲国家开启外交关系50周年的2006年，中国政府发表了《中国对非洲政策文件》，全面阐述了中国对非洲政策的目标及措施，规划了今后一段时期双方在各领域的合作，表明了中国发展与非洲国家合作的决心和政策。同时，胡锦涛主席代表中国政府宣布了加强对非务实合作、支持非洲国家发展的8项政策措施，把中非关系推向一个全面、深入发展的新阶段。

同时，中国与非洲地区组织和机构的合作不断加强，且日趋制度化、机制化。2011年以来，中国先后与东非共同体、西非国家经济共同体签署了《经贸合作框架协议》，共同开展在贸易便利化、直接投资、跨境基础设施、发展援助等方面的合作。金融合作方面，中国是非洲开发银行、西非开发银行和东南非贸易与开发银行的成员国。自加入以来，中国已向非洲开发银行的软贷款窗口——非洲开发基金累计承诺捐资6.15亿美元，并参与了非洲开发基金多边减债行动，支持非洲减贫和区域一体化。中国国家开发银行与南部非洲开发银行签署了《开发性金融合作协议》；并与西非开发银行签署6000万欧元专项授信贷款协议，用于支持西非经济货币联盟国家内中小企业发展。中国进出口银行、农业银行等分别与非洲开发银行签订了合作框架协议，就基础项目融资、中小企业发展等问题开展合作。此外，中国还与非洲地区知识产权组织等机构达成相关协议，为推动中非经贸关系向更高水平迈进奠定基础。

中国与联合国、世界银行等多边机构发挥各自优势，在农业、环保、培训等方面开展对非合作。中国是第一个与联合国粮农组织建立南南合作战略联盟的国家。2008年，中国宣布向联合国粮农组织捐赠3000万美元设立信托基金，重点用于支持中国参与"粮食安全特别计划"框架下的南南合作，基金使用将适度向非洲地区倾斜。截至2012年年底，中国已在该框架下，向埃塞俄比亚、毛里塔尼亚、马里等国派遣农业专家和技术人员，在农田水利、农作物生产、畜牧水产养殖和农产品加工等多个领域提供农业技术援助，为提高其农业生产能力和粮食安全水平发挥了积极作用。此外，中国还与联合国环境规划署、国际减灾战略秘书处等国际组织合作开展气候变化与减灾合作。2012年，中国承诺向国际货币基金组织非洲技术援助活动捐资1000万美元，推动非洲国家宏观管理能力建设。自2007年5月中国金融机构与世界银行建立全面合作框架机制以来，目前双方就非洲国家一些基础设施建设项目正进行可行性研究和探讨。中国金融机构与世界银行集团旗下的国际金融公司等机构长期保持良好合作关系，在西非地区电信项目上提供联合融资，共同推动了区域通信行业发展。

中国与非洲关系已经成为世界政治舞台上的重要双边关系之一，也将会随着中国、非洲大陆各自力量的增长而日趋牢固，从而促进各自社会经济的发展❶。

---

❶ 《中国与非洲的经贸合作2013》白皮书。

2 非洲能源资源状况

非洲能源资源十分丰富，其中石油、天然气主要分布在撒哈拉沙漠以北的利比亚、阿尔及利亚、埃及、苏丹、南苏丹和几内亚湾地区的尼日利亚、喀麦隆、加蓬、赤道几内亚、刚果（布）、安哥拉等国。全世界石油探明储量为 16689 亿桶，其中非洲占 7.9％；全世界天然气探明储量为 187.3 亿 m^3，其中非洲约占 7.7％；煤炭主要分布在南非和津巴布韦等国。全世界探明储量约 860938 百万 t，其中非洲约占 3.7％。2012 年非洲地区石油、天然气以及煤炭资源统计表分别见表 2-1～表 2-3。

表 2-1　　　　　　　　　　　　　非洲地区石油资源统计表

国家	阿尔及利亚	安哥拉	乍得	刚果（布）	埃及	赤道几内亚	加蓬	利比亚	尼日利亚	南苏丹	苏丹	突尼斯	其他非洲国家	非洲合计	全球总计
探明储量/亿桶	122	127	15	16	43	17	20	480	372	35	15	4	37	1303	16689

表 2-2　　　　　　　　　　　　非洲地区天然气资源统计表

国家	阿尔及利亚	埃及	利比亚	尼日利亚	其他非洲国家	非洲合计	全球总计
探明储量/万亿 m^3	4.5	2	1.5	5.2	1.3	14.5	187.3

表 2-3　　　　　　　　　　　　非洲地区煤炭资源统计表

国家	南非	津巴布韦	其他非洲国家	非洲合计	全球总计
探明储量/百万 t	30156	502	1034	31692	860938

非洲地区水能资源丰富，尼罗河、刚果河、尼日尔河、赞比西河以及奥兰治河为非洲五大河，其中尼罗河为世界第一大河，刚果河的流域面积和流量仅次于亚马逊河，位居世界第二位。世界河流水能资源理论蕴藏量为 40 万亿 kW·h，技术可开发水能资源为 14.37 万亿 kW·h，经济可开发水能资源为 8.082 万亿 kW·h。非洲河流水能资源理论蕴藏量为 4 万亿 kW·h，约占世界的 10.0％；技术可开发水能资源为 1.75 万亿 kW·h，约占世界的 12.2％。非洲主要国家水能资源统计表如表 2-4 所示。

非洲拥有丰富的风能资源，许多国家的风资源条件良好，风资源主要分布于非洲沿海地区以及撒哈拉地区。非洲全境太阳能资源都非常丰富且可利用率高，太阳能资源最为富集的地区在撒哈拉地区和南非高原。

2 非洲能源资源状况

表 2-4　　　　　　　　　非洲主要国家水能资源统计表

区域	国家	理论蕴藏量/(GW·h·a^{-1})	技术可开发量		已开发容量		开发利用率/%
			可开发容量/(GW·h·a^{-1})	可开发装机容量/MW	已开发装机容量/MW	开发截至年份	
北部非洲	苏丹		19000	5000	1593	2012	31.86
	埃及		50000	3664	2842	2012	77.6
	突尼斯	1000	250	64	62	2012	96.9
	阿尔及利亚	12000	4000	700	280	2012	40
	摩洛哥		5200		1770	2012	
东部非洲	埃塞俄比亚	650000	260000	45000	1950	2012	5
	肯尼亚	24300		1422	751	2012	53
	坦桑尼亚	39450	20000	5000	561	2012	11.2
	乌干达		12500	5300	695	2012	
	卢旺达			400	42.55	2011	10.6
	布隆迪	6000	1500	300	45.8	2012	15.3
西部非洲	贝宁	1676	497.5		66.4	2012	13.3
	多哥				65	2009	
	几内亚	26000	19400	6000	170	2012	2.8
	加纳	26000	10600	3072	1072	2012	34.9
	科特迪瓦	46000	12400	1650	640	2012	38.8
	利比里亚		11000	2343	0	2012	0
	马里		5000	1250	307	2012	24.6
	尼日尔		1300	400	0	2008	0
	尼日利亚	42750	32450	12220	1860	2008	15.2
	塞拉利昂			1200	62	2012	5.2
	塞内加尔		4250		0	2012	0
	布基纳法索		1316	75.3	35.4	2012	47
中部非洲	刚果（金）		>100000		2516	2012	2.5
	刚果（布）		>25000		209	2012	0.84
	中非共和国		>2500		22	2012	0.88
	加蓬	80000	80000	6000	170	2012	2.8
	喀麦隆	294000		20400	928	2012	4.5
南部非洲	安哥拉	150000	65000	18260	1224	2012	6.7
	南非	73000	11000	5160	661	2012	12.81
	赞比亚	52460	28753	6000	1880.75	2012	31.35
	马达加斯加	321000	180000	7800	105	2008	1.3
	莫桑比克	50000	37647	6610	2183	2009	33.03

续表

区域	国家	理论蕴藏量/ (GW·h·a⁻¹)	技术可开发量		已开发容量		开发利用率 /%
			可开发容量/ (GW·h·a⁻¹)	可开发装机 容量/MW	已开发装机 容量/MW	开发截至 年份	
南部 非洲	纳米比亚	10000	9000	2000	240	2008	12
	津巴布韦	18500	17500	7200	750	2012	10.42
	博茨瓦纳		500		0	2012	0
	莱索托			450	75.25	2012	16.72
	马拉维		6000	1200	300	2012	25
	毛里求斯				59.4	2012	90

注　1. 空白处为暂无数据。

　　2. 由于缺乏资料，尼日利亚、尼日尔、纳米比亚、马达加斯加统计年份为 2008 年，多哥、莫桑比克统计年份为 2009 年。

3 非洲电力系统现状及其发展规划

3.1 电力系统现状

非洲电力工业主要集中在南部非洲和北部非洲的几个国家（埃及、利比亚、阿尔及利亚、摩洛哥等），这些国家的发电量占全非洲 3/4 以上，且主要为火电。其他国家的电力工业规模比较小。非洲总体人均年用电量不到 500kW·h，许多国家甚至低于 100kW·h。非洲各国中电气化水平超过 30% 的只有南非、埃及、突尼斯、利比亚、阿尔及利亚、摩洛哥、津巴布韦、毛里求斯、加纳、科特迪瓦、尼日利亚等国，许多国家电气化程度还不到10%，电力系统亟待发展。

非洲电力系统主要分为五大部分，分别为北部非洲电力联合体（COMELEC）、东部非洲电力联合系统（EAPP）、西部非洲电力联营机构（WAPP）、中部非洲电力联营机构（CAPP）和南部非洲电力联盟（SAPP），各联营体内成员国间以及联营体之间均已建成或规划有电力互联线路。另外，毛里求斯、马达加斯加、佛得角等岛国为独立运行电网。

3.1.1 北部非洲

北部非洲电力联合体（COMELEC）包括苏丹、南苏丹、埃及、利比亚、突尼斯、阿尔及利亚、摩洛哥等国。北部非洲是非洲经济最发达的地区之一，用电负荷以及装机容量也是非洲最大的地区之一。北部非洲电力联合体是非洲电力工业建设最完备的电力联合体，但是近几年联合体内苏丹、利比亚等国饱受战乱和政局不稳等因素的影响，电力工业建设停滞不前，某些地区电力短缺现象十分严重，电网最大负荷和年用电量也大幅下降。

北部非洲国家 2012 年电力现状统计如表 3-1 所示。

表 3-1　　　　　　　　　北部非洲国家 2012 年电力现状统计表

国家	装机容量/MW				年发电量/(GW·h)				最大负荷 /MW	跨国送 受电情况
	合计	火电	水电	其他	合计	火电	水电	其他		
苏丹	2850	1257	1593	0	8190	2820	5370	0	1721	区外受电 73GW·h
南苏丹	22	22	0	0	70	70	0	0	22	0
埃及	27241	23712	2842	687	157400	142470	12930	2000	27000	送电至区外 1580GW·h
利比亚	8788	8206	0	582		33980	0		5981	区外受电 50GW·h
突尼斯	4095	3874	66	155	16780	16470	110	200	3353	区外受电 3GW·h
阿尔及利亚	12949	12721	228	0	54090	53700	390	0	9777	送电至区外 49GW·h
摩洛哥	6677	4652	1770	255	26370	23820	1820	730	5280	区外受电 4812GW·h
合计	62622	54444	6499	1679					47821	区外受电 3309GW·h

注　表中数据主要来源于各国公布的电力系统数据，空白处为暂无数据。

北部非洲电源结构以火电为主，截至 2012 年年底，电源总装机容量约 62622MW，其中水电装机容量 6499MW，火电装机容量 54444MW。2012 年北部非洲全社会最大负荷约 47821MW，区外受电约 3309GW·h。北部非洲电网 500kV 线路长度总计约 3630km，总变电容量约 13125MV·A；400kV 线路长度总计约 7655km，总变电容量约 22293MV·A；200kV 线路长度总计约 58922km，总变电容量约 99370MV·A。

目前，苏丹电网与埃塞俄比亚电网通过双回 220kV 线路互联，南苏丹目前没有全国互联的电网或区域电网。埃及电网与利比亚和约旦电网分别通过 220kV、400kV 线路互联，利比亚电网已与突尼斯和埃及电网通过 220kV 线路互联，突尼斯电网已和利比亚和阿尔及利亚电网通过 220kV 线路互联。

3.1.2 东部非洲

东部非洲电力联合系统（EAPP）❶ 包括埃及、苏丹、厄立特里亚、吉布提、索马里、埃塞俄比亚、南苏丹、肯尼亚、坦桑尼亚、布隆迪、卢旺达、乌干达。

东部非洲地区电力供应紧张，80％的人口用不上电（主要在农村），能源资源主要是水能、风能、石油和天然气。东部非洲拥有丰富的水电资源，其中部分项目已经得到开发。然而近几年持续的干旱给当地电力公司带来很大的压力，在水资源急缺的情况下还需保障基本供电。为此，地热发电、天然气发电、风电等新能源发电已逐步纳入东部非洲各电力公司的发电项目规划。

东部非洲国家 2012 年电力现状统计如表 3-2 所示。

表 3-2　　　　　　　　东部非洲国家 2012 年电力现状统计表

国家	装机容量/MW				年发电量/(GW·h)				最大负荷/MW	跨国送受电情况
	合计	火电	水电	其他	合计	火电	水电	其他		
吉布提	133	133	0	0	754	754	0	0	68	1 回 230kV 线路与埃塞俄比亚联络，受电 35MW
埃塞俄比亚	2278	157	1950	171	8268	388	7300	580	1261	与苏丹 230kV 双回联络，送电 100MW；与吉布提 1 回 230kV 线路联络，送电 35MW
厄立特里亚	103	103	0	0	588	588	0	0	100	目前与其他国家无电力互联
肯尼亚	2711	1940	751	20	10035	6788	3186	61	1748	肯尼亚与乌干达之间已有的 110kV 双回线路联网
坦桑尼亚	865	304	561	0	4573	1869	2704	0	1139	
布隆迪	51.3	5.5	45.8	0	257	28	229	0	47	布隆迪与刚果（金）东部、卢旺达之间通 2 回 110kV 线路联网

❶ 本次研究考虑埃及、苏丹、南苏丹电网与北部非洲电网联系更为紧密，故将其纳入北部非洲电网考虑，未计入东部非洲整体分析计算中。

国家	装机容量/MW				年发电量/(GW·h)				最大负荷/MW	跨国送受电情况
	合计	火电	水电	其他	合计	火电	水电	其他		
乌干达	822	127	695	0	3415	635	2780	0	673	乌干达与肯尼亚之间1回132kV线路，容量为118MW，乌干达与坦桑尼亚之间1回132kV线路，容量为59MW，刚果（金）东部与卢旺达、布隆迪之间通过110kV线路联网
卢旺达	92.45	38	50	4.45	349	113	213	23	84	卢旺达与刚果（金）东部、布隆迪之间通3回110kV线路联网
合计	7055.75	2807.5	4052.8	195.45	28239	11163	16412	664	4765	

注　表中数据来源于各国公布的数据。

东部非洲电源结构以水电和火电为主。截至 2012 年年底，东部非洲水电装机容量约 4052.8MW，火电装机容量约 2807.5MW，总电源装机容量合计约 7055.75MW，年总发电量 28239GW·h，最大负荷 4765MW。目前，吉布提电网与埃塞俄比亚电网间通过 1 回 230kV 线路联络，埃塞俄比亚电网与苏丹电网间通过 2 回 230kV 线路联络，肯尼亚电网与乌干达电网通过 2 回 110kV 线路联络，乌干达电网与坦桑尼亚电网通过 1 回 132 kV 线路联络，布隆迪电网与刚果（金）电网通过 2 回 110kV 线路联络，布隆迪电网与卢旺达电网通过 2 回 110kV 线路联络，卢旺达电网与刚果（金）东部电网、布隆迪电网之间通过 3 回 110kV 线路互联。

为了适应日益增长的电力需求，东部非洲国家输配电基础设施也需升级改造以满足更高的用电要求。东部非洲国家之间以及与其他地区的电力联网需求越来越高，其中肯尼亚—埃塞俄比亚直流联网、肯尼亚—乌干达—坦桑尼亚联网等工程均已列入区域电力发展规划。

3.1.3　西部非洲

西部非洲电力联营机构（WAPP）包括 2 个地理区，即 A 区和 B 区，为便于进行地区级的电力贸易，每个区有自己互联的电力系统。

西部非洲电力联营机构 A 区成员国有科特迪瓦、加纳、多哥、尼日利亚、尼日尔、布基纳法索和贝宁。这些国家的电力系统目前已与跨边界的高压互联网相联。

西部非洲电力联营机构 B 区成员国有马里、塞内加尔、几内亚、几内亚比绍、冈比亚、利比里亚和塞拉利昂。现有唯一一条跨界互联输电线路架设于塞内加尔、马里和毛里塔尼亚之间，由装机容量为 200MW 的马南塔利（Manantali）电站供电，该电站在塞内加尔河流域开发组织（OMVS）的管辖范围内，由马南塔利管理公司（SOGEM）管理运营。

目前，西部非洲电力联营机构成员国的电力部门仅向不到 30％ 的人口供电，该地区全社会最高电力负荷约 7100MW，其中约 85％ 的电力由尼日利亚、加纳和科特迪瓦三大主要电力输出国提供（仅尼日利亚就占了近 60%）。西部非洲的能源行业已严重滞后于经济发展和电力需求。由于战争和内乱，塞内加尔的电力线路曾一度被中断，塞拉利昂、利比里亚、几内亚比绍、几内亚的电力系统也曾陷于瘫痪，这种不稳定的政治局面已经打乱了电力行业的正常规划和发展。

在西部非洲，许多国家的电网都实现了互联，马里、毛里塔尼亚和塞内加尔等塞内加尔河沿岸国家在修建马南塔利大坝的同时，还配套建设了达喀尔、巴马科和努瓦克肖特互联电网。靠近几内亚湾的科特迪瓦、多哥、贝宁和加纳的电网也实现了互联。目前，西部非洲电力系统运行的最高电压等级为 330kV，其中，尼日利亚-贝宁-多哥-加纳的 330kV 跨国输电项目已部分建成。

西部非洲国家 2012 年电力现状统计如表 3-3 所示。

表 3-3　　　　　　　　　西部非洲国家 2012 年电力现状统计表

国家	装机容量/MW				年发电量/(GW·h)				最大负荷/MW	跨国送受电情况
	合计	火电	水电	其他	合计	火电	水电	其他		
几内亚	242.9	115.3	127.6	0	614.9	610.2	4.7	0	139	
几内亚比绍	5.2	5.2	0	0		0		0	29	
布基纳法索	240.4	205	35.4				619.4	0		
科特迪瓦	1240.0	600	640	0	5728	3235	2493	0	945	出口到加纳、贝宁、布基纳法索、多哥等国家
马里	432	125	307				1338	0	192	
塞拉利昂	90.6	28.6	62					0	80	
利比里亚	12.6	12.6	0	0			0	0	6	从科特迪瓦购电
多哥	281	216	65					0	169	从加纳和科特迪瓦进口
尼日利亚	8337	6477	1860	0				0	4146	
尼日尔	104.7	104.7	0	0	180	180	0	0	93	购电 260GW·h
佛得角	123.5	78	0	45.5			0		120	
贝宁	66.4	0	66.4		170	0	170	0	217	
加纳	2267	1195	1072	0				0	207	
毛里塔尼亚	150	120	30					0	120	
塞内加尔	629	569	60	0				0	440	
合计	14222.2	9851.4	4325.4	45.5						

注　1. 表中数据主要来源于各国公布的电力系统数据，空白处为暂无数据。

2. 由于缺乏资料，尼日利亚、尼日尔统计年份为 2008 年，多哥统计年份为 2009 年。

2012 年西部非洲地区电源总装机容量约为 14222.2MW，其中水电装机容量

4325.4MW，火电（含燃煤、燃气、燃油机组）装机容量9851.4MW。现有电源以火电为主，主要集中在该地区东部的尼日利亚（火电装机容量约6477MW，占西部非洲火电总装机容量的66%），另外科特迪瓦、加纳和塞内加尔火电装机规模也超过500MW。目前开发的水电主要集中在尼日利亚、加纳、科特迪瓦和马里，上述国家的水电装机容量分别为1860MW、1072MW、640MW和307MW，其余国家的水电装机容量均较小。有的国家目前还未开发水电，如几内亚比绍、利比里亚、尼日尔和佛得角等。

过去30年来，西非发电装机增长缓慢，增长速度不到其他发展中国家的一半，使得西部非洲地区与其他发展中国家甚至同等收入国家的差距进一步拉大。

西部非洲现有输电网主要分布在南部地区，输电电压等级以225kV和330kV为主，局部地区为132kV或161kV。其中，330kV输电线路覆盖了西部非洲东南部地区，主要在尼日利亚境内并连接到贝宁，加纳拥有一条330kV输电线。225kV电网主要集中在西部非洲中西部地区，主要覆盖了塞内加尔北部、马里南部少部分地区，布基纳法索中西部一些地区以及科特迪瓦全境，并由科特迪瓦通过225kV线路向加纳供电。161kV线路主要贯穿了加纳、多哥以及贝宁三个国家，其覆盖区域主要包括多哥、贝宁南部以及加纳全境，并且已经实现互联。132kV电压等级的输电线路主要位于尼日尔、尼日利亚、布基纳法索以及马里南部，主要采用链式和环网结构供电。

3.1.4 中部非洲

中部非洲电力联营机构（CAPP）包括刚果（金）、刚果（布）、中非共和国、加蓬、赤道几内亚、乍得、喀麦隆等成员国。

目前中部非洲各国电力短缺、电压不稳，如刚果（布）电力供应严重短缺，一天停电数次、几天连续停电是常有的现象。电力短缺成为制约国家经济发展的瓶颈。中部非洲电力联营机构各国电气覆盖率仍然较低，且各国间差异较大，2009年数据显示，加蓬电气覆盖率为37%，喀麦隆电气覆盖率为29%，乍得仅为4%。

中部非洲国家2012年电力现状统计如表3-4所示。

表3-4　　　　　　　　中部非洲国家2012年电力现状统计表

国家	装机容量/MW				年发电量/（GW·h）				最大负荷/MW	跨国送受电情况
	合计	火电	水电	其他	合计	火电	水电	其他		
刚果（金）	2550	34	2516	0	7453	33	7420	0	1050	区外受电755MW
刚果（布）	248	39	209	0	670	40	630	0	221	送电至区外214MW
中非共和国	43	24	19	0	86	36	50	0	60	
加蓬	414	244	170	0	1510	800	710	0	487	
赤道几内亚	316	196	120	0	550	350	200	0	138	
乍得	110	110	0	0	220	220	0	0	75	
喀麦隆	1092	206	886	0	5000	750	4250	0	913.6	
合计	4773	853	3920	0	15489	2229	13260	0	2945	

注　表中数据主要源于各国公布的电力系统数据。

2012 年中部非洲总装机规模达 4773MW，其中水电装机容量 3920MW，占总装机容量的 82%，火电装机容量 853MW，占总装机容量的 18%。2012 年中部非洲总发电量 15489GW·h，其中水电 13260GW·h，火电 2229GW·h。2012 年中部非洲全社会最大负荷约 2945MW。

中部非洲主网架的供电电压等级较多，主要有 500kV、225kV、220kV、110kV、90kV、70kV、66kV、50kV、36kV。

目前在中部非洲国家中电网互联的有以下几个国家：刚果（金）和刚果（布）（输送容量 60MW，通过 1 回 220kV 线路互连）；刚果（金）和赞比亚（输送容量 150MW，通过 1 回从 Inga 至 Kolwezi 的 500kV 直流线路和 1 回从 Kolwezi 至赞比亚北部的 Kitwe 的 220kV 线路互连）；刚果（金）和布隆迪、卢旺达（通过 110kV 线路互连）。

3.1.5 南部非洲

南部非洲电力联盟（SAPP）成立于 1995 年，目前共有 12 个国家构成：刚果（金）、安哥拉、坦桑尼亚、赞比亚、马拉维、纳米比亚、博茨瓦纳、津巴布韦、莫桑比克、南非、斯威士兰、莱索托。本书研究的南部非洲国家为 SAPP 中除了刚果（金）、斯威士兰以及坦桑尼亚的其他国家。

南部非洲国家 2012 年电力现状统计如表 3-5 所示。

表 3-5　　　　　　　　南部非洲国家 2012 年电力现状统计表

国家	装机容量/MW				年发电量/（GW·h）				最大负荷/MW	跨国送受电情况
	合计	火电	水电	其他	合计	火电	水电	其他		
安哥拉	1651	427	1224	0			6998	0	950	
南非	41689	37715	661	3313					36212	与南部非洲多国有电力联系
赞比亚	1989	108	1881	0				0	1800	赞比亚根据国内用电需求，从刚果（金）南部，以及南非购买电量
马达加斯加	287	182	105	0				0	206	
莫桑比克	2432	249	2183	0				0	2050	与南非有电力交换，富余电力送至周边津巴布韦、马拉维等国
纳米比亚	404	164	240	0				0	614	
津巴布韦	2045	1295	750	0				0	2414	主要从莫桑比克、赞比亚、南非进口电量
博茨瓦纳	202	202	0	0			0	0	585	从南非购买电量
莱索托	75	0	75	0			0	0	148	从南非购买电量

国家	装机容量/MW				年发电量/（GW·h）				最大负荷/MW	跨国送受电情况
	合计	火电	水电	其他	合计	火电	水电	其他		
马拉维	288	3	285	0					300	
毛里求斯	738	590	30	118					420	
合计	51800	40935	7434	3431						

注 1. 表中数据为各国公布的电力系统数据，空白处为暂无数据。
2. 由于缺乏资料，马达加斯加、纳米比亚为 2008 年数据；莫桑比克为 2009 年数据。

南部非洲电源装机以火电为主。截至 2012 年年底，水电装机容量 7434MW，火电装机容量 40935MW，其他电源装机容量为 3431MW，合计 51800MW。

南部非洲装机类型分布大体为"北水南火"，北部电源主要是水电，包含安哥拉、赞比亚、马拉维、津巴布韦、莫桑比克等 5 个国家。南部电源主要是火电，包含纳米比亚、博茨瓦纳、南非、莱索托、斯威士兰等 5 个国家。

3.2 电力市场需求分析

非洲各国大多是农业国，工业化水平较低，制造业不发达，经济结构雷同，产品结构相似，主要以生产农产品和矿产品为主。进入 21 世纪以来，非洲国家经济发展步入平稳增长的轨道，预计非洲电力需求在 2030 年之前总体上会呈现出快速增长的趋势。

本书以非洲各区域电力联合体发布的电力发展规划报告研究成果为基础，对 2030 年以前非洲各区域的电力系统需求情况进行预测，预计 2015 年、2020 年、2025 年、2030 年非洲最大负荷需求分别为 143020MW、190068MW、244980MW、306979MW，2015—2020 年、2020—2025 年、2025—2030 年年均增长率分别为 5.9%、5.2%、4.6%；全社会用电量分别为 852404GW·h、1121690GW·h、1433435GW·h、1786394GW·h，2015—2020 年、2020—2025 年、2025—2030 年年均增长率分别为 5.6%、5.0%、4.5%。

非洲各区域电力系统需求预测如表 3-6 所示。

表 3-6　　　　　　　　　非洲各区域电力系统需求预测

区域	项目	2015 年	2020 年	2025 年	2030 年	平均增长率/%		
						2015—2020 年	2020—2025 年	2025—2030 年
北部非洲	电量/（GW·h）	327856	472957	652419	851954	7.6	6.6	5.5
	负荷/MW	59374	85444	117697	153057	7.6	6.6	5.4
东部非洲	电量/（GW·h）	44639	71933	108520	154654	10.0	8.6	7.3
	负荷/MW	8195	13226	19751	27954	10.0	8.4	7.2

区域	项目	2015 年	2020 年	2025 年	2030 年	平均增长率/%		
						2015—2020 年	2020—2025 年	2025—2030 年
西部非洲	电量/(GW·h)	87570	129488	160992	184557	8.1	4.5	2.8
	负荷/MW	14634	21251	26230	30372	7.7	4.3	3.0
中部非洲	电量/(GW·h)	18885	27433	44476	60980	7.8	10.1	6.5
	负荷/MW	3783	5574	8777	11869	8.1	9.5	6.2
南部非洲	电量/(GW·h)	373454	419879	467028	534249	2.4	2.2	2.7
	负荷/MW	57034	64573	72525	83727	2.5	2.3	2.9
合计	电量/(GW·h)	852404	1121690	1433435	1786394	5.6	5.0	4.5
	负荷/MW	143020	190068	244980	306979	5.9	5.2	4.6

注　1. 表中总计数据未考虑各区域间负荷特性差别。
　　2. 由于布基纳法索历史数据缺乏，因此西部非洲负荷、电量数据不包含该国。

3.2.1　北部非洲

根据表 3-6 中预测结果，2015 年、2020 年、2025 年、2030 年北部非洲全社会最大负荷需求分别为 59374MW、85444MW、117697MW、153057MW，2015—2020 年、2020—2025 年、2025—2030 年年均增长率分别为 7.6%、6.6%、5.4%；全社会用电量分别为 327856GW·h、472957GW·h、652419GW·h、851954GW·h，2015—2020 年、2020—2025 年、2025—2030 年年均增长率分别为 7.6%、6.6%、5.5%。

3.2.2　东部非洲

根据表 3-6 中预测结果，2015 年、2020 年、2025 年和 2030 年东部非洲全社会最大负荷需求分别为 8195MW、13226MW、19751MW、27954MW，2015—2020 年、2020—2025 年、2025—2030 年年均增长率分别为 10.0%、8.4%、7.2%；全社会用电量分别为 44639GW·h、71933GW·h、108520GW·h、154654GW·h，2015—2020 年、2020—2025 年、2025—2030 年年均增长率分别为 10.0%、8.6%、7.3%。

3.2.3　西部非洲

根据表 3-6 中预测结果，2015 年、2020 年、2025 年、2030 年西部非洲全社会最大负荷需求分别为 14634MW、21251MW、26230MW、30372MW，2015—2020 年、2020—2025 年、2025—2030 年年均增长率分别为 7.7%、4.3%、3.0%；全社会用电量分别为 87570GW·h、129488GW·h、160992GW·h、184557GW·h，2015—2020 年、2020—2025 年、2025—2030 年年均增长率分别为 8.1%、4.5%、2.8%。

3.2.4　中部非洲

根据表 3-6 中预测结果，2015 年、2020 年、2025 年、2030 年中部非洲全社会最大负荷需求分别为 3783MW、5574MW、8777MW、11869MW，2015—2020 年、2020—2025 年、2025—2030 年年均增长率分别为 8.1%、9.5%、6.2%；全社会用电量分别为

18885GW・h、27433GW・h、44476GW・h、60980GW・h，2015—2020 年、2020—2025 年、2025—2030 年年均增长率分别为 7.8%、10.1%、6.5%。

3.2.5 南部非洲

根据表 3-6 中预测结果，2015 年、2020 年、2025 年、2030 年南部非洲全社会最大负荷需求分别为 57034MW、64573MW、72525MW、83727MW，2015—2020 年、2020—2025 年、2025—2030 年年均增长率分别为 2.5%、2.3%、2.9%；全社会用电量分别为 373454GW・h、419879GW・h、467028GW・h、534249GW・h，2015—2020 年、2020—2025 年、2025—2030 年年均增长率分别为 2.4%、2.2%、2.7%。

3.3 电源建设规划

根据非洲各区域的电力工业现状、负荷需求预测等因素，结合非洲各区域电力联合体的电力发展规划，在 2012 年的基础上，本次研究提出了非洲 2020 年、2030 年规划新增装机情况如表 3-7 所示。

表 3-7　　　　　　　　非洲 2020 年、2030 年规划新增装机情况　　　　　　　单位：MW

项　　目	2013—2020 年新增装机容量	2021—2030 年新增装机容量
规划新增装机容量	131813	203274
其中：水电	42360	62656
火电	79095	91498
风电	6138	37602
太阳能	4220	11518

非洲各区域 48 个国别 2013—2020 年共规划新增装机容量为 131813MW，其中水电新增装机容量 42360MW，火电新增装机容量 79095MW，风电新增装机容量 6138MW，太阳能发电新增装机容量 4220MW；2021—2030 年规划新增装机容量为 203274MW，其中水电新增装机容量 62656MW，火电新增装机容量 91498MW，风电新增装机容量 37602MW，太阳能发电新增装机容量 11518MW。

3.3.1 北部非洲

北部非洲 2013—2030 年共计新增电源装机容量 105279MW，其中水电 5948MW，火电 69935MW，风电 24610MW，太阳能 4786MW。北部非洲电源建设规划情况如表 3-8 所示。

表 3-8　　　　　　　　　　北部非洲电源建设规划表　　　　　　　　　　单位：MW

项　　目	水电	火电	风电	太阳能	合计
2013—2020 年新增装机容量	4456	34540	3100	1576	43672
2021—2030 年新增装机容量	1492	35395	21510	3210	61607
小计	5948	69935	24610	4786	105279

3.3.2 东部非洲

东部非洲2013—2030年共计新增电源装机容量56546MW，其中水电30565MW，火电装机23142MW，风电2769MW，太阳能70MW。东部非洲电源建设规划如表3-9所示。

表3-9		东部非洲电源建设规划表			单位：MW
项　　目	水电	火电	风电	太阳能	合计
2013—2020年新增装机容量	17762	6933	931	40	25666
2021—2030年新增装机容量	12803	16209	1838	30	30880
小计	30565	23142	2769	70	56546

3.3.3 西部非洲

西部非洲2013—2030年共计新增电源装机容量60456MW，其中水电13652MW，火电44887MW，风电938MW，太阳能979MW。西部非洲电源建设规划如表3-10所示。

表3-10		西部非洲电源建设规划表			单位：MW
项　　目	水电	火电	风电	太阳能	合计
2013—2020年新增装机容量	4703	23535	390	544	29172
2021—2030年新增装机容量	8949	21352	548	435	31284
小计	13652	44887	938	979	60456

3.3.4 中部非洲

中部非洲2013—2030年共计新增电源装机容量34464MW，其中水电31899MW，火电1187MW，风电100MW，太阳能1278MW。中部非洲电源建设规划如表3-11所示。

表3-11		中部非洲电源建设规划表			单位：MW
项　　目	水电	火电	风电	太阳能	合计
2013—2020年新增装机容量	6350	687	50	1020	8107
2021—2030年新增装机容量	25549	500	50	258	26357
小计	31899	1187	100	1278	34464

3.3.5 南部非洲

南部非洲2013—2030年共计新增电源装机容量78342MW，其中水电22952MW，火电31442MW，风电15323MW，太阳能8625MW。南部非洲电源建设规划如表3-12所示。

表3-12		南部非洲电源建设规划表			单位：MW
项　　目	水电	火电	风电	太阳能	合计
2013—2020年新增装机容量	9089	13400	1667	1040	25196
2021—2030年新增装机容量	13863	18042	13656	7585	53146
小计	22952	31442	15323	8625	78342

3.4 电力平衡分析

3.4.1 电力平衡主要原则

结合负荷预测水平、电源规划建设情况等因素，电力平衡主要原则考虑如下：

（1）计算水平年取 2020 年、2030 年。

（2）平衡中考虑丰水期和枯水期两种方式。

（3）结合非洲地区负荷特性，各区域枯水期负荷按最大负荷考虑；对于非洲整体电力平衡，由于南北地区负荷特性差异较大，枯水期负荷按各区域最大负荷之和考虑 0.8 的同时系数得到。丰水期负荷为枯水期负荷的 0.97。

（4）系统备用容量按最大负荷的 15% 考虑。

（5）丰水期水电机组出力按装机容量考虑，火电（含燃煤、燃气、燃油）机组考虑部分检修，按装机容量的 70% 出力考虑。

（6）枯水期水电机组出力按装机容量的 30% 考虑，火电机组按满发计。

（7）由于风电和太阳能发电出力具有不确定性，因此在电力平衡中不予考虑。

3.4.2 北部非洲电力平衡分析

北部非洲区域电力平衡结果如表 3-13 所示。

表 3-13　　　　　　　　　　　北部非洲区域电力平衡　　　　　　　　　　单位：MW

项　　目	2020 年		2030 年	
	丰水期	枯水期	丰水期	枯水期
一、系统总需求	95313	98261	170735	176016
（1）最大负荷	82881	85444	148465	153057
（2）系统备用容量	12432	12817	22270	22959
二、装机容量	99939	99939	136826	136826
（1）水电	10955	10955	12447	12447
（2）火电	88984	88984	124379	124379
三、可用容量	73244	92271	99512	128113
（1）水电	10955	3287	12447	3734
（2）火电	62289	88984	87065	124379
四、电力盈亏（+盈，-亏）	-22069	-5990	-71223	-47902

由表 3-13 电力平衡结果可看出，即使规划期内的规划电源均如期投产发电，无论丰水期还是枯水期，均存在较大的电力缺口，其中 2020 年最大电力缺额 22069MW，2030 年最大电力缺额高达 71223MW。因此，北部非洲一方面需加快电源建设，另一方面需积极建设电力送入通道，以解决区域电力不足的问题。

3.4.3 东部非洲电力平衡分析

东部非洲区域电力平衡结果如表 3-14 所示。

表 3 - 14　　　　　　　　　　　东部非洲区域电力平衡　　　　　　　　　　单位：MW

项　　目	2020 年		2030 年	
	丰水期	枯水期	丰水期	枯水期
一、系统总需求	14754	15210	31183	32147
（1）最大负荷	12829	13226	27115	27954
（2）系统备用容量	1924	1984	4067	4193
二、装机容量	31556	31556	60568	60568
（1）水电	21815	21815	34618	34618
（2）火电	9741	9741	25950	25950
三、可用容量	28634	16286	52783	36335
（1）水电	21815	6545	34618	10385
（2）火电	6819	9741	18165	25950
四、电力盈亏（＋盈，－亏）	13880	1076	21600	4188

　　由表 3 - 14 电力平衡结果可看出，随着规划的电厂逐步兴建投产，东部非洲区域电网 2020 年丰水期盈余电力约 13880MW，枯水期盈余电力约 1076MW；2030 年盈余量继续增长，丰水期盈余电力约 21600MW，枯水期盈余电力约 4188MW。因此，需考虑新建电力外送通道以满足电力送出。

3.4.4　西部非洲电力平衡分析

　　西部非洲区域电力平衡结果如表 3 - 15 所示。

表 3 - 15　　　　　　　　　　　西部非洲区域电力平衡　　　　　　　　　　单位：MW

项　　目	2020 年		2030 年	
	丰水期	枯水期	丰水期	枯水期
一、系统总需求	23705	24439	33880	34928
（1）最大负荷	20613	21251	29461	30372
（2）系统备用容量	3092	3188	4419	4556
二、装机容量	42373	42373	72674	72674
（1）水电	9028	9028	17977	17977
（2）火电	33345	33345	54697	54697
三、可用容量	32370	36053	56265	60090
（1）水电	9029	2709	17977.4	5393
（2）火电	23341	33344.7	38287.69	54696.7
四、电力盈亏（＋盈，－亏）	8664	11615	22385	25162

　　由表 3 - 15 电力平衡结果可看出，按照西部非洲规划电源建设，2020 年最大电力盈余约 11615MW；2030 年最大电力盈余约 25162MW。因此，需考虑新建电力外送通道或适当调整电源建设速度以适应区域内负荷增长。

3.4.5 中部非洲电力平衡分析

中部非洲区域电力平衡结果如表 3-16 所示。

表 3-16 中部非洲区域电力平衡 单位：MW

项　　目	2020 年		2030 年	
	丰水期	枯水期	丰水期	枯水期
一、系统总需求	6218	6410	13240	13649
（1）最大负荷	5407	5574	11513	11869
（2）系统备用容量	811	836	1727	1780
二、装机容量	11809	11809	37858	37858
（1）水电	10270	10270	35819	35819
（2）火电	1539	1539	2040	2040
三、可用容量	11347	4620	37247	12785
（1）水电	10270	3081	35819	10746
（2）火电	1078	1540	1428	2040
四、电力盈亏（＋盈，－亏）	5130	－1790	24007	－864

由表 3-16 电力平衡结果可看出，若规划期内的规划电源均如期投产发电，中部非洲 2020 年丰水期电力盈余约 5130MW；枯水期电力缺额约 1790MW，基本平衡。2030 年随着刚果（金）大英加水电站 39000MW 和刚果（布）的皮奥卡水电站 22000MW 等水电站的逐步建设投产，中部非洲区域丰水期电力盈余达 24007MW，需考虑送至区外消纳。但枯水期仍有 864MW 缺额，因此需考虑适当再规划新建部分火电站。

3.4.6 南部非洲电力平衡分析

南部非洲区域电力平衡结果如表 3-17 所示。

表 3-17 南部非洲区域电力平衡 单位：MW

项　　目	2020 年		2030 年	
	丰水期	枯水期	丰水期	枯水期
一、系统总需求	72031	74259	93397	96286
（1）最大负荷	62636	64573	81215	83727
（2）系统备用容量	9395	9686	12182	12559
二、装机容量	70767	70767	102672	102672
（1）水电	16432	16432	30295	30295
（2）火电	54335	54335	72377	72377
三、可用容量	54467	59265	80959	81466
（1）水电	16432	4930	30295	9089
（2）火电	38035	54335	50664	72377
四、电力盈亏（＋盈，－亏）	－17565	－14994	－12439	－14821

由表 3-17 电力平衡结果可看出，即使规划期内的规划电源均如期投产发电，无论丰水期还是枯水期，南部非洲均严重缺电，其中 2020 年最大电力缺额 17565MW，2030 年最大电力缺额高达 14821MW。因此，南部非洲除需加快电源建设外，还需加快建设电力送入通道以从邻近区域买电。

3.4.7 非洲电力平衡分析

非洲电力平衡结果如表 3-18 所示。

表 3-18　　　　　　　　　　非 洲 电 力 平 衡　　　　　　　　　单位：MW

项　　目	2020 年		2030 年	
	丰水期	枯水期	丰水期	枯水期
一、系统总需求	169617	174863	273948	282421
（1）最大负荷	147493	152054	238216	245583
（2）系统备用容量	22124	22809	35732	36837
二、装机容量	256444	256444	410598	410598
（1）水电	68500	68500	131156	131156
（2）火电	187944	187944	279442	279442
三、可用容量	200061	208494	326766	318789
（1）水电	68500	20550	131156	39347
（2）火电	131561	187944	195610	279442
四、电力盈亏（+盈，-亏）	30444	33632	52818	36368

由表 3-18 电力平衡结果可看出，2020 年非洲电力系统最大电力盈余发生在枯水期，约 33632MW，其中北部非洲存在电力缺口约 5990MW；东部非洲基本区域内平衡，略有盈余；西部非洲有较大的电力盈余，约 11615MW；中部非洲基本区域内平衡，略有1790MW 缺口；南部非洲电力缺口约 14994MW。结合电力平衡情况，规划 2020 年将中部非洲刚果（金）、刚果（布）、加蓬、喀麦隆等国水电经由安哥拉、纳米比亚电网送电至南非；规划将东部非洲乌干达水电和埃塞俄比亚、肯尼亚部分富余电力经由肯尼亚送电北部非洲的埃及，以及经吉布提、也门将富余电力送往中东地区。

2030 年随着各区域负荷增长以及电源的不断建设，非洲电力平衡出现了较大变化。2030 非洲电力系统最大盈余发生在丰水期，约 52818MW。2030 年整个非洲将处于电力较为富余状态。但就各区域而言，北部非洲属于缺电区域，缺额高达 71223MW；东部非洲由于一些大型水电站的投产，有较大电力盈余，最大电力盈余 21600MW；西部非洲仍属于电力盈余区，盈余电力多达 22385MW；中部非洲也由于大型水电站的投产，电力盈余达 24007MW；相比较而言，南部非洲仍为缺电区，缺口约 12439MW。因此为实现非洲各区域的电力平衡，缓解区域间的供需矛盾，建议加强电力互联互通，加快电力外送通道建设。同时，考虑到目前负荷预测的相对保守性，为适应非洲作为未来世界经济发动机的强劲力需求增长，建议未来仍应加大各类型电源的开发力度。

非洲区域间整体电力规划考虑如下。

3 非洲电力系统现状及其发展规划

规划 2030 年东部非洲向北部非洲送电，缓解北部非洲的缺电情况，埃塞俄比亚的富余水电电力经由苏丹向埃及、利比亚送电，剩余电力经由吉布提向中东地区的缺电地区送电。

规划 2030 年中部非洲在原有向南部非洲送电的基础上，扩建原有输电线路，并增加 2 回刚果（金）—南非±1100kV 直流输电线路输送中部非洲的富余电力（如马塔迪水电站 12000MW），以缓解南部非洲的电力紧张局面。中部非洲水能资源蕴藏量丰富，应加快水电建设步伐，争取在 2030 年前开发更多的水电电源，送电至非洲其他缺电区域，填补非洲缺电区域电力缺额。

规划到 2030 年完成西部非洲 A、B 两个区域电网的联网改造工程，以实现区域内电力平衡：B 区几内亚和塞拉利昂丰富的水电可通过规划中的西部非洲互联互通电网送电至 A 区的相对缺电的加纳、多哥、贝宁等国。

4　中非电力合作重点领域

通过对非洲 48 个国家在自然地理、矿产资源、社会经济、内政与对外关系、能源结构、电力系统现状及发展规划等方面因素的深入研究，本次遴选出 21 个中国与非洲电力合作的重点国别以及相应国家电力合作的重点领域，如表 4-1 所示。

表 4-1　　　　　　　　　　　中国和非洲电力合作的重点国家及各国重点领域

区　域	国　家	重点国别	合作重点领域				
			水电	风电	太阳能	火电	电网工程
北部非洲	苏丹	✓	✓			✓	✓
	南苏丹	✓	✓			✓	✓
	埃及				✓	✓	✓
	利比亚				✓	✓	✓
	突尼斯			✓	✓	✓	
	阿尔及利亚	✓		✓	✓	✓	
	摩洛哥	✓		✓	✓	✓	
东部非洲	埃塞俄比亚	✓	✓	✓	✓	✓	✓
	肯尼亚	✓	✓	✓	✓		✓
	坦桑尼亚	✓	✓	✓		✓	✓
	乌干达	✓	✓	✓			✓
	厄立特里亚						✓
	吉布提						✓
	布隆迪			✓			✓
	卢旺达			✓	✓	✓	✓
西部非洲	尼日利亚	✓	✓	✓	✓	✓	✓
	尼日尔						
	贝宁					✓	✓
	多哥						
	加纳	✓	✓	✓	✓	✓	✓
	科特迪瓦	✓	✓	✓		✓	
	几内亚	✓	✓			✓	✓
	塞拉利昂	✓	✓				✓
	塞内加尔				✓	✓	✓

4 中非电力合作重点领域

续表

区 域	国 家	重点国别	合 作 重 点 领 域				
			水电	风电	太阳能	火电	电网工程
西部非洲	马里				√		
	毛里塔尼亚			√			
	佛得角			√			
	利比里亚		√				
	布基纳法索						
	几内亚比绍						
中部非洲	刚果（金）	√	√				√
	刚果（布）	√	√				√
	中非		√				√
	加蓬	√	√			√	√
	赤道几内亚			√	√	√	√
	乍得			√	√		√
	喀麦隆	√	√	√	√		√
南部非洲	安哥拉	√	√	√	√		√
	南非	√		√	√	√	√
	赞比亚		√				
	马达加斯加	√	√			√	√
	莫桑比克		√				√
	纳米比亚						√
	津巴布韦		√				
	博茨瓦纳				√		√
	莱索托			√	√		
	马拉维		√				√
	毛里求斯					√	√

5 非洲电力项目实施意见

目前我国与非洲的主要工程合作方式有五种：第一种是无偿援助，包括物资援助和工程援助等；第二种是有偿援助，包括无息贷款、优惠贷款和商业贷款等；第三种是技术援助，包括技术培训、技术考察、项目设计等；第四种是工程承包，包括分项承包和设计-施工-采购合同（EPC）等；第五种是项目投资，包括PPP、BOT等。

1. 以规划、可研等设计咨询为主体实施技术援助

非洲是一个社会经济相对落后的大洲，大部分国家的基础设施条件较差、工业基础薄弱、农业相对落后、第三产业还有待发展。长期以来，西方国家对非洲的援助主要有三种方式：第一种是官方援助，包括无偿援助、无息贷款、优惠贷款，大部分是通过金融机构如美洲开发银行、法国开发署、德意志银行等对其援助，并严格控制其使用范围及其用途；第二种是技术援助，主要是通过项目考察、评估、咨询等方式帮助非洲国家开展项目的技术经济论证工作；第三种民间援助，主要是慈善单位、机构、个人向特定国家、人群、项目进行援助，已成为援助体系中非常重要的组成部分。自1956年中国对非洲国家开展援助以来，中国对非洲援助的主要表现形式是物质援助、工程援助以及医疗、教育、人力资源培训等方面的专项援助。

综上，我国应加大以规划设计、可研设计为主的设计咨询类技术援助，一方面可以树立中国技术高水平的国际新形象，另外可以将我国先进的设计理念、技术标准推介出去，为我国企业"走出去"奠定良好的基础。目前中国水电顾问集团已经完成了在埃塞俄比亚的风电和太阳能规划、几内亚水电规划、塞拉利昂水电规划，目前正在开展埃塞俄比亚水力资源普查。通过此类规划项目一方面可以为非洲国家提供技术支持，另一方面可以优选条件较好的站址开展下一步工作。

2. 以微型、小型发电项目为目标开展无偿援助

目前东部非洲国家水电资源利用率较低，用电人口比例较低，未来电力市场潜力巨大。目前中国企业已经在非洲成功开展过微型、小型水电、风电项目，为当地居民提供电力保障，提高偏远地区生活条件。这些做法受到了世界银行、非洲国家政府的高度关注。经过几十年的积极发展，中国中小水电的设计、施工和设备制造队伍得到了长足的发展，很多企业已经具备了完成建设中小水电工程的承包能力，而且目前随着新能源的发展，离网太阳能发电也受到了广泛的关注。

近几年，我国与联合国有关机构、非洲国家在有关多边合作的基础上拟定了"点亮非洲"项目建议。这为促进非洲国家小水电开发利用，解决农村地区的用电问题提供了良好的契机。

综上所述，考虑到无偿援助资金来源有限、额度有限，建议考虑以微型、中小型水电站和分布式发电系统为目标实施无偿援助。

3. 以技术经济指标较优的大中型水电站为目标开展有偿援助

东部非洲水电资源丰富，部分国家的水电开发潜力巨大，其中埃塞俄比亚具有众多优良大、中型水电站址，其建设条件和经济指标较好，但是这些大中型水电站由于缺乏资金、单一国家的电力市场空间不够等因素导致其迟迟未得到开发。随着非洲整体经济的发展，电力市场空间越来越大，区域联网已成为现实，东部非洲、西部非洲、南部非洲的多个国家已经实现了区域联网，非洲区域组织正酝酿非洲大陆的电力联网，从而实现资源的共享。因此，从这个角度来看，电力市场消纳空间已不再是问题。事实上，非洲大部分国家都是属于社会经济发展较为落后、基础设施条件较为落后的国家，国家财政能力有限，经济发展相对缓慢。

据此，考虑技术经济指标较优的大中型水电站为目标开展有偿援助，无论是两优贷款还是商业贷款，只要其工程技术条件较优、经济指标较优、供电市场明确，自身有盈利能力这类项目均可作为有偿援助市场开发对象。

4. 以技术、资金等实力带动工程总承包

我国对外承包工程是在 20 世纪 50 年代对外提供经济援助的基础上发展起来的，经过六十多年的不断发展，我国对外承包工程的技术、资金、劳务、管理、设备等方面均取得了辉煌成绩。我国对外承包主要有三种方式，第一种是参与公开招标，第二种是议标，第三种是援助工程的对外承包，另外还有不少承包商与国际知名承包商组成联营体共同投标项目。随着中国承包商的实力增强，竞标能力日益增强，不仅在发展中国家展现其强大的承包实力，而且在发达国家承揽了不少项目、树立了中国形象。

中国已具备较强的技术实力和雄厚的资金实力，完全具备从事电力工程规划、设计、承包、投资、运营为一体的全产业链走出去能力，实施工程总承包。

5. 在社会经济持续发展的国家优选电力项目开展投资业务

近几年来，非洲大陆逐渐成为世界的投资热土。2004 年，流入非洲的外国直接投资（FDI）为 180 亿美元，2005 年上升到 296 亿美元，2006 年达到 355 亿美元，占全球 FDI 总量的 2.7%，2011 年达到 820 亿美元，预计到 2015 年可达 1500 亿美元。从全球来看，非洲吸引的外资规模仍然十分有限，但从投资对非洲经济增长的贡献率来看，正在逐年扩大。2012 年，流入非洲的 FDI 对非洲大陆固定资本形成的贡献率超过 30%，成为全球吸引外资水平较高的地区。

未来可以通过优选项目和国别，在社会经济稳定、有电力需求的国家开展电力项目投资业务。

北部非洲篇

6 北部非洲概况

6.1 国家概况

6.1.1 国家组成

北部非洲位于北回归线两侧，撒哈拉沙漠以北，通常包括苏丹、南苏丹、埃及、利比亚、突尼斯、阿尔及利亚、摩洛哥7国及大西洋中的亚速尔群岛、葡属马德拉群岛。从市场开发的角度分析，本次北部非洲电力市场研究主要包括苏丹、南苏丹、埃及、利比亚、突尼斯、阿尔及利亚、摩洛哥7国，其中苏丹、南苏丹、埃及属于东非电力共同体（EAPP），苏丹、埃及、利比亚、突尼斯、阿尔及利亚、摩洛哥6国属于阿拉伯国家电力联盟。

6.1.2 人口与国土面积

本次研究的北部非洲国家总面积约826万 km²，2012年人口约2.1亿。2012年北部非洲各国国土面积和人口概况分别如图6-1和图6-2所示。

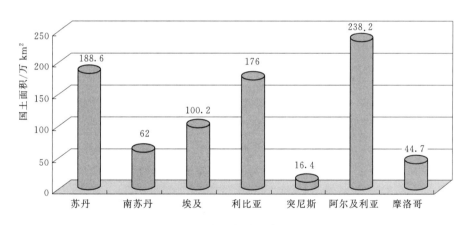

图6-1 2012年北部非洲各国国土面积

6.1.3 地形与气候

北部非洲区域，北部濒临地中海，西部濒临大西洋，并向北隔直布罗陀海峡和地中海与葡萄牙、西班牙相望，东临红海并与巴勒斯坦、以色列接壤，南部与毛里塔尼亚、马里、尼日尔、乍得、中非、刚果（金）、乌干达、肯尼亚、埃塞俄比亚、厄立特里亚相邻。

苏丹全国气候差异很大，自北向南由热带沙漠气候向热带雨林气候过渡，常年干旱，年平均降雨量不足100mm，地处生态过渡带，极易遭受旱灾、水灾等气候灾害。

南苏丹地形呈槽型，东部、南部、西部边境地区多丘陵山地，中部为黏土质平原，南

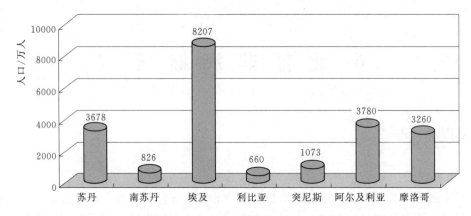

图 6-2 2012 年北部非洲各国人口概况

部边境的基涅提山（Kinyeti）海拔 3187m，为全国最高峰。南苏丹属于热带草原气候，每年 5—10 月为丰水期，气温 20～40℃，11 月至次年 4 月为枯水期，气温 30～50℃。

埃及地处撒哈拉沙漠，96.5% 的土地为荒漠。全国地形分为四个自然区：尼罗河河谷和三角洲、西部利比亚沙漠、东部阿拉伯沙漠、西奈半岛。尼罗河谷和三角洲地区地表平坦；西部的利比亚沙漠是撒哈拉沙漠的东北部分，为自南向北倾斜的高原；西奈半岛面积约 6 万 km²，大部分为沙漠，南部山地有埃及最高峰圣卡特琳山，地中海沿岸多沙丘。

利比亚除北部沿海地区有狭长的平原及南部山区外，大部分均为沙漠，沙漠、半沙漠占总面积的 94%。利比亚以平原为主，大部分地区海拔 300～600m。境内无常年性河流和湖泊。井泉分布较广，为主要水源。北部沿海属亚热带地中海型气候，冬暖多雨，夏热干燥，1 月平均气温 12℃，8 月平均气温 26℃；夏季常受来自南部撒哈拉沙漠干热风（当地称"吉卜利风"）的侵害，气温可高达 50℃以上；年平均降水量为 100～600mm。内陆广大地区属热带沙漠气候，干热少雨，季节和昼夜温差均较大。

突尼斯地形复杂，北部多山，中西部为低地和台地；东北部为沿海平原，南部为沙漠，最高峰舍阿奈比山海拔 1544m；北部属亚热带地中海式气候；中部属热带草原气候；南部属热带大陆性沙漠气候。8 月为最热月，日均温 21～33℃；1 月为最冷月，日均温 6～14℃。

阿尔及利亚地形分为地中海沿岸的滨海平原与丘陵、中部高原和南部撒哈拉沙漠三部分。北部沿海地区属地中海气候，中部为热带草原气候，南部为热带沙漠气候。多年平均年降水量为 100mm，每年 8 月最热，最高气温 29℃，最低气温 22℃；1 月最冷，最高气温 15℃，最低气温 9℃。沿海为地中海式气候；山区属半干旱气候，多森林和草原；其他广大地区为热带沙漠气候，雨量少，夏季酷热。

摩洛哥王国中部和北部为峻峭的阿特拉斯山脉，东部和南部是摩洛哥高原和前撒哈拉高原，仅西北沿海一带为狭长低暖的平原。摩洛哥属非洲西北部亚热带地区，夏季干燥炎热，冬季温暖潮湿。但北部沿海受地中海影响，基本为地中海式气候，四季温暖，西部沿海受大西洋影响。由于斜贯全境的阿特拉斯山阻挡了南部撒哈拉沙漠热浪的侵袭，摩洛哥常年气候宜人，花木繁茂，赢得"烈日下的清凉国土"的美誉。摩洛哥是个风景如画的国家，还享有"北非花园"的美称。

6.1.4 社会经济

本次研究的北部非洲国家 2012 年区域内国内生产总值 7587.5 亿美元，人均国内生产总值 3532 美元，已经进入工业化发展阶段。2012 年北部非洲各国国内生产总值和人均国内生产总值分别如图 6-3 和图 6-4 所示。

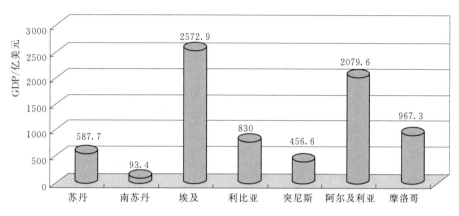

图 6-3 2012 年北部非洲各国国内生产总值

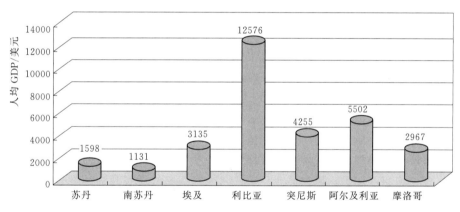

图 6-4 2012 年北部非洲各国人均国内生产总值

2012 年北部非洲国家国情统计如表 6-1 所示。

表 6-1 2012 年北部非洲国家国情统计表

国家	面积/万 km²	人口/万人	GDP/亿美元	人均GDP/美元	经济增长率/%	通货膨胀率/%	失业率/%	外汇和黄金储备/亿美元	外债总额/亿美元	币种	汇率/1 美元=
苏丹	188.6	3678	587.7	1598		31.5				苏丹镑	5.7688
南苏丹	62	826	93.4	1131						南苏丹镑	3.421
埃及	100.2	8207	2572.9	3135	1.5	10.1	13.5	136	349.1	埃及镑	7.831
利比亚	176	660	830	12576	92.1	6.7	40	719.9	52.8	第纳尔	1.3755

国家	面积/ 万 km²	人口/ 万人	GDP/ 亿美元	人均 GDP/ 美元	经济 增长 率/%	通货 膨胀 率/%	失业 率/%	外汇和黄 金储备 /亿美元	外债总额 /亿美元	币种	汇率/ 1美元=
突尼斯	16.4	1073	456.6	4255	2.9	5.6	18.1	78	246	第纳尔	1.9299
阿尔及利亚	238.2	3780	2079.6	5502	2.5	8.4	10	1892	43	第纳尔	105.046
摩洛哥	44.7	3260	967.3	2967	2.4	1.4	9	168	296	迪拉姆	9.5461
合计	826.1	21484	7587.5	3532							

6.1.5 对外关系

北部非洲国家大都奉行独立自主和不结盟的外交政策，各国家情况如下。

1. 苏丹

苏丹奉行独立自主的外交政策，维护国家主权和统一，反对西方强权政治，主张加强阿拉伯国家团结，密切同非洲国家的合作，重视同中国等国家发展友好合作关系。目前，苏丹同世界上近100个国家建有外交关系。

2. 南苏丹

南苏丹独立后，迅速获得国际社会广泛承认，已与包括安理会五常在内的60多个国家建交。南苏丹注重均衡发展与各国的友好合作，计划在全球52个国家设馆。目前埃及、中国等20已在南苏丹设立使馆或代表机构，联合国在南苏丹设有17家机构。

3. 埃及

埃及奉行独立自主、不结盟政策，主张在相互尊重和不干涉内政的基础上建立国际政治和经济新秩序，加强南北对话和南南合作。突出阿拉伯属性，积极开展和平外交，致力于加强阿拉伯国家团结合作，推动中东和平进程。反对国际恐怖主义；倡议在中东和非洲地区建立无核武器和大规模杀伤性武器区。重视大国外交，巩固同美国的特殊战略关系，加强同欧盟国家、俄罗斯等关系。积极加强同发展中国家的关系，在阿盟、非盟、伊斯兰会议组织等国际组织中较为活跃。日益重视经济外交。2011年埃及政局发生重大变化后，外交政策出现一定幅度调整，更加灵活务实，并注意平衡与大国间的战略合作。目前，埃及已与165个国家建立了外交关系。

中国和埃及两国有着传统的友谊，2000多年前就有了友好的交往。1956年5月30日，埃及与中国建交，成为第一个承认新中国并同中国建交的阿拉伯和非洲国家，也是第一个与中国建立战略合作关系的阿拉伯国家和非洲国家。1999年，两国建立面向21世纪的战略合作关系，双边关系的发展进入了一个新阶段。2004年1月，国家主席胡锦涛对埃及进行国事访问。2006年、2009年，国务院总理温家宝对埃及进行正式访问，双方共同签署了《中埃关于深化战略合作关系的实施纲要》。2006年11月穆巴拉克总统来对中国进行国事访问。2006年11月，埃及宣布承认中国完全市场经济地位。2012年8月，总统穆尔西对中国进行国事访问，双方发表联合新闻公报。2012年中埃双边贸易额为95亿美元。

4. 利比亚

利比亚新政权建立以来，获得国际社会的普遍承认，当前，利比亚新政权外交可概括为：坚持阿拉伯、非洲、伊斯兰和发展中国家属性，强调独立自主、平等互利、互不干涉内政等原则。新政权奉行全方位、均衡外交，在总体方针上，摒弃卡扎菲时代"个人外交""非洲领袖"的烙印，践行相对务实、温和的"新外交"理念，将本国利益作为外交政策立场的出发点，重视民意和对外民间交往。

利比亚新政权建立后，坚持自身非洲属性，但明确宣布摒弃卡扎菲政权好大喜功、重点经营非洲等做法，确立务实、平和的对非外交新基调。强调利比亚无意在非洲做与其地位和实力不相称的事，着手大幅度缩减对非洲国家援助，并考虑减少驻非洲国家外交机构。利比亚将发展与邻国的友好合作关系视作外交重点，希望邻国以相互尊重、互不干涉内政的原则妥善处理利比亚前政权要员引渡、限制前政权流亡势力问题。

5. 突尼斯

突尼斯奉行温和、务实、平衡的外交政策。坚持外交为经济建设和提升国际地位服务，致力多元外交。重点发展与欧盟特别是法国的关系，注重加强同阿拉伯国家的经济合作，积极推动马格里布联盟和地中海联盟建设，同时致力提升同亚洲国家，特别是中、日、韩的关系。迄今为止，突尼斯与世界138个国家建立了外交关系。突尼斯过渡政府成立以来，外交政策旨在巩固国家经济发展潜力和吸引外资。中国和突尼斯传统友好，自1964年1月建交以来，两国友好关系平稳发展。据中国海关统计，2011年中突两国双边贸易额为13.3亿美元，同比增长19.0%。其中，中国向突尼斯出口11.13亿美元，同比增长11.8%，从突尼斯进口2.19亿美元，同比增长75.7%。

6. 阿尔及利亚

阿尔及利亚奉行独立、自主和不结盟的外交政策，主张尊重国家主权与领土完整、互不干涉内政、互不使用武力，相互尊重、互利和对话基础上寻求广泛合作，外交为经济建设服务。反对大国强权政治和借口人权干涉别国内政，主张建立公正合理的国家政治、经济新秩序。反对恐怖主义；致力于马格里布联盟建设和地区和平，积极参与阿拉伯事务；促进非洲团结与和平；支持欧盟-地中海合作，谋求发展与西方国家关系。截至2012年，阿尔及利亚共与170个国家建立了外交关系，在60多个国家设立大使馆，外国常驻阿尔及利亚使馆80个。

7. 摩洛哥

摩洛哥奉行不结盟政策，维护民族独立和国家主权，主张和平和合作。作为阿拉伯和非洲国家，致力于维护阿拉伯国家和非洲的团结。摩洛哥是联合国成员国，赞同其宪章所规定的原则、权利和义务，积极参与国际事务、致力于维护世界和平与安全。摩洛哥实行全方位外交，重点与美、法和阿拉伯海湾产油国发展关系，同时也与广大发展中国家保持友好往来，现已与125个国家建立了外交关系。摩洛哥与美国关系密切，同法国有特殊关系，同西班牙也有传统关系，在经济上对欧盟依赖较大，与阿尔及利亚、利比亚、突尼斯、毛里塔尼亚四国同属马格里布国家。摩洛哥同海湾产油国关系密切。中摩两国关系友好，近年来，在中摩两国高层领导互访的推动下，双边经贸关系发展势头良好：双边贸易快速增长，政府间合作进展顺利，企业间合作日趋活跃，到摩洛哥开拓市场的中国各类企业呈逐渐增多之势❶。

---

❶　部分内容摘自《对外投资合作国别（地区）指南》。

6.2 资源概况

北部非洲国家资源主要有石油、天然气、磷酸盐、铁、铝、锌等，各国家情况如表6-2所示。

表6-2   北部非洲国家资源概况

国 家	资 源 概 况
苏 丹	苏丹有铁、银、铬、铜、锰、金、铝、铅、铀、锌、钨、石棉、石膏、云母、滑石、钻石、石油、天然气和木材等丰富的自然资源。主要矿物资源储量：铁约3亿t，铜约900万t，铬约70万t，银约9000t，石油约15亿桶。森林面积约64万km²，占全国面积的23.3%；在林业资源中，阿拉伯树胶占重要地位
南苏丹	南苏丹自然资源丰富，主要有石油、铁、铜、锌、铬、钨、云母、金、银等，石油储量可观，石油储量约35亿桶，除了石油外，还出口热带硬木，其柚木人工种植面积居非洲第一位。此外，南苏丹土地肥沃，河流纵横，日照、水源条件得天独厚，农林渔牧具有较大发展潜力
埃 及	矿产主要有石油、天然气、铁、磷酸盐等。已探明储量：石油约43亿桶（2012年）、天然气约2万亿m³（2012年）、磷酸盐约15亿t（2005年）、铁矿约1.82亿t（2006年）。此外，还有锰、石灰石、石膏、滑石、石棉、石墨、锌等。埃及最主要的水资源是尼罗河水，目前埃及享有尼罗河水的份额为550亿m³，占埃及淡水资源总额的90%左右
利比亚	利比亚的资源以石油为主，探明储量为480亿桶。其次为天然气，探明储量达1.5万亿m³。其他有铁（蕴藏量20亿～30亿t）、钾、锰、磷酸盐、铜、锡、硫碘、铝矾土等。沿海水产主要有金枪鱼、沙丁鱼、海绵等
突尼斯	突尼斯的主要矿产资源有磷酸盐、石油、天然气、铁、铝、锌等。已探明储量：磷酸盐20亿t，石油4亿桶，天然气0.06万亿m³，铁矿石2500万t
阿尔及利亚	阿尔及利亚渔业资源较丰富，可供捕鱼的海洋面积约9.5万km²，鱼类储量达50万t。石油和天然气储量丰富，其中，石油探明储量122亿桶，居世界第15位，主要是撒哈拉轻质油，油质较高；天然气储量4.5万亿m³，占世界总储量的2.4%，居世界第7位。矿产资源品类逾30种，主要有铁矿40亿t，主要分布在东部的乌昂扎矿和哈德拉矿，铅锌矿3800万t，铀矿2.4万～5万t，金矿800万t，大理石矿1776万m³，磷酸盐10亿t
摩洛哥	摩洛哥的主要自然资源为磷酸盐，储量1100亿t，占世界储量的75%。其他矿产资源有铁、铅、锌、钴、锰、钡、铜、盐、磁铁矿、无烟煤、油页岩等。摩洛哥可耕地9.256万km²，农业产值占国内生产总值20%，农产品出口占总出口收入30%。主要农作物有小麦、大麦、玉米、水果、蔬菜等。摩洛哥渔业资源极为丰富，沙丁鱼出口居世界首位，是非洲第一大产鱼国

6.3 主要河流概况

北部非洲国家主要河流为尼罗河，概况如下。

世界第一长河——尼罗河（Nile）位于非洲东北部，是一条国际性的河流。尼罗河发源于非洲东北部布隆迪高原，流经布隆迪、卢旺达、坦桑尼亚、乌干达、苏丹和埃及等国，最后注入地中海。干流自卡盖拉（Kagara）河源头至入海口，全长6671km，是世界流程最长的河流。支流还流经肯尼亚、埃塞俄比亚和刚果（金）、厄立特里亚等国的部分地区。流域面积约 335 万 km²，占非洲大陆面积的 11.1%，入海口处年平均径流量为 810 亿 m³。

尼罗河流域分为七个大区：东非湖区高原、山岳河流区、白尼罗河区、青尼罗河区、阿特巴拉河区、喀土穆以北尼罗河区和尼罗河三角洲。尼罗河经过布隆迪、卢旺达、坦桑尼亚和乌干达，从西边注入非洲第一大湖维多利亚湖。尼罗河干流起源于该湖，称维多利亚尼罗河。尼罗河河流穿过基奥加湖和艾伯特湖，流出后称艾伯特尼罗河，该河与索巴特河汇合后，称白尼罗河。另一条源出埃塞俄比亚高地的青尼罗河与白尼罗河在苏丹的喀土穆汇合，然后在达迈尔以北接纳最后一条主要支流阿特巴拉河，青尼罗河。尼罗河由此向西北绕了一个 S 形，经过三个瀑布后注入纳塞尔水库。河水出水库经埃及首都进入尼罗河三角洲后，分成若干支流，最后注入地中海东端。尼罗河的全部水量中，60% 来自青尼罗河，32% 来自白尼罗河，剩下 8% 来自阿特巴拉河。但洪水期和枯水期有很大变化，在洪水期，尼罗河水量中青尼罗河占 68%，白尼罗河占 10%，阿特巴拉河占 22%；在枯水期，尼罗河水量中青尼罗河下降为 17%，白尼罗河上升到 83%，而阿特巴拉河此时断流，无径流汇入。

7 北部非洲能源资源状况及其发展规划

7.1 能源资源概况及开发现状

北部非洲国家能源资源十分丰富，主要为石油、天然气等化石能源，其中石油资源集中在利比亚、阿尔及利亚、埃及、南苏丹、苏丹、突尼斯等；天然气资源集中在阿尔及利亚、埃及、利比亚等；风能资源集中在埃及、摩洛哥等；太阳能资源集中在阿尔及利亚等；水能资源集中在尼罗河流域的南苏丹、苏丹和埃及等国家。

7.1.1 化石能源概况及开发现状

2012 年北部非洲各国化石能源状况统计如表 7-1 所示。

表 7-1　　　　　　2012 年北部非洲各国化石能源状况统计表

国家	石油/亿桶	天然气/万亿 m³	煤炭/百万 t
苏丹	15		尚未发现
南苏丹	35		尚未发现
埃及	43	2	152
利比亚	480	1.5	尚未发现
突尼斯	4	0.06	尚未发现
阿尔及利亚	122	4.5	小型煤矿,尚未探明
摩洛哥	0.0066	1.6	尚未发现

注　空白处为储量未知。

苏丹 2012 年电源装机化石能源燃料消耗情况为：重油消耗 39099.4 万 m³，轻油消耗 24744.2 万 m³。

埃及 2012 年电源装机化石能源燃料消耗情况为：天然气消耗 250.64 亿 m³，重油消耗 459.9 万 m³，轻油消耗 6.5 万 m³。

利比亚装机主要有天然气和石油机组，其中天然气机组占比 56%，联合循环机组占 34%，蒸汽机组占 10%。2012 年利比亚电源装机化石能源燃料消耗情况为：天然气消耗 54.23 亿 m³（占比 61%），重油消耗 74.49 万 m³，轻油消耗 216.69 万 m³。

突尼斯 2012 年电源装机化石能源燃料消耗情况为：天然气消耗 38.29 亿 m³，重油消耗 0.2 万 m³。

阿尔及利亚 2012 年电源装机化石能源燃料消耗情况为：天然气消耗 132.99 亿 m³，轻油消耗 20.2 万 m³。

摩洛哥 2012 年电源装机化石能源燃料消耗情况为：天然气消耗 8.35 亿 m³，重油消耗 150.2 万 m³，轻油消耗 2 万 m³，煤炭 294 万 t。

7.1.2 水能资源概况及开发现状

北部非洲区域国家主要河流有尼罗河，多年平均径流量 840 亿 m^3，水能蕴藏量 5000 万 kW。尼罗河流经埃及境内的河段有 1350km，平均河宽 800～1000m，深 10～12m，且水流平缓。

截至 2012 年年底，苏丹水电装机规模达到 1593MW，经初步统计，苏丹水能资源可开发理论蕴藏量为 8883MW，主要集中在尼罗河干流，其中尼罗河流域 5316MW，阿特巴拉河 1926MW，青尼罗河 1641MW。

南苏丹水能资源理论蕴藏量为 2336MW，主要集中在作为尼罗河两大支流之一的白尼罗河，位于尼罗河上的拜登水电站，是该国规划的最大水电站，总装机容量 540MW。

尼罗河是埃及主要的水源，技术可开发量约为 50000GW·h/a（1991 年评估）。截至 2012 年年底，全国共有 9 座坝在运行（其中 7 座为大型坝）。埃及水电站主要是建于尼罗河上的 4 座水电站，最重要的阿斯旺坝水电站于 1961 年建成投产，总装机容量为 2100MW；1986 年投产了阿斯旺 2 号水电站，总装机容量 270MW。目前有如下在建的水电站：阿西尤特水电站（40MW）、Diamata 水电站（20MW）、阿塔盖山抽水蓄能水电站（2100MW）、尼罗河罗塞塔支流上的三角洲闸坝（10MW），以及尼罗河杜姆亚特支流上的齐夫塔闸坝（5MW）和三角洲闸坝（20MW）。

7.1.3 风能资源概况及开发现状

（1）埃及具备丰富的风能资源，特别是在苏伊士湾地区风力资源更为丰富，这一地区不但风力稳定，而且风速快，达 10m/s 左右，风力变化小，是世界上常年风速最高的区域之一，年等效满负荷利用小时多达 3900h。埃及大部分西部沙漠地区和部分西奈半岛地区都具备风力发电的条件。目前埃及有风电装机 547MW。

（2）利比亚位于撒哈拉沙漠中北部，濒临地中海，由于大部分地区是沙漠，地势平坦开阔，因此风速在 6～7m/s 以上，风能资源较为丰富，目前无建成的风电场。

（3）突尼斯位于撒哈拉沙漠中北部，濒临地中海，由于大部分地区是沙漠，地势平坦开阔，风速在 7～8m/s 以上，风能资源较为丰富。目前风电场装机达 155MW。

（4）阿尔及利亚具备一定的风能资源。阿尔及利亚风速在 6m/s 以上区域约占阿尔及利亚国土面积的 1/4。因此，阿尔及利亚风资源条件较好，具备一定的开发价值。2009 年阿尔及利亚位于阿西南部边境阿德拉市以北 73km 的 Kabertene 建设国内首座风电场，装机容量 10MW，此外阿科研机构已经完成对贝贾亚省、塞提夫省、布阿拉里季堡省等北部省份的风能环境研究。

（5）摩洛哥西临大西洋，风力资源十分丰富，40m 高度风速超过 9m/s 的资源储量约 4000～10000MW。北部沿海地区平均风速为 10m/s，埃萨维拉、丹吉尔和德途安等地风速为 9.5～11m/s，达赫拉和塔扎地区风速为 7.5～9.5m/s。目前摩洛哥风电装机 585.9MW。

（6）苏丹、南苏丹有少量的风能资源，但风速较小，暂无规划风电场。

7.1.4 太阳能资源概况及开发现状

北部非洲区域太阳能资源十分丰富，各国概况如下。

（1）南苏丹是一个太阳光照十分充足的地区，尤其是在南部和东北部有丰富的太阳能资源，其中东北部一年中每天光照时间几乎都在 12h 左右，太阳辐射量达到每天 5.5～6.0kW·h/m²，南苏丹政府已经把太阳能发电作为中期的电力发展战略，目前一些小型的太阳能发电系统已经实施，首都朱巴街道照明系统采用了太阳能发电形式，偏远地区的家庭也用上了太阳能发电。

（2）埃及的气候以干燥温暖著称，地面平均日照量很高，埃及主要日照地区全年有效日照时间长达 2400h 以上，太阳直射幅度达 2000kW·h/km² 至 2600kW·h/km²。截至 2012 年，埃及太阳能装机容量为 140MW，发电站位于开罗南部的 EI - Koraymat 地区。正在建设中的太阳能发电站位于埃及阿斯旺大坝附近的 Kom Ombo 地区，由数家国际机构共同投资兴建，容量 100MW。

（3）利比亚靠近赤道，白天大部分时间暴露于炎热的阳光下，在沿海平原地区，辐射率约为 7.1kW·h/（m²·d），南部地区则达到 8.1kW·h/（m²·d）。利比亚太阳能资源丰富，大规模开发可减少对石油、天然气等一次能源的依赖。

（4）突尼斯太阳能资源十分丰富，年平均利用小时数在 2800～3000h。2010 年 5 月，负责再生能源的突尼斯工业部宣布 2009—2014 年 Prosoles 计划，计划到 2014 年为至少 5000 户房屋安装太阳能光伏发电装置，政府和突尼斯电力公司将通过提供多项鼓励措施，支持住宅业使用光伏发电。

（5）阿尔及利亚是非洲第二大国家，4/5 以上是沙漠，太阳能潜力巨大。目前，阿尔及利亚已经在撒哈拉沙漠 18 个分散的远离电网地区村庄使用光电子电池板。

2011 年，阿尔及利亚首座位于哈希哈麦尔地区的太阳能和天然气混合能源发电站正式启用。该电站装机容量 150MW，其中 120MW 利用天然气发电，30MW 利用太阳能发电，并直接并入国家电网。除该混合能发电站外，阿尔及利亚还计划在该地区另建设 2 座 400MW 和 330MW 的混合能源发电站。

（6）摩洛哥太阳能资源十分丰富，可开发量达 1080MW，面积可达 170 万 m²，太阳能每天可发电 4.7～5.7kW/m²，年平均利用小时数南部为 2800h，北部则超过 3000h。摩洛哥在建太阳能发电站情况如表 7-2 所示。

表 7-2　　　　　　　　　摩洛哥在建太阳能发电站情况统计表

序　　号	名　　称	装机容量/MW	进 展 情 况
1	Ouarzazate	50	在建
2	Desertec	500	在建
3	Noor 1	160	在建

7.2　能源资源开发规划

7.2.1　化石能源电源开发规划

根据北部非洲区域相关电力发展规划，北部非洲区域 2030 年预计新增约 70000MW 燃油燃气机组，其中苏丹未来将规划建设 2520MW 燃油机组，以弥补苏丹国内电力需求，规划机组主要位于首都附近；南苏丹预计 5 年内在与苏丹接壤的联合州、上尼罗河州以及北加扎勒河州、西加扎勒河州等石油资源丰富的地区，规划建设 240MW 大型燃油机组；埃及 2020 年规划新增燃气机组 6500MW，2030 年远期规划新增燃气机组 14500MW；利比亚 2030 年规划新增燃油燃气机组 6710MW；突尼斯 2020 年规划新增 2520MW，2030 年规划新增燃油燃气机组 3120MW；阿尔及利亚规划 2030 年前新增燃油燃气机组 13840MW；摩洛哥规划 2020 年前新增 3670MW 燃油燃气机组，天然气、石油资源在北部非洲区域国家未来电力消耗的比重将越来越大。

7.2.2 水电开发规划

北部非洲区域水电开发规划项目主要集中在苏丹和南苏丹。

苏丹目前水电装机规模 1593MW。经初步调研，苏丹水能资源可开发理论蕴藏量为 8883MW，主要集中在尼罗河干流。据初步了解，苏丹规划新增水电装机规模 1868MW，如表 7-3 所示。

表 7-3   苏丹水电规划装机表

电厂名称	水电装机容量/MW	备注
Sennar extension	50	
Rosieres(位于 Dinder)	135	
Rumela	320	中国水利水电第七工程局有限公司承建
Sabaloka	15	预可研
Shereiq	18	可研
Kagbar	30	可研
Dal 1	1250	预可研
Dagash	50	预可研
合计	1868	

南苏丹水能资源理论蕴藏量为 2335.6MW，主要集中在干流——白尼罗河。据了解，目前处于研究阶段的大型水电项目有 Fula（装机容量 720MW）、Shukole（装机容量 210MW）和 Lakki（装机容量 210MW）等。规划总装机规模为 1290MW，如表 7-4 所示。

表 7-4   南苏丹水电规划装机表

电站名称	装机容量/MW	投运年份
Rapid fula	30	2015
Fula	720	2020
Shukole1	210	2020
Lakki	210	2020
Juba	120	2020
合计	1290	

7.2.3　风电开发规划

北部非洲区域风电开发项目主要集中在埃及和摩洛哥。

埃及规划的大型风电站主要位于扎法拉纳地区,该区域风电场成片分布,预计可开发6530MW,其中预计 2020 年前投产 840MW。

摩洛哥计划 2020 年前新增风电装机约 2000MW,近期(2011—2015 年)风电发展规划:摩洛哥近期将建的风电装机容量为 720MW,分布在以下 5 个风电场(从北向南):Sendouk Ⅰ 期(120 MW)、Haouma(50 MW)、Akhfenir(200 MW)、Tarfaya(300 MW)和 Laayoune(50 MW)。远期(2016—2020 年)风电发展规划:根据摩洛哥政府规划,开发 Sendouk Ⅱ 期(150MW)、Koudia Al Baida(300MW)、塔扎 Taza(150MW)、Tiskrad(300MW)和 Boujdour(100MW)。

7.2.4　太阳能电站开发规划

北部非洲太阳能发电开发项目主要集中在摩洛哥和阿尔及利亚。

摩洛哥 2030 年规划新增 2000MW 太阳能电站。根据阿尔及利亚 2011—2030 年国家新能源发展规划,阿尔及利亚预计至 2030 年,新能源发电将占 40%。为此,将新建 60 余座新能源电站,装机容量达 22000MW,包括太阳能光电站、热电站、风电场及混合电站。

8 北部非洲电力系统现状及其发展规划

8.1 电力系统现状

北部非洲国家 2012 年电力系统现状统计如表 8-1 所示。

表 8-1　　　　北部非洲国家 2012 年电力系统现状统计表

国家	装机容量/MW				年发电量/(GW·h)				最大负荷/MW	跨国送受电情况
	小计	火电	水电	其他	小计	火电	水电	其他		
苏丹	2850	1257	1593	0	8190	2820	5370	0	1721	区外受电 73GW·h
南苏丹	22	22	0	0	70	70	0	0	22	0
埃及	27241	23712	2842	687	157410	142470	12930	2000	27000	送电至区外 1580GW·h
利比亚	8788	8206	0	582		33980	0		5981	区外受电 50GW·h
突尼斯	4095	3874	66	155	16780	16470	110	200	3353	区外受电 3GW·h
阿尔及利亚	12949	12721	228	0	54090	53700	390	0	9777	送电至区外 49GW·h
摩洛哥	6677	4652	1770	255	26370	23820	1820	730	5280	区外受电 4812GW·h
合计	62622	54444	6499	1679					47821	区外受电 3309GW·h

注　表中数据主要来源于各国公布的电力系统数据，空白处为暂无数据。

截至 2012 年年底，北部非洲电源装机以火电和水电为主，其中水电装机 6499MW，火电装机 54444MW，总电源装机容量 62622MW，最大负荷 47821MW，区外受电 3309GW·h。

北部非洲区域电力系统现状统计如表 8-2 所示。

表 8-2　　　　北部非洲区域电力系统现状统计表（2012 年）

国家	变电容量/(MV·A)			线路长度/km		
	500kV	400kV	220kV	500kV	400kV	220kV
苏丹	4110	0	5827	965	0	5984
南苏丹	—	—	—	—	—	—
埃及	9015	0	38055	2665	33	17000
利比亚	0	9600	19006	0	2290	13706
突尼斯	0	0	4660	0	0	2821
阿尔及利亚	0	9300	18934	0	3639	11022
摩洛哥	0	3393	12888	0	1693	8389
合计	13125	22293	99370	3630	7655	58922

注　南苏丹缺乏数据，合计中不包含南苏丹数据。

截至 2012 年年底，北部非洲电网 500kV 线路长度总计 3630km，变电容量 13125MV·A，400kV 线路长度总计 7655km，变电容量 22293MV·A，220kV 线路长度 58922km，变电容量 99370MV·A。

8.1.1 苏丹

截至 2012 年年底，苏丹电源装机如表 8-3 所示，苏丹电源装机以水电和火电为主，其中火电装机 1257MW，水电装机 1593MW，合计 2850MW。

表 8-3　　　　　　　　　　　2012 年苏丹电源现状装机表　　　　　　　单位：MW

电厂名称	水电	火电	风电	太阳能	投产年份
Rosieres	280				1971
Sennar	15				1962
Kashmel Girba	18				1965
Jebel Aulia	30				2003
Me rowe	1250				2009
Dr. Sharif 1 STPP		60			1985
Dr. Sharif 2 STPP		120			1994
Khartoum North OCGT		45			1992
Khartoum North STPP		160			未知
Khartoum North STPP		200			2008
Garri 1 CCGT		229			2003
Garri 2 CCGT		240			2008
Garri 4 STPP		100			2007
Kilo MSD		40			2007
Atbara MSD		13			2003
Kassala 1-5 STPP		50			2007
合计	1593	1257	0	0	

2011 年苏丹电网最大负荷 1542MW，全社会用电量（扣除网损，以下同）6689GW·h，2012 年苏丹电网最大负荷 1721MW（发生于 2012 年 8 月 29 日），全社会用电量 7610GW·h，同比分别增长 11.61%、13.77%。

苏丹电网主干电网采用 500kV、220kV、132kV 电压等级，沿首都喀土穆周边已经形成 220kV 环网，北部与 Merowe、Atbra 形成 500kV 环网。截至 2012 年年底，苏丹电网 500kV 线路长度 965km，220kV 线路长度 5984km，500kV 变电容量 4110MV·A，220kV 变电容量 5827MV·A。目前苏丹电网与埃塞俄比亚通过双回 220kV 线路联网，2012 年从埃塞俄比亚进口电力 73GW·h。

8.1.2 南苏丹

南苏丹电力工业百废待兴，电力短缺现象十分严重。南苏丹目前约 90% 左右人口用不上电，10 个州中只有 3 个州有城镇局部供电，以柴油机组发电，目前共计拥有 22000 个电力用户，年人均用电量约 10kW·h。

截至 2012 年年底，南苏丹装机总量为 22MW，其中首都 Juba 装机 12MW，Malakal 装机 5MW，Wau 装机 2MW，其余 3MW。

南苏丹目前没有全国互联的电网或区域电网，仅在 Juba、Malakal、Wau 分布有三个独立的配电网，共计有 15km 的 11kV 线路。南苏丹北部 Renk 城镇与苏丹电网相连，输电能力 40MW。

8.1.3 埃及

埃及电力主管部门为埃及能源电力部，2000 年 7 月，埃及能源电力部下属的埃及电力局（Egyptian Electricity Authority）改制为国有企业埃及电力控股公司（Egyptian Electric Holding Company）。该公司下设埃及电网公司、7 家配电公司。

埃及目前已形成全国电网，由埃及电网公司负责电网的运行、管理和维护。输电电压等级包括 500kV、400kV、220kV 和 132kV。目前埃及电网已覆盖全国人口的 99%，全国所有的城镇以及大部分农村都通了电。埃及的配电系统主要由 66kV 和 33kV 构成。配电系统中压使用 11kV，低压使用 380/220V，频率为 50Hz。

由于埃及地处北非、中东和地中海交界处，因此在与周边国家的电网互联方面发挥着非常重要的作用。埃及分别于 1998 年 5 月和 10 月完成与约旦和利比亚电网的互联，互联电压等级分别为 400kV 和 220kV。

截至 2012 年年底，埃及电源装机以火电和水电为主，其中火电装机容量 23712MW，水电装机容量 2842MW，风电装机容量 547MW、太阳能装机容量 140MW，合计 27241MW。

埃及电源现状装机如表 8-4 所示。

表 8-4　　　　　　　　埃及电源现状装机表（2012 年）　　　　　　　单位：MW

电厂名称	水电	火电	风电	太阳能	备注
Aswan Ⅰ	322				
High Aswan	2100				
Aswan Ⅱ	270				
伊斯纳(Esna)	86				
纳贾哈马迪水电站(Naga Hamadi)	64				
热电厂		19062			
Sidir Khir CCGT		750			
Nobaria 3 CCGT		750			
Kurimat 3 CCGT		750			
Tebbin STPP		700			
Atf CCGT		750			
Cario West STPP		700			

续表

电厂名称	水电	火电	风电	太阳能	备注
Banha CCGT		250			
古尔达卡			5		第一个商业性风力发电的试验站
扎法拉纳			425		
EI—Koraymat				20	
Kom Ombo				100	
其他			117	20	
合计	2842	23712	547	140	

2011 年埃及电网最大负荷 24485MW，全社会用电量（扣除网损，以下同）126758GW·h，2012 年埃及电网最大负荷 27000MW，全社会用电量 133969GW·h，同比分别增长 10.27%、5.69%。

截至 2012 年年底，埃及电网 500kV 线路长度 2665km，400kV 线路长 33km，220kV 线路长 17000km，132kV 线路长 2485km；500kV 变电容量 9015MV·A，220kV 变电容量 38055MV·A，132kV 变电容量 3520MV·A。

埃及电网分别通过 220kV、400kV 线路与约旦和利比亚进行电力交换，2012 年出口电力 1679GW·h，进口电力 102GW·h。

8.1.4 利比亚

截至 2012 年年底，利比亚电源装机以火电为主，其中火电装机容量 8206MW，其他装机容量 582MW，合计 8788MW。利比亚电源装机构成以及燃料构成如图 8-1 和图 8-2 所示。

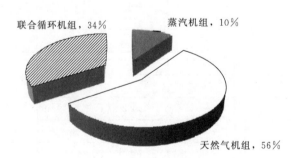

图 8-1 利比亚 2012 年机组类型构成

利比亚装机主要有天然气和石油机组，其中天然气机组占比 56%，联合循环机组占 34%，蒸汽机组占 10%。2012 年电源装机消耗燃料中，天然气消耗 54.23 亿 m³（占比 61%），重油消耗 74.49 万 m³（9%），轻油消耗 216.69 万 m³（21%）。

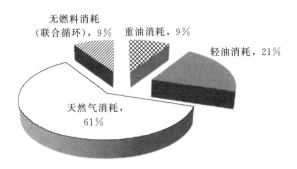

图 8-2   利比亚 2012 年机组燃料构成

利比亚主要火电电源现状如表 8-5 所示。

表 8-5   利比亚主要火电电源现状   单位：MW

电 厂 名 称	火 电
Zawiya CC	1440
West mountain gas	624
Tripoli West steam	350
Tripoli West gas	500
AL khoms	1000
Zwitena gas	200
Benghazi North CC	915
Derna steam	120
Tubrek steam	120
合计	5269

利比亚目前已形成全国电网，由利比亚电网公司（General Electricity Company of Libya，简称"GECOL"）负责电网的运行、管理和维护。输电电压等级包括 400kV、220kV 和 66kV，电网主要分布在北部沿海地带。

2011 年利比亚电网最大负荷 5515MW，全社会用电量（扣除网损，以下同）26570GW·h，2012 年埃及电网最大负荷 5981MW，全社会用电量 12991GW·h，同比分别增长 8.45%、减少 51.11%。受利比亚 2011 年内战的影响，利比亚 2012 年用电量大幅下降。

截至 2012 年年底，利比亚电网 400kV 线路长度 2290km，220kV 线路长 13706km，66kV 线路长 14311km；400kV 变电容量 9600MV·A，220kV 变电容量 19006MV·A，66kV 变电容量 4359MV·A。目前已经与突尼斯和埃及联网，互联电压等级为 220kV，目前利比亚电网与埃及和约旦电网通过 220kV 线路联网，2012 年出口电力 14.4GW·h，进口电力 61GW·h。

8.1.5　突尼斯

截至 2012 年突尼斯总装机容量 4095MW，其中风电 155MW，水电 66MW，火电（联合循环）1251MW，火电（燃气）1533MW，火电（蒸汽轮机）1090MW。

2012 年突尼斯总发电量 16780GW·h，其中风电 196GW·h，水电 110GW·h，火电（联合循环）8662GW·h，火电（燃气）2369GW·h，火电（蒸汽轮机）5443GW·h。

突尼斯 2012 年最大负荷 3353MW，负荷增长率为 10.9%。

能源分类需求：突尼斯总用电量 13952GW·h，其中工业用电量 5511GW·h，商业用电量 3275GW·h，住宅用电量 4260GW·h，其他用途 906GW·h。

突尼斯电网主网线路长度为：220kV 线路 2821km，150kV 线路 1883km。主网线路传输容量为：220kV 线路 4660 MV·A，150kV 线路 2540MV·A。

突尼斯与区外电力交换为：向外输出 172GW·h，从外部输入 175GW·h，基本保持平衡。

在发电领域，突尼斯 Soc Tunisienne Ele Gaz（STEG）公司占有其国内份额的 70% 以上。根据 STEG 公司数据，突尼斯全国售电量和电力用户如表 8-6 所示。

表 8-6　　　　　　　　　　突尼斯全国售电量及电力用户统计

项　　目	2012 年	2011 年	2010 年	2009 年	2008 年
发电量/(GW·h)					
STEG	13681	11902	11569	10813	10250
全国	16834	15281	14870	14149	13757
售电量/(GW·h)					
高压	1287	1163	1293	1202	1192
中压	6394	5986	6052	5637	5556
低压	6380	5757	5670	5369	5111
国外	0	0	0	46	0
总售电量	14061	12906	13015	12254	11859
电力用户/户					
高压	20	20	18	18	18
中压	17263	16688	15653	15106	14476
低压	3367206	3269038	3145392	3041233	2949001
用户总数	3384489	3285746	3161063	3056357	2963495

突尼斯主要电厂发电量如表 8-7 所示。

表 8-7　　　　　　　　　　　　突尼斯主要发电厂发电量

电　厂　名	发电量/(GW·h)
Sousse	3028.620
Rades	2210.560
Rades Carthage	2019.070
Bir M'cherga	666.332
La Goulette	521.387
Bouchemma	493.373
M'dilla Acid Plant	266.304
Thyna	245.262
Feriana	245.262
Saepa Nitric Plant	244.579
Rhennouch	224.130
Icm Gabes	201.480
Kasserine Nord	180.677
Ghannouch	163.520
La Skhirrha Acid Plant	161.184
Korba（steg）	156.506
El Biban	148.540
Sfax Barca	142.284
El Borma	125.766
Sidi Salem	113.961
Tunis Sud	91.120
Metlaoui	88.469
Sfax Steg	88.038
Zarzis	72.042
Robbana	55.103
El Fouladh Works	26.280
Belli Mill	16.018
Taullierville	14.398
Sfax Fertilizer	13.140
El Aroussia	11.641
Feriana Snamprogetti	3.712
Sidi Daoud	1.939

8.1.6 阿尔及利亚

截至 2012 年年底，阿尔及利亚总装机容量 12950MW，其中水电 228MW，火电（燃油）297MW，火电（联合循环）3252MW，火电（燃气）6686MW，火电（蒸汽轮机）2487MW。

2012 年，阿尔及利亚总发电量 54086GW·h，其中水电 389GW·h，火电（燃油）416GW·h，火电（联合循环）18623GW·h，火电（燃气）24077GW·h，火电（蒸汽轮机）9422GW·h，其他发电 1159GW·h。

2012 年负荷增长率 13.6%，最大负荷 9777MW。

按能源分类需求区分：总用电量 43150GW·h；其中工业用电量 17331GW·h，商业用电量 9077GW·h，住宅用电量 14764GW·h，其他领域 1978GW·h。

阿尔及利亚主网电压等级为 400kV、220kV 以及 150kV，其中 400kV 线路长度 3639km，220kV 线路长度 11022km，150kV 线路长度 68.8km；400kV 变电容量为 9300MV·A，220kV 变电容量为 18934MV·A，150kV 变电容量为 50MV·A。

2012 年阿尔及利亚向外输送电力 985GW·h，输入电力 936GW·h，基本保持平衡。

阿尔及利亚国有电力煤气公司（SONELGAZ）对国内的电力行业实行垂直一体化的管理及垄断性经营。为了能够引入民间资金，SONELGAZ 从 1999 年起改为股份公司。近年来为适应新形势，SONELGAZ 将对发电、输变电及配电机构进行分离并重组。

2012 年阿尔及利亚总装机容量 12950MW，同比增长 13.9%，其中 SONELGAZ 装机容量 8438MW，其他生产商（IPP）2886MW。SONELGAZ 发电量达到 28950.7GW·h，同比增长 7.8%。

8.1.7 摩洛哥

目前摩洛哥电力生产由水电、火电和少量的风力发电三部分组成，由摩洛哥电力集团（ONE）统一经营。在火电生产中，有一小部分属于一些大企业自产自用的电力。输送电压等级包括 400kV、225kV、150kV、60kV 等。

2012 年摩洛哥总装机容量 6677MW，其中风电 255MW，水电 1770MW，火电（燃煤汽轮机）1785MW，火电（燃油）202MW，火电（联合循环）850MW，火电（燃气）1215MW，火电（蒸汽轮机）600MW。

截至 2012 年摩洛哥总发电量 26356GW·h，其中风电 728GW·h，水电 1816GW·h，火电（燃煤汽轮机）11856GW·h，火电（燃油）533GW·h，火电（联合循环）6201GW·h，火电（燃气）1666GW·h，火电（蒸汽轮机）3557GW·h。2012 年摩洛哥主要火电厂装机容量及发电量统计如表 8-8 所示。

表 8-8 摩洛哥主要火电厂装机容量及发电量统计

燃　　料	装机容量/MW	2012 年发电量/(GW·h)
煤炭		118561.0
Jorf Lasfar	1360	10191.116
Mohammedia	600	801.442
Jérada	165	863.442

燃 料	装机容量/MW	2012 年发电量/(GW·h)
联合循环		6200.549
Energie Elecrique de Tahaddare	384	2830.663
Ain Béni Mathar	472	3369.886
燃油		5645.371
Mohammedia		2024.737
Kénitra	300	1532.316
Tantan	100	438.024
Kénitra	100	493.696
Turbines à gaz Mohammedia	100	646.627
Turbines à gaz 33 et	20	502.337
Laayoune Diesel		7.634
燃气		8.181
Usines autonoes		8.181
火电厂总计		130415.001

摩洛哥 2012 年负荷增长率为 8%，最大负荷 5280MW。

按能源消费分 2012 年摩洛哥总用电量，26177GW·h。其中工业消费 12502GW·h，商业消费 7315GW·h，住宅消费 1807GW·h，其他项目消费 4552GW·h。

2012 年摩洛哥主网线路长度为：400kV 线路 1693km；220kV 线路 8389km；150kV 线路 147km。2012 年摩洛哥变电容量：400kV 变电容量为 3393MV·A；220kV 变电容量为 12888MV·A；150kV 变电容量为 399MV·A。

2012 年摩洛哥电力交换：向外输出 818GW·h，从国外输入 5660GW·h。

2011 年摩洛哥国家电力公司（ONE）拥有包括 400kV、225kV、150kV 和 60kV 的传输线路 21434km。它包含国内全部线路以及连接至阿尔及利亚和西班牙的区域连接电网。摩洛哥和西班牙电力通过海底 400kV 电缆连接，电力传输能力为 1400MW，摩洛哥与阿尔及利亚之间的 400kV 线路传输能力为 1200MW。ONE 公司将大力发展其电网分布。至 2011 年该公司有高压电网线路 20877km，中压电网线路 68310km，低压电网线路 162385km，总计 251572km。

1996—2007 年，随着摩洛哥社会经济的逐步发展，其国内对能源的需求也稳步增长，10 年间全国能源需求增长率基本在 5%～9%，如图 8-3 所示。

目前摩洛哥国内电力价格实行政府固定电价，为 1 迪拉姆（DH）/（kW·h），欧元与迪拉姆比价为 1/11.5，计约 0.087 欧元/（kW·h），从 ONE 购买的工业用电价格为 0.65 迪拉姆/（kW·h）[约 0.056 欧元/（kW·h）]。

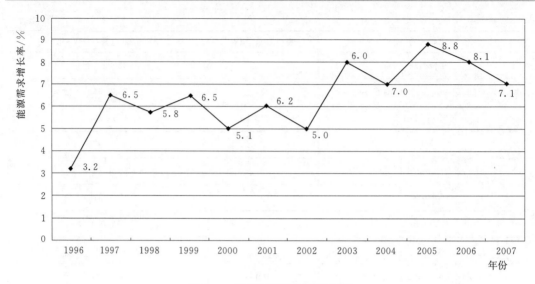

图 8-3 摩洛哥能源需求增长图

根据摩洛哥国家电力公司（ONE）资料，2011 年该公司售电量 10297.242GW·h，较 2010 年增长 8.3%。其中工业用电增长 6.8%，农业用电增长 6.9%，第三产业用电增长 8.9%，住宅用电增长 9.4%，行政用电增长 9.8%。至 2012 年，摩洛哥国内生产电力 24363.6GW·h，电力自给率 84.7%。具体如表 8-9 所示。

表 8-9 摩洛哥 ONE 公司分产业用电统计

项目	2011 年用电量/(GW·h)	2010 年用电量/(GW·h)	增长率/%	2011 年所占比例/%
工业	2714.192	2540.902	6.8	26.4
农业	1302.254	1217.902	6.9	12.6
第三产业	1376.617	1263.942	8.9	13.4
住宅	4137.957	3783.348	9.4	40.2
行政	766.221	697.649	9.8	7.4
ONE 公司总计	10297.242	9503.743	8.3	100.0

8.2 电力市场需求分析

综合考虑北部非洲 7 国历史电力数据以及经济发展规划等因素，对北部非洲进行电力系统需求预测，预测 2015 年、2020 年、2025 年、2030 年北部非洲推荐方案最大负荷需求分别为 59374MW、85444MW、17697MW、153507MW，2012—2015 年、2015—2020 年、2020—2025 年、2025—2030 年年均增长率分别为 7.5%、7.6%、6.6%、5.4%。全社会用电量分别为 327856GW·h、472957GW·h、652419GW·h、851954GW·h，2012—2015 年、2015—2020 年、2020—2025 年、2025—2030 年年均增长率分别为 11.3%、7.6%、6.6%、5.5%。北部非洲区域电力系统需求预测如表 8-10 所示。

表 8 - 10 北部非洲电力系统需求预测

国家名称	项 目	2012年（实绩）	2015年	2020年	2025年	2030年	平均增长率/%			
							2012—2015年	2015—2020年	2020—2025年	2025—2030年
苏丹	用电量/(GW·h)	7610	11619	20052	31279	49743	15.1	11.5	9.3	9.7
	负荷/MW	1721	2582	4456	6951	11054	14.5	11.5	9.3	9.7
	利用小时/h	4422	4500	4500	4500	4500				
南苏丹	用电量/(GW·h)	70	186	2490	5920	8300	38.5	68.0	18.9	7.0
	负荷/MW	22	96	830	1691	2075	63.4	53.9	15.3	4.2
	利用小时/h	3182	1938	3000	3500	4000				
埃及	用电量/(GW·h)	133969	157445	211430	281343	348370	5.5	6.1	5.9	4.4
	负荷/MW	27000	31489	42286	56269	69674	5.3	6.1	5.9	4.4
	利用小时/h	4962	5000	5000	5000	5000				
利比亚	用电量/(GW·h)	12991	29084	39076	49204	57041	30.8	6.1	4.7	3.0
	负荷/MW	5981	7271	9769	12301	14260	6.7	6.1	4.7	3.0
	利用小时/h	2172	4000	4000	4000	4000				
突尼斯	用电量/(GW·h)	13962	18858	27325	37229	50000	10.5	7.7	6.4	6.1
	负荷/MW	3353	4019	5395	7223	9650	6.2	6.1	6.0	6.0
	利用小时/h	4164	4692	5064	5154	5181				
阿尔及利亚	用电量/(GW·h)	43150	72634	120372	176905	243500	19.0	10.6	8.0	6.6
	负荷/MW	9777	14157	23479	34531	47500	13.1	10.6	8.0	6.6
	利用小时/h	4413	5131	5127	5123	5126				
摩洛哥	用电量/(GW·h)	26177	38030	52212	70539	95000	13.3	6.5	6.2	6.1
	负荷/MW	5280	6357	8723	11779	15850	6.4	6.5	6.2	6.1
	利用小时/h	4958	5982	5986	5989	5994				
合计	用电量/(GW·h)	237929	327856	472957	652419	851954	11.3	7.6	6.6	5.5
	负荷/MW	47821	59374	85444	117697	153057	7.5	7.6	6.6	5.4

8.2.1 苏丹

苏丹经济发展主要依赖石油工业，近年来用电部门分析如表 8 - 11 所示。

表 8－11　　　　　　　　　　　　　苏丹电力历史数据分析

年份	负荷/MW	全社会用电量/(GW·h)	工业用电/(GW·h)	商业用电/(GW·h)	住宅用电/(GW·h)	其他用电/(GW·h)	人均消费电量/(kW·h)	人口/万人	最大负荷利用小时数/h
2004	611	2496	372	419	1262	443	72	3453	4085
2005	685	2988	491	433	1521	543	84	3544	4362
2006	800	3458	566	523	1737	632	96	3618	4323
2007	900	3837	608	628	1907	694	103	3720	4263
2008	985	4286	546	740	2214	786	112	3813	4351
2009	1151	5045	714	843	2596	892	129	3915	4383
2010	1314	6026	978	888	3094	1066	154	3915	4586
2011	1542	6690	1049	1016	3437	1188	217	3085	4339
2012	1721	7610	1216	1123	3986	1285	217	3678	4422

注　由于 2011 年南苏丹脱离苏丹独立，因此表中 2011 年、2012 年数据不包括南苏丹。

由表 8－11 可知，苏丹电网 2004—2012 年最大负荷年均增长率为 13.8%，全社会用电量年均增长率为 15.0%，最大负荷利用小时数维持在 4000～4500h 之间。

Parsons Brinckerhoff（PB）研究机构在 2009 年电力数据基础上对苏丹进行了电力需求预测，预计 2018 年、2023 年、2030 年苏丹电网中方案最大负荷需求分别为 3626MW、5956MW、11054MW，2018—2023 年、2023—2030 年年均增长率分别为 10.43%、9.24%。

阿拉伯电力联盟（Arab Union of Electricity，AUE）成立于 1987 年，目的在于加强成员国电力公司之间的联系，提高阿拉伯国家的电力生产能力。目前成员国有 19 个国家，包括约旦、阿联酋、巴林、突尼斯、阿尔及利亚、沙特阿拉伯、苏丹、叙利亚、伊拉克、阿曼苏丹国、巴勒斯坦、卡塔尔、科威特、黎巴嫩、利比亚、埃及、摩洛哥、毛里塔尼亚和也门。AUE 每年均会对成员国的电力需求进行 5～10 年的预测，根据其官网最新的电力需求预测，预计 2018 年、2023 年苏丹电网最大负荷需求分别为 3583MW、5875MW。2018—2023 年年均增长率为 10.40%。

AUE 与 PB 研究结论基本一致，如表 8－12 所示。根据历史数据分析，考虑到 PB 公司对东非区域进行了大量的详细研究，且与苏丹电力部门远期展望的原则基本一致，本书推荐采用 PB 研究结论，预计 2018 年、2023 年、2030 年全社会用电量分别为 16320GW·h、26800GW·h、49740GW·h。在此基础上，修正得到苏丹 2025 年的最大负荷为 6951MW；2025 年全社会用电量为 31279GW·h。

表 8-12 苏 丹 电 力 需 求 预 测

研究机构	项目	2015 年	2016 年	2017 年	2018 年	2019 年	2020 年	2021 年	2022 年	2023 年	2030 年
PB	最大负荷/MW	2582	2902	3250	3626	4030	4456	4930	5427	5956	11054
	最大负荷增长率/%	18~23	10.43	23~30	9.24						
	全社会用电量/(GW·h)	11619	13060	14630	16320	18140	20050	22190	24420	26800	49740
AUE	最大负荷/MW				3583					5875	
	最大负荷增长率/%	18~23	10.40								
	全社会用电量/(GW·h)				16120					26440	

8.2.2 南苏丹

南苏丹 2012 年人口 826 万人，国内生产总值（GDP）93.4 亿美元，人均 GDP 1131 美元，虽然总值看起来相对高一些，但是南苏丹仍有 51% 的人口生活在贫困线以下，人均年收入 888 美元，低于撒哈拉以南非洲 1204 美元的水平。南苏丹目前石油收入占 GDP 的 80%，占出口收入 98%。根据世界银行预测，未来几年南苏丹经济发展速度将达 6%～7%。

经过多年战争，南苏丹目前缺乏电力历史数据分析，原有数据涵盖在苏丹政府统计范畴内，由于电力工业发展非常落后，常常被忽略。2012 年南苏丹全社会用电量为 70GW·h，人均用电量约 8.5kW·h，低于撒哈拉以南非洲 80kW·h 的水平，但是南苏丹能够用上电的客户年人均用电量约 3000kW·h，这个数据也反映了南苏丹电力供应的缺乏导致大量的电力需求潜能无法释放。

根据 PB 研究机构 2007 年对南苏丹进行的电力需求预测，如表 8-13 所示，如果南苏丹电源和电网建设稳定发展，预计 2015 年、2020 年、2025 年、2030 年南苏丹最大负荷分别为 600MW、850MW、1150MW、1450MW，年均增长率分别为 14.87%、7.21%、6.23%、4.75%。

表 8-13 南苏丹电力需求预测（PB，2007）

项　　目	2015 年	2020 年	2025 年	2030 年
最大负荷/MW	600	850	1150	1450
最大负荷增长率/%	14.87	7.21	6.23	4.75

从现在来看，PB 预测的结果偏离实际值过高。2013 年世界银行对南苏丹近期电力供应和需求进行了分析，预计 2015 年南苏丹最大负荷 96MW，电力用户 55000 人，电力生产 252GW·h，电网损耗 26%，全社会用电量（扣除网损后）为 186GW·h，人均用电量

约 22kW·h，电力用户人均用电量为 3381kW·h。

南苏丹目前电力实际需求很低，主要原因在于电力供应的缺乏，南苏丹石油等工业的发展与电力工业的发展是相辅相成的，若电力供应设施到位，石油、制造业等工业的电力需求将快速增长。南苏丹近期正处于经济起步的阶段，近期电力需求预测建议采用世界银行的结论。根据世界其他地区经济发展经验，随着南苏丹经济进入良性循环阶段，人均用电量将快速增长。南苏丹 2020 年按目前世界人均用电量 3000kW·h 的 1/10 考虑，南苏丹 2020 年全社会用电量将达 249GW·h，最大负荷利用小时数按 3000h 考虑，2020 年南苏丹最大负荷将达 830MW。2030 年按目前世界人均用电量 3000kW·h 的 1/3 考虑，2030 年全社会用电量将达 8300GW·h，最大负荷利用小时数按 4000h 考虑，2030 年南苏丹最大负荷将达 2075MW。推荐的南苏丹电力需求预测如表 8-14 所示。2025 年南苏丹的最大负荷和全社会用电量通过 2020 年、2030 年的值修正得到，分别为 1691MW、5920GW·h。

表 8-14　　　　　　　　　　　南苏丹电力需求预测（推荐）

项　　目	2015 年	2020 年	2030 年
人均用电量/(kW·h)	22	300	1000
全社会用电量/(GW·h)	186	2490	8300
最大负荷利用小时数/h	1938	3000	4000
最大负荷/MW	96	830	2075
最大负荷增长率/%		53.94	9.6
全社会用电量增长率/%		68.01	12.79

8.2.3　埃及

埃及电力历史数据分析如表 8-15 所示。

表 8-15　　　　　　　　　　　埃及电力历史数据分析

年份	负荷/MW	全社会用电量/(GW·h)	工业用电/(GW·h)	商业用电/(GW·h)	住宅用电/(GW·h)	其他用电/(GW·h)	人均消费电量/(kW·h)	人口/万人	最大负荷利用小时数/h
2004	14735	79737	28388	4836	29807	16706	1156	6900	5411
2005	15678	85781	30284	2127	31195	22175	1191	7200	5471
2006	17300	92828	32701	2375	33777	23975	1272	7300	5366
2007	18500	98812	34569	2573	36448	25222	1332	7420	5341
2008	19738	106595	37045	286	40271	26419	1403	7600	5400
2009	20635	111714	37273	8754	43811	21876	1470	7600	5414
2010	22750	118903	38916	9674	47431	22882	1486	8000	5227
2011	24485	126758	40702	3447	5137	31239	1546	8200	5177
2012	27000	133969	42098	10716	56664	24491	1632	8207	4962

由表 8-15 分析，埃及电网 2004—2012 年最大负荷年均增长率为 7.9%，全社会用电量年均增长率为 6.7%，最大负荷利用小时数维持在 5000～5500h 之间，近年来整体上呈现下降趋势，2012 年降至 4962h。

PB 研究机构在 2007 年电力数据基础上对埃及进行了电力需求预测，预测 2018 年、2023 年、2030 年埃及电网中方案最大负荷需求分别为 37608MW、49613MW、69674MW，2013—2018 年、2018—2023 年、2023—2030 年年均增长率分别为 6.23%、5.70%、4.97%。

根据 AUE 官网最新的电力需求预测，预测 2018 年、2023 年埃及电网最大负荷需求分别为 37583MW、50776MW。2018—2023 年年均增长率为 6.20%。

AUE 与 PB 研究结论基本一致，如表 8-16 所示。结合历史数据分析，考虑 2015 年后埃及电网最大负荷利用小时数维持在 5000h 左右，PB 研究机构进行了大量的详细研究，且与埃及电力部门远期展望的原则基本一致，本书推荐采用 PB 研究结论，预计 2018 年、2023 年、2030 年全社会用电量 188040 GW·h、248070 GW·h、348370GW·h。在上述分析的基础上，修正得到 2025 年埃及的最大负荷和全社会用电量分别为 56269MW、281343GW·h。

表 8-16　　　　　　　　埃及电力需求预测

研究机构	项目	2015 年	2016 年	2017 年	2018 年	2019 年	2020 年	2021 年	2022 年	2023 年	2030 年
PB	最大负荷/MW	31489	33353	35430	37608	39892	42286	44624	47065	49613	69674
	最大负荷增长率/%	18～23	5.70	23～30	4.97						
	全社会用电量/(GW·h)	157450	166770	177150	188040	199460	211430	223120	235330	248070	348370
AUE	最大负荷/MW				37583					50776	
	最大负荷增长率/%	18～23	6.20								
	全社会用电量/(GW·h)				187920					253880	

8.2.4　利比亚

利比亚电力历史数据分析如表 8-17 所示。

由表 8-17 分析，利比亚电网 2004—2012 年最大负荷年均增长率为 6.5%，全社会用电量年均增长率为 0.9%，剔除掉受战争影响的 2011 年和 2012 年不正常数据外，2006—2010 年最大负荷利用小时数维持在 3600～3900h 之间。

表 8-17   利比亚电力历史数据分析

年份	负荷/MW	全社会用电量/(GW·h)	工业用电/(GW·h)	商业用电/(GW·h)	住宅用电/(GW·h)	其他用电/(GW·h)	人均消费电量/(kW·h)	人口/万人	最大负荷利用小时数/h
2004	3612	12059	2535	1416	4037	4071	2050	588	3339
2005	3857	18893	3373	2201	6729	6590	3098	610	4898
2006	4005	14363	2918	1783	4535	5127	2271	632	3586
2007	4420	15044	3052	1766	4164	6062	2775	542	3404
2008	4756	18452	3176	2400	5222	7654	3342	552	3880
2009	5282	20336	3164	2456	6261	8455	3619	562	3850
2010	5759	22028	3428	2694	6423	9483	3850	572	3825
2011	5515	26570	3863	3778	8645	10284	4368	608	4818
2012	5981	12991	1448	1841	4651	5051	2136	660	2172

利比亚电力公司（GECOL）在 2009 的基础上进行了负荷预测，结果如表 8-18 所示。由于 2009 年进行预测时没有考虑到利比亚国内战争的影响，2011 年和 2012 年数据预测处于较高的水平，但是考虑到战后利比亚部分电力需求得到了抑制，没有释放出来，本书认为随着利比亚经济恢复，战后重建项目的实施，利比亚预计 2013 年以后负荷将会得到快速增长，年新增负荷将在 3500MW 左右。本书选取利比亚电力公司 2011 年预测值 6307MW 作为本轮预测中 2013 年的预测值，结合利比亚电力公司的预测及利比亚的政治经济发展规划，对利比亚的需求进行预测。本书推荐的利比亚电力需求预测结果如表 8-19 所示。

表 8-18   利比亚电力公司电力需求预测数据（2009 年）

年份	最大负荷/MW	增长率/%	大型工程负荷/MW	总负荷/MW	总负荷增长率/%
2009	5282	11.1	—	5282	11.1
2010	5832	10.4	1097	6929	31.2
2011	6307	8.1	1982	8289	19.6
2012	6785	7.6	3497	10282	24.0
2013	7271	7.2	3930	11201	8.9
2014	7764	6.8	4211	11975	6.9
2015	8261	6.4	4211	12472	4.2
2016	8762	6.1	4211	12973	4.0
2017	9264	5.7	4211	13475	3.9
2018	9769	5.5	4211	13980	3.7
2019	10274	5.2	4211	14485	3.6
2020	10780	4.9	4211	14991	3.5

续表

年份	最大负荷/MW	增长率/%	大型工程负荷/MW	总负荷/MW	总负荷增长率/%
2021	11287	4.7	4211	15498	3.4
2022	11794	4.5	4211	16005	3.3
2023	12301	4.3	4211	16512	3.2
2024	12809	4.1	4211	17020	3.1
2025	13316	4.0	4211	17527	3.0

表 8-19　　　　　　　　　　　利比亚电力需求预测（推荐）

年　份	最大负荷/MW	总负荷增长率/%	全社会用电量/(GW·h)
2015	7271	7.2	29080
2016	7764	6.8	31060
2017	8261	6.4	33040
2018	8762	6.1	35050
2019	9264	5.7	37060
2020	9769	5.5	39080
2021	10274	5.2	41100
2022	10780	4.9	43120
2023	11287	4.7	45150
2024	11794	4.5	47180
2025	12301	4.3	49200
2030	14260	3.0	57040
2013—2018 年 最大负荷增长率	6.8%		
2018—2023 年 最大负荷增长率	5.2%		
2023—2030 年 最大负荷增长率	3.4%		

　　预计 2018 年、2023 年、2030 年利比亚电网最大负荷需求分别为 8762MW、11287MW、14260MW，2018—2023 年、2023—2030 年年均增长率分别为 5.2%、3.4%。

　　根据历史数据分析，考虑 2015 年以后利比亚电网最大负荷利用小时数维持在 4000h 左右，预计 2018 年、2023 年、2030 年全社会用电量 35050 GW·h、45150 GW·h、57040GW·h。

8.2.5 突尼斯

根据阿拉伯电力联盟数据，突尼斯电力历史数据如表 8-20 所示。

表 8-20　　　　　　　　　　　突尼斯电力历史数据

年份	负荷/MW	全社会用电量/(GW·h)	工业/(GW·h)	商业/(GW·h)	住宅/(GW·h)	其他/(GW·h)	人均/(kW·h)	人口/万人	最大负荷利用小时数/h
2004	2008	9992	539	3997	2598	2858	1005	995	4976
2005	2172	10374	575	4278	2540	2980	1029	1008	4776
2006	2240	10796	611	4404	2639	3142	1061	1018	4820
2007	2416	11294	653	4661	2731	3250	1099	1027	4675
2008	2467	11823	759	4817	2871	3386	1139	1038	4792
2009	2660	12215	738	4874	3007	3596	1165	1048	4592
2010	3010	12862	884	7490	897	3591	1214	1052	4273
2011	3024	13053	838	5200	3034	3981	1216	1061	4316
2012	3353	13962	906	5511	3275	4260	1288	1073	4161

由突尼斯用电历史数据可知，突尼斯负荷和电量增长稳定，通过分析其历史数据，并结合阿拉伯电力联盟数据，对突尼斯中期 2020 年及远期 2030 年负荷及电量进行预测，如表 8-21 和表 8-22 所示。

表 8-21　　　　　　　　2015—2020 年突尼斯负荷及电量预测

项　　目	2015 年	2016 年	2017 年	2018 年	2019 年	2020 年	2015—2020 年平均增长率/%
负荷/MW	4019	4264	4524	4800	5089	5395	6.1
电量/(GW·h)	18858	20046	21310	24080	25651	27325	7.7

表 8-22　　　　　　　　2021—2030 年突尼斯负荷及电量预测

项　　目	2021 年	2022 年	2023 年	2024 年	2025 年	2026 年	2027 年	2028 年	2029 年	2030 年	2020—2025 年平均增长率/%	2025—2030 年平均增长率/%
负荷/MW	5720	6065	6430	6815	7223	7656	8114	8600	9110	9650	6.0	6.0
电量/(GW·h)	29108	31007	33030	35067	37229	39525	41962	44550	47196	50000	6.4	6.1

预计到 2020 年突尼斯负荷 5395MW，2015—2020 年年增长率 6.1%，电量 27325GW·h，增长率 7.7%；2030 年负荷 9650MW，年用电量 50000GW·h。

8.2.6 阿尔及利亚

根据阿拉伯电力联盟材料，阿尔及利亚电力历史数据如表 8-23 所示。

表 8-23   阿尔及利亚电力历史数据

年份	负荷/MW	全社会用电量/(GW·h)	工业/(GW·h)	商业/(GW·h)	住宅/(GW·h)	其他/(GW·h)	人均消费电量/(kW·h)	人口/万人	最大负荷利用小时数/h
2004	5541	25909	2847	10798	2880	9384	802	3230	4676
2005	5921	27631	2674	11197	3660	10100	855	3230	4667
2006	6057	28613	2530	11627	4093	10363	873	3279	4724
2007	6411	30320	2626	12205	4371	11118	889	3410	4729
2008	6925	32584	2775	12871	4726	12212	936	3480	4705
2009	7280	33817	2895	13192	4975	12755	975	3470	4645
2010	7718	35803	1581	15032	7432	11758	986	3630	4639
2011	8606	38909	1743	16482	7954	12722	1049	3710	4521
2012	9777	43150	1978	17331	9077	14764	1142	3780	4413

由阿尔及利亚用电历史数据可知，阿尔及利亚负荷和电量增长稳定，通过分析其历史数据，并结合阿拉伯电力联盟数据，对阿尔及利亚中期 2020 年及远期 2030 年负荷及电量进行预测，如表 8-24 和表 8-25 所示。

预计到 2020 年阿尔及利亚负荷 23479MW，2015—2020 年，年增长率 10.6%，电量 120372GW·h，增长率 10.6%，2030 年负荷 47500MW，年用电量 243500GW·h。

表 8-24   **2015—2020 年阿尔及利亚负荷及电量预测**

项　　目	2015 年	2016 年	2017 年	2018 年	2019 年	2020 年	2015—2020 年平均增长率/%
负荷/MW	14157	15833	17708	19805	21564	23479	10.6
电量/(GW·h)	72634	81220	90821	101558	110565	120372	10.6

表 8-25   **2021—2030 年阿尔及利亚负荷及电量预测**

项　　目	2021 年	2022 年	2023 年	2024 年	2025 年	2026 年	2027 年	2028 年	2029 年	2030 年	2020—2025 年平均增长率/%	2025—2030 年平均增长率/%
负荷/MW	25563	27833	30305	32349	34531	36860	39346	42000	44665	47500	8.0	6.6
电量/(GW·h)	131048	142671	155325	165764	176905	188795	201483	215025	228820	243500	8.0	6.6

8.2.7　摩洛哥

摩洛哥的电力生产包括热电、水电、风电和太阳能，自 1963 年以来由摩洛哥国家电力公司（ONE）统一经营。一些大企业为满足自身用电需要，也自建电厂，如"摩洛哥化学""摩洛哥磷酸盐集团""Aouli 矿业"和糖厂等，企业自主发电量合计占全国发电总量的 10%。国家电力公司的发电量一部分输送给 12 个电力配电站，由配电站售予用户；另一部分则直接售予定向客户，如 ONCF、ONEP、OCP 及水泥企业等。

结合阿拉伯电力联盟数据，摩洛哥电力历史数据如表 8-26 所示。

表 8-26　　　　　　　　　　　　　　　摩洛哥电力历史数据

年份	负荷/MW	全社会用电量/(GW·h)	工业用电量/(GW·h)	商业用电量/(GW·h)	住宅用电量/(GW·h)	其他用电量/(GW·h)	人均用电量/(kW·h)	人口/万人	最大负荷利用小时数/h
2004	3191	16288	9472	3894	881	2041	545	2989	5104
2005	3520	17630	10175	4147	991	2317	582	3030	5009
2006	3760	19258	10761	4785	1068	2644	627	3074	5122
2007	3980	20540	11280	5210	1144	2906	666	3084	5161
2008	4180	21711	11970	5375	1170	3196	697	3117	5194
2009	4375	22384	11871	5870	1152	3491	710	3151	5116
2010	4790	23323	11943	6034	1562	3783	732	3185	4869
2011	4890	24778	12114	6828	1698	4138	768	3225	5067
2012	5280	26177	12502	7315	1807	4552	803	3260	4958

由摩洛哥用电历史数据可知，摩洛哥负荷和电量增长稳定，通过分析其历史数据，并结合阿拉伯电力联盟数据，对摩洛哥中期 2020 年及远期 2030 年负荷及电量进行预测，如表 8-27 和表 8-28 所示。预计 2020 年负荷 8723MW，电量 52212GW·h；2025 年负荷 11779MW，电量 70539GW·h。2020—2025 年负荷和电量分别增长 6.2% 和 6.2%。2030 年负荷和电量分别为 15850MW，95000GW·h。

表 8-27　　　　　　　　　2015—2020 年摩洛哥负荷及电量预测

项　　目	2015 年	2016 年	2017 年	2018 年	2019 年	2020 年	2015—2020 年平均增长率/%
负荷/MW	6357	6786	7245	7734	8214	8723	6.5
电量/(GW·h)	38030	40606	43357	46294	49164	52212	6.5

表 8-28　　　　　　　　　2021—2030 年摩洛哥负荷及电量预测

项　　目	2021年	2022年	2023年	2024年	2025年	2026年	2027年	2028年	2029年	2030年	2020—2025 年平均增长率/%	2025—2030 年平均增长率/%
负荷/MW	9264	9838	10448	11094	11779	12507	13280	14100	14949	15850	6.2	6.1
电量/(GW·h)	55449	58887	62538	66418	70539	74915	79564	84500	89596	95000	6.2	6.1

8.3　电源建设规划

北部非洲 2013—2030 年电源建设规划总体情况如表 8-29 所示。

表 8-29　　　　　　　　　　北部非洲电源建设规划表　　　　　　　　　单位：MW

项　　目	水电	火电	风电	太阳能	合计
2013—2020 年新增装机容量	4456	34540	3100	1576	43672
2021—2030 年新增装机容量	1492	35395	21510	3210	61607
合计	5948	69935	24610	4786	105279

8.4　电力平衡分析

8.4.1　电力平衡主要原则

结合负荷预测水平、电源规划建设情况等因素，电力平衡主要原则考虑如下：

（1）计算水平年取 2020 年、2030 年。

（2）平衡中考虑丰水期和枯水期两种方式。

（3）结合北部非洲地区负荷特性，各区域枯水期负荷按最大负荷考虑；丰水期负荷为枯水期负荷的 0.97。

（4）系统备用容量按最大负荷的 15％考虑。

（5）丰水期水电机组出力按装机容量考虑，火电（含燃煤、燃气、燃油）机组考虑部分检修，按装机容量的 70％出力考虑。

（6）枯水期水电机组出力按装机容量的 30％考虑，火电机组满发计。

（7）由于风电和太阳能发电出力具有不确定性，因此在电力平衡中不予考虑。

8.4.2　北部非洲电力平衡分析

北部非洲区域电力平衡结果如表 8-30 所示。

表 8-30　　　　　　　　　　北部非洲区域电力平衡　　　　　　　　　　单位：MW

项　　目	2020 年		2030 年	
	丰水期	枯水期	丰水期	枯水期
一、系统总需求	95313	98261	170735	176016
（1）最大负荷	82881	85444	148465	153057
（2）系统备用容量	12432	12817	22270	22959
二、装机容量	99939	99939	136826	136826
（1）水电	10955	10955	12447	12447
（2）火电	88984	88984	124379	124379
三、可用容量	73244	92271	99512	128113
（1）水电	10955	3287	12447	3734
（2）火电	62289	88984	87065	124379
四、电力盈亏（+盈，-亏）	−22069	−5990	−71223	−47902

由表 8-30 电力平衡结果可看出，规划电源如期投产发电后，无论丰水期还是枯水期，北部非洲仍均存在较大的电力缺口。其中 2020 年最大电力缺口约 22069MW，2030 年最大电力缺口高达 71223MW。结合北部非洲各国负荷预测及电源规划情况具体看来：苏丹由于规划的电源装机较大，为保证提供电源利用小时数，保证经济性，需考虑规划建设与周边国家电网的互联互通通道，以解决电力外送问题，电源规划需与互联互通规划相适应。南苏丹近期电力供应不足，亟须新建一批小型燃油机组或者规划建设与周边国家的互联互通通道。根据负荷预测情况，埃及、利比亚、突尼斯、阿尔及利亚以及摩洛哥的电力需求均将有了较快增长。结合各国电源规划情况，初步判断上述 5 国将存在较大的电力缺口，因此一方面可考虑加快国内电源建设，另一方面需要加快建设与周边国家的电网互

联互通项目。

8.5 电网建设规划

北部非洲电网建设规划（含区域互联互通项目）如表8-31所示。

表8-31　　　　　北部非洲电网建设规划（含区域互联互通项目）

工 程 名 称	相 关 指 标	预计投产年份	备 注
苏丹西南部电网靠近南苏丹地区新建220kV电压等级主干网络	1751km 220kV线路以及相关220kV变电站	2020	近期推荐项目
苏丹与埃塞俄比亚联网工程	项目采用4回500kV交流线路，线路长度约570km，线路传输功率3200MW	2016—2020	中远期推荐项目
苏丹与埃及联网工程	项目输电线路采用双极600kV直流线路，线路长度约1665km，线路传输功率2000MW	2016—2020	中远期推荐项目
苏丹国内500kV电网加强工程	为了满足苏丹与周边国家互联互通的需要，需加强苏丹国内500kV电网	2016—2020	中远期推荐项目
南苏丹与苏丹联网工程	新建苏丹220kV Renk站至南苏丹Malakal 220kV输电线路，线路长度200km	2020	近期推荐项目，考虑到两国间的政治关系不稳定，该项目仍在讨论中
南苏丹与埃塞联网工程	新建埃塞俄比亚DEdesa至南苏丹首都朱巴500kV输电线路，线路长度700km	2020年以后	为远期展望工程，投运时间不确定
南苏丹国内电网建设项目	应重点关注首都朱巴与北方石油丰富的地区的联合州、上尼罗河州、巴扎勒河等地区的220kV或者400kV联网工程	2020	中期推荐重点项目
埃及与沙特阿拉伯联网工程	工程采用500kV电压等级联网，总长预计1320km，其中820km在沙特境内，480km在埃及境内，20km在亚喀巴湾海底。同时，电网连接还需要新建3个变电站。分别位于沙特西部城市麦地那（3000MV·A），沙特西北部城市塔布克（1000MV·A），埃及首都开罗东部（3000MV·A）	2020	近期推荐重点项目
埃及与利比亚联网加强工程	工程采用500kV电压等级联网，埃及境内Saluom500kV站与利比亚Tubrak变电站联网工程，交换功率500MW	2020	中期推荐重点项目
利比亚国内400kV电网项目1	Tubrok—Ejdabia 400kV线路，线路长度400km	2020年以前	近期推荐重点项目
利比亚国内400kV电网项目2	Hoon—Sabha 400kV线路，线路长度375km	2020年以前	近期推荐重点项目
利比亚国内400kV电网项目3	Sirte—Bani Walid 400kV线路，线路长度300km	2020年以前	近期推荐重点项目
利比亚国内400kV电网项目4	Abu Arqub—Bani Walid 400kV线路，线路长度150km	2020年以前	近期推荐重点项目

续表

工 程 名 称	相 关 指 标	预计投产年份	备 注
利比亚国内 400kV 电网项目 5	Abu Arqub—Tripoli 400kV 线路,线路长度 150km	2020 年以前	近期推荐重点项目
利比亚与突尼斯联网加强工程	采用 400kV 电压等级联网,利比亚境内 Rouiss(Rowss) 400kV 站与突尼斯 Tataouine 变电站联网,交换电力 500MW	2020	中期推荐重点项目
利比亚与阿尔及利亚联网加强工程	采用 400kV 电压等级联网,利比亚境内 Ghudamis 400kV 站阿尔及利亚 Hassi Berkine 变电站联网,交换电力 400MW	2020	中期推荐重点项目
摩洛哥与西班牙联网加强工程	采用 400kV 电压等级联网,摩洛哥境内 Fardioua 和西班牙境内 Tarifa 变电站联网加强	2020	中期推荐重点项目
阿尔及利亚与意大利联网工程	采用 400kV 电压等级联网,阿尔及利亚境内的 Koudiet Draouch 和意大利联网	2020	中期推荐重点项目
阿尔及利亚与西班牙联网工程	采用 400kV 电压等级联网,阿尔及利亚境内的 Kahrama 和西班牙联网	2020	中期推荐重点项目
突尼斯与意大利联网工程	采用 400kV 电压等级联网,突尼斯境内的 Haoura 和意大利 Sicily 联网	2020	中期推荐重点项目

8.6 区域电网互联互通规划

1. 苏丹

苏丹电网远期电力盈余较大,建议苏丹考虑规划建设与周边国家的电网互联互通项目。考虑周边国家电网的特点,埃塞俄比亚水电资源丰富,而苏丹火电资源丰富,两国加强联网后,丰水期和枯水期可相互调剂电力资源,以达到经济上最优。苏丹北部电网与埃及相邻,可考虑与埃及电网互联,加入阿拉伯国家电力国际输送通道,以满足苏丹电网电力外送需要。目前 EAPP 规划考虑的互联互通项目如下。

(1)苏丹与埃塞俄比亚联网工程,该项目采用 4 回 500kV 交流线路,线路长度约 570km,规划 2020 年建成投运,线路传输功率 3200MW。

(2)苏丹与埃及联网工程,该项目输电线路采用双极 600kV 直流线路,线路长度约 1665km,规划 2020 年建成投运,线路传输功率 2000MW。

上述互联互通项目实现的前提是苏丹电网需要加强其 500kV 电网配套项目建设,以提高电网互联互通的可靠性,配套建设火电调峰电源。

2. 南苏丹

南苏丹近期电力短缺严重,随着南苏丹南部大型水电站的建设以及可能规划大型火电装机,南苏丹电网远期电力盈余较大,建议南苏丹考虑规划建设与周边国家的电网互联互通项目,根据周边国家电网的特点,埃塞俄比亚西部水电装机较多,建议近期可考虑以 220kV 电压等级线路与苏丹电网或者埃塞俄比亚电网联网,远期根据南苏丹电网发展情况,可以 500kV 或者 400kV 线路与埃塞俄比亚或者乌干达电网联网。

2012 年南苏丹与埃塞俄比亚签订协议由埃塞俄比亚电力公司出口电力到南苏丹，将为尼罗河东部包括上尼罗河州、琼莱州、东赤道州和中赤道州提供电力。

南苏丹互联互通工程规划如下。

(1) 新建埃塞俄比亚 Gambela 至南苏丹 Malakal 220kV 输电线路，线路长度 335km，投运时间在 2020 年，该项目已经中国机械设备进出口总公司（CMEC）承担 EPC 工作。

(2) 新建苏丹 220kV Renk 站至南苏丹 Malakal 220kV 输电线路，线路长度 200km，投产运行时间在 2020 年，考虑到两国间的政治关系不稳定，该项目仍在讨论中。

(3) 新建埃塞俄比亚 Dedesa 至南苏丹首都朱巴 500kV 输电线路，线路长度 700km，为远期展望工程，投运时间不确定。

(4) Karuma（乌干达）—Juba（南苏丹）220kV/400kV 联网工程，长度 300km，为远期展望工程，投运时间不确定。

3. 埃及

东部非洲电力联合体 2011 年发布的电力规划对东非国家区域内的互联互通现状及规划进行了详细的介绍。

(1) 埃及与沙特阿拉伯联网工程。沙特阿拉伯和埃及于 2013 年 6 月 1 日在沙特阿拉伯首都利雅得签署了电网联接备忘录，预计工程造价 60 亿里亚尔（约 16 亿美元）。两国联接后的交换容量将达到 3000MW。沙埃两国夏季每天用电高峰时间不同，联网后两国将合理使用电能，可节省数十亿里亚尔的发电费用。工程采用 500kV 电压等级联网，总长预计 1320km，其中 820km 在沙特境内，480km 在埃及境内，20km 在亚喀巴湾海底。同时，电网联接还需要新建 3 个变电站，分别位于沙特阿拉伯西部城市麦地那（3000MV·A）、沙特阿拉伯西北部城市塔布克（1000MV·A）和埃及首都开罗东部（3000MV·A），整个工程将于 2020 年全部竣工。

(2) 苏丹与埃及联网工程。该项目输电线路采用双极 600kV 直流线路，线路长度约 1665km，规划 2020 年建成投运，线路传输功率 2000MW。

(3) 埃及与利比亚联网加强工程。工程采用 500kV 电压等级联网，埃及境内 Saluom500kV 站与利比亚 Tubrak 变电站联网工程，整个工程将于 2020 年投产。

4. 利比亚

利比亚电力公司近期在相关会议上介绍了利比亚与周边国家联网工程规划，工程情况简要如下。

(1) 利比亚与埃及联网加强工程。工程采用 500kV 电压等级联网，埃及境内 Saluom500kV 站与利比亚 Tubrak 变电站联网工程，整个工程将于 2020 年投产，交换电力 500MW。

(2) 利比亚与突尼斯联网加强工程。工程采用 400kV 电压等级联网，利比亚境内 Rouiss（Rowss）400kV 站与突尼斯 Tataouine 变电站联网工程，整个工程将于 2020 年投产，交换电力 500 MW。

(3) 利比亚与阿尔及利亚联网加强工程。工程采用 400kV 电压等级联网，利比亚境内 Ghudamis 400kV 站阿尔及利亚 Hassi Berkine 变电站联网工程，整个工程将于 2020 年投产，交换电力 400MW。

利比亚上述三项互联互通工程均已经进行了可行性研究，利比亚远期规划的联网工程有与意大利通过海底隧道直流工程联网，交换电力 1000MW；与希腊交换 3000MW 电力的联网工程等，这些工程都处在概念阶段，建议跟踪研究。

5. 突尼斯

（1）突尼斯与利比亚联网加强工程。工程采用 400kV 电压等级联网，突尼斯 Tataouine 变电站与利比亚境内 Rouiss（Rowss）400kV 站联网工程，整个工程将于 2020 年投产，交换电力 500MW。

（2）突尼斯与意大利工程。工程通过突尼斯境内 Haourai 变电站与意大利 Sicily 进行连接，该工程正在论证当中。

6. 阿尔及利亚

（1）阿尔及利亚与利比亚联网加强工程。工程采用 400kV 电压等级联网，阿尔及利亚 Hassi Berkine 变电站利比亚境内 Ghudamis 400kV 站联网工程，整个工程将于 2020 年投产，交换电力 400MW。

（2）规划的 Koudiet Draouch 至意大利的联络线路。

（3）规划的 Kahrama 至西班牙的联络线路。

7. 摩洛哥

摩洛哥计划加强 Fardioua 至西班牙 Tarifa 的 400kV 区域互联线路。

9　中国与北部非洲国家电力合作重点领域

经过对北部非洲 7 个国家在自然地理、矿产资源、社会经济、内政与对外关系、能源结构、电力系统现状及发展规划等方面因素的深入研究，遴选出中国与北部非洲电力合作的重点国家以及各国重点领域，如表 9－1 所示。

表 9－1　　　　中国和北部非洲电力合作的重点国家及各国重点领域

区　域	国　家	重点国别	合作重点领域				
			水电	风电	太阳能	火电	电网工程
北部非洲	苏丹	√	√			√	√
	南苏丹	√	√			√	√
	埃及			√		√	√
	利比亚			√		√	√
	突尼斯			√	√	√	
	阿尔及利亚	√		√	√	√	
	摩洛哥	√		√	√	√	

北部非洲水能资源十分丰富，主要集中在埃及、苏丹以及南苏丹三个国家。根据苏丹电力建设规划，在未来一段时间内，苏丹水电市场将有 1400MW 的空间。南苏丹电力工业百废待兴，市场发展潜力巨大，可以预见，随着南苏丹国家电网的逐步建设，南苏丹的丰富水能资源，特别是作为尼罗河两大支流之一的白尼罗河上的水能资源，将得到有效开发。目前埃及暂没有大规模开发水电的计划。因此，推荐苏丹和南苏丹作为中国与北部非洲水电领域重点合作的国家。

北部非洲风能资源比较丰富，特别是埃及、利比亚、突尼斯、摩洛哥。另外，阿尔及利亚也有一定规模的风能资源。埃及希望在新能源领域同中国合作，欢迎中方在新能源领域增加对埃及的投资。随着可再生能源开发成本下降以及保护化石能源、环境意识的增强，阿尔及利亚政府制定了一系列措施鼓励可再生能源科研开发和投资项目。根据阿尔及利亚 2011—2030 年国家发展新能源规划，至 2030 年，新能源发电将占 40%。摩洛哥国内较为缺电，需要从阿尔及利亚和西班牙购买，为提高本国电力的自给率，摩洛哥政府鼓励发展各种电源，在新能源开发方面也较为积极。综合考虑北部非洲各国风能资源储存情况以及各国电力规划情况，推荐埃及、利比亚、突尼斯、阿尔及利亚以及摩洛哥作为中国与北部非洲风电领域重点合作国家。

北部非洲阳光充足，各国的太阳能资源均十分丰富。为支持本国太阳能事业的发展，突尼斯政府和电力公司提供了多项鼓励措施。同时，阿尔及利亚及摩洛哥政府对本国发展太阳能也较为积极。因此推荐突尼斯、阿尔及利亚以及摩洛哥作为中国与北部非洲太阳能领域重点合作国家。

北部非洲石油和天然气资源十分丰富，各国均有大规模的火电发展规划。因此积极加强与北部非洲各国火电领域的合作，未来大有可为。

为满足北部非洲负荷发展及电源接入的需要，加强国内网架，以及实现北部非洲各国电网互联，未来北部非洲将进入电网大建设期，因此很有必要加强中国与北部非洲在电网领域的合作，结合北部非洲各国电网规划情况，推荐苏丹、南苏丹、埃及以及利比亚作为中国与北部非洲电网领域重点合作国家。

综合前述分析，中国与北部非洲地区合作前景广阔，推荐中国与北部非洲电力合作的重点国家为苏丹、南苏丹、阿尔及利亚和摩洛哥。

东部非洲篇

10 东部非洲概况

10.1 国家概况

10.1.1 国家组成

非洲东部地区，通常包括埃塞俄比亚、肯尼亚、坦桑尼亚、乌干达、厄立特里亚、吉布提、卢旺达、布隆迪、索马里和印度洋西部岛国塞舌尔。从市场开发的角度分析，本次东部非洲电力市场研究主要包括埃塞俄比亚、肯尼亚、坦桑尼亚、乌干达、厄立特里亚、吉布提、卢旺达、布隆迪8个国家。

10.1.2 人口与国土面积

本次研究的东部非洲国家总面积约307.6万 km²，约占非洲总面积的10%。其中埃塞俄比亚和坦桑尼亚的国土面积相对较大，分别约110万 km²和94.5万 km²。其他国家国土面积相对较小。2012年东部非洲人口约2.38亿，约占全非总人口22.4%。2012东部非洲人口超过3500万的国家有3个，分别为埃塞俄比亚、肯尼亚和坦桑尼亚。另有卢旺达人口超过1000万。

10.1.3 地形与气候

东部非洲地形以高原为主，大部分地区海拔超过1000m，是全洲地势最高部分；沿海有狭窄低地。东非大裂谷纵贯南北，沿线多乞力马扎罗、肯尼亚等火山和埃塞俄比亚等大小熔岩高原。东部非洲以热带草原气候为主，但垂直地带性明显；高山地区凉爽湿润；沿海低地南部湿热，北部干热。

10.1.4 社会经济

东部非洲各国社会发展较为不发达，经济增长较为缓慢，近年来随着各国政府的努力，社会经济均有不同程度的增长，但是目前经济基础还很薄弱，社会经济发展进程较为缓慢。2012年东部非洲国家国情统计如表10-1所示。

表 10-1　　　　　　　　　2012 年东部非洲国家国情统计表

国　家	面积/km²	人口/万人	GDP/亿美元	人均GDP/亿美元	经济增长率/%	通货膨胀率/%	失业率/%	外汇和黄金储备/亿美元	外债总额/亿美元	币　　种	汇率/1美元=
埃塞俄比亚	110.4	9087	431.3	475	9	8				埃塞俄比亚比尔	17.5
肯尼亚	58.3	4107	372.3	907	2.6	9.2				肯尼亚先令	86
坦桑尼亚	94.5	4274	282.5	661	6.7	11.1				先令	1584
乌干达	24.2	3461	198.8	574	3.4	23.2				乌干达先令	2595
厄立特里亚	12.5	594	30.9	520	17	20				厄立特里亚纳克法	11

续表

国　家	面积 /km²	人口 /万人	GDP /亿美元	人均 GDP /亿美元	经济增 长率/%	通货膨 胀率/%	失业率 /%	外汇和 黄金 储备 /亿美元	外债 总额 /亿美元	币　种	汇率/ 1美元=
吉布提	2.3	92	12.4	1348	5	9.2				吉布提法郎	176.88
卢旺达	2.6	1137	71	624	8	5.9				卢旺达法郎	667
布隆迪	2.8	1021	24.7	242	4	15.4				布隆迪法郎	1558
合计	307.6	23773	1423.9	599							

注　此表主要社会经济数据来自世界银行。

　　埃塞俄比亚是东部非洲第二大经济体，经济以传统农业为基础，目前整体经济基础还很薄弱。近年来，国家实行以经济建设为中心、以农业和基础设施建设为先导的发展战略，向市场经济过渡，经济发展较快，如今埃塞俄比亚已经成为世界上经济增长较快的国家之一。

　　肯尼亚是东部非洲最大的经济体，也是撒哈拉以南非洲经济基础较好的国家之一。实行以私营经济为主、多种经济形式并存的"混合经济"体制，私营经济占整体经济的70%。农业、服务业和工业是国民经济三大支柱，茶叶、咖啡和花卉是农业三大创汇项目。工业在东部非洲地区相对发达，日用品基本自给。

　　坦桑尼亚经济以农牧业为主，结构单一，基础薄弱。坦桑尼亚的经济具有较高的发展潜力，政府开始充分利用自然资源并发展其相对较小的市场经济，但电力、公路、供水和通信等基础设施面临重建和发展以满足经济现代化的需求。坦桑尼亚将实行亚洲经济发展模式，以吸引外资创造就业和发展经济特区增加出口为重点，坦桑尼亚至2020年的GDP发展目标是：GDP年平均增长率8%～10%，2020年达到400亿美元。

　　乌干达自然条件较好，土地肥沃，雨量充沛，气候适宜。农牧业在国民经济中占主导地位，分别占国内生产总值的70%和出口收入的95%，粮食自给有余。工业落后，企业数量少、设备差、开工率低。对外贸易在国民经济中占重要地位。

　　厄立特里亚由于1998—2000年的厄埃边界战争，国内经济造成严重破坏。2003—2008年，厄里特里亚经济处于持续下滑或停滞状态。其中，2005—2007年间，经济年均增长仅1%。2008年依赖的国际金融危机致使作为外汇收入来源的侨汇大幅减少，严寒干旱导致粮食歉收等对厄立特里亚经济影响较大，国内通货膨胀率高居不下。

　　吉布提自然资源匮乏，自然条件较差，经济较落后。工农业基础薄弱，95%以上的农产品和工业品依靠进口，90%以上的建设资金依靠外援。

　　卢旺达经济以农牧业为主。卢旺达爱国阵线执政后，采取了发行新货币、实行汇率自由浮动、改革税收制度、私有化等一系列恢复经济的措施，经济逐步恢复。近年来，卢旺达加快发展现代农业，大力开发信息产业，努力缓解能源短缺困难，经济保持较快速度增长。

　　布隆迪是农牧业国家，经济以农业为主。2012年布隆迪GDP为24.72亿美元，年经济增长率为4.0%，人均GDP为251美元，通货膨胀率为15.4%。

10.1.5　对外关系

1. 埃塞俄比亚

　　埃塞俄比亚对外关系奉行全方位外交政策，主张在平等互利、相互尊重主权、互不干涉内政基础上与各国发展关系，强调外交为国内经济发展服务；重视加强与周边邻国的友好合作，努力发展与西方和阿拉伯国家关系，争取经济援助。注重学习借鉴中国等亚洲国家的发展经验；努力推动非洲政治、经济转型；重视在非洲特别是东部非洲发挥地区大国用，积极调解苏丹、索马里等地区热点问题；是非洲联盟、（东非）政府间发展组织、东部和南部非洲共同市场等组织成员。

2. 肯尼亚

肯尼亚奉行和平、睦邻友好和不结盟的外交政策，积极参与地区和国际事务，大力推动地区政治、经济一体化，反对外来干涉，重视发展同西方及邻国的关系，注意同各国发展经济和贸易关系，开展全方位务实外交，强调外交为经济服务。近年来，提出以加强与中国合作为重点的"向东看"战略。

3. 坦桑尼亚

坦桑尼亚奉行不结盟和睦邻友好的外交政策，主张在互不干涉内政和相互尊重主权的基础上与各国发展友好合作关系。近年来务实倾向增强，强调以经济利益为核心，发展同所有捐助国、国际组织和跨国公司的关系，谋求更多外援、外资；重点营造睦邻友好，全力促进区域经济合作，积极参与调解与其利益相关的地区问题；重视与亚洲国家关系，学习和借鉴亚洲国家的发展经验；还是联合国、不结盟运动、英联邦、非洲联盟、东非共同体、南部非洲发展共同体及环印度洋地区合作联盟等组织的成员国。坦桑尼亚同115个国家建有外交关系。

4. 乌干达

乌干达奉行独立自主和不结盟的外交政策，主张在平等互惠的基础上同所有国家发展友好关系。强调外交为经济建设服务。注重发展与西方国家关系，但反对西方干涉其内政。倡导非洲联合振兴，积极参与地区事务，致力于推动地区合作及经济一体化。是英联邦、不结盟运动、非洲联盟、东非共同体（EAC）、东南非共同市场（COMESA）和政府间发展组织（IGAD）等地区和次地区组织成员国。

5. 厄立特里亚

厄立特里亚是联合国、非统组织、东南非共同市场、萨赫勒-撒哈拉国家联合体成员国和阿拉伯联盟观察员，与近百个国家建立了外交关系，其中21个国家在厄立特里亚设有常驻使馆，厄立特里亚在29个国家和联合国总部派驻大使。

6. 吉布提

吉布提奉行中立、不结盟和睦邻友好的外交政策。注重保持同法国的传统关系。重视发展同阿拉伯国家和邻国关系，积极参与地区合作，致力于调解索马里内部冲突，支持国际社会共同打击索马里海盗。与厄立特里亚有边界纠纷，主张通过外交途径解决。是非盟、阿盟、伊斯兰会议组织、东非政府间发展组织（伊加特）、东南非共同市场、萨赫勒-撒哈拉共同体等地区组织成员国。

7. 卢旺达

卢旺达奉行和平、中立和不结盟的外交政策。重视发展同世界和非洲大国的关系。强调外交的务实性，将争取外援和谋求本国安全作为外交的主要任务。积极参与地区事务，寻求在此地区发挥作用。2012年10月，卢旺达当选联合国安理会2013—2014年非常任理事国。2009年11月，卢旺达正式加入英联邦，成为其第54个成员国。

8. 布隆迪

布隆迪奉行睦邻友好、不干涉别国内政、不结盟及国际合作的外交政策。重视睦邻友好，希望通过地区合作推动本国内部问题的解决，支持非洲经济一体化，重视同西方国家关系，呼吁国际社会关注布隆迪局势并对其提供援助。截至2012年，布隆迪已与116个国家建立了外交关系。❶

目前东部非洲8国与我国的外交关系发展态势良好。

10.2 资源概况

东非8国均有不同程度的矿产资源，具体如表10-2所示。

表10-2　　　　　　　　　　　　北部非洲国家资源概况

国　　家	资　源　概　况
埃塞俄比亚	埃塞俄比亚矿产资源有黄金、铁、煤、纯碱、钾盐、钽、大理石、石油、天然气等，具体品种、储量、分布等有待进一步探明
肯尼亚	肯尼亚矿藏主要有纯碱、盐、萤石、石灰石、重晶石、金、银、铜、铝、锌、铌和钍等，除纯碱和萤石外，多数矿藏尚未开发
坦桑尼亚	坦桑尼亚矿产资源丰富，现已探明数十种矿藏，总储量在南非、津巴布韦、博茨瓦纳和刚果(金)之后，居非洲第5位。其主要矿产资源有黄金、钻石、宝石、铁矿、磷酸盐、钛、锡、钨等，目前除天然气、钻石、宝石、黄金、镍矿、盐矿、磷酸盐、煤、石膏、瓷土和锡矿等有一些国际矿业公司开采外，其他均未得到开发利用
乌干达	乌干达已探明矿产资源有云母、长石、石灰石、钒、钼、钴、石墨、铀、铅、铜、锡、钨、绿柱石、铁、金、石棉、石灰石和磷酸盐等
厄立特里亚	厄立特里亚矿产资源品种丰富，蕴藏有铜、锌、金、银、铅、铁、锰、镍、重晶石、高岭土、石棉、长石、钾碱、岩盐、石膏、大理石等矿产资源。红海沿岸和西部地区可能有石油和天然气，但迄今未探明储量。目前有30多家(含钻探、咨询)外资企业与厄特政府进行矿产资源开发合作
吉布提	吉布提主要有盐和地热资源，还有少量未开发的铁、铜、冰洲石、石膏等。在首都吉布提附近沿海有盐田，盐总储量为20亿t，年产值近1万t，是主要出口物资之一，现正开发地热。石灰岩和石膏矿均属埋藏浅，储量大，易开发的优质矿；珍珠岩估算储量达4800万t；内地四县均发现含金构造，沿海地区已发现有含油构造
卢旺达	卢旺达过去一直被认为是矿产资源贫乏的国家，近年来探测发现了储量不等的多种矿藏。其中已开采的矿藏主要有锡、钨、铌、钽、绿柱石、黄金等。卢旺达有很多矿产的具体储藏情况尚待探测，如锂磷铝石矿、铁矿、红宝石、蓝宝石、空晶石、紫水晶、大理石、白云石、石英石、硅砂、花岗石、闪岩、黏土、高岭土、滑石、火山岩、硅藻土、石灰华、石膏等。锡储藏量约9万t。铌、钽蕴藏量估计为3000万t。基伍湖天然气蕴藏量约600亿m³。尼亚卡班戈钨矿是非洲最大的钨矿之一
布隆迪	截至2012年，布隆迪已经探明的矿产资源有镍、铁-钛-钒共生矿、金、锡及重金属、铌-钽、稀土、磷酸钙、碳酸钙、高龄土、大理石、白云石、泥炭、铂族(白金)金属、石英、长石矿产等，多数矿藏尚未开发

---

❶ 部分内容摘自《对外投资合作国别（地区）指南》。

10.3   主要河流概况

东部非洲主要的河流有尼罗河和鲁济济河（Ruzizi River）。尼罗河概况详见 6.3 节，本节将重点介绍鲁济济河概况。

鲁济济河（Ruzizi River）是一条中部非洲与东部非洲的交界河流。其中基伏湖流至坦干伊喀湖段，鲁济济河由海拔 1500m 处下降至约 770m 处。在鲁济济河的南端终点，形成了鲁济济冲积平原，地形起伏非常平缓。在流入坦干伊喀湖前，鲁济济河形成了一个三角洲。卢旺达及刚果民主共和国（金）的南部国界即以鲁济济河划分。顺着坦干伊喀湖，鲁济济河也划出了布隆迪与刚果民主共和国（金）间的国界。

11 东部非洲能源资源状况及其发展规划

11.1 能源资源概况及开发现状

东部非洲化石能源较为匮乏，目前探明储量较少；水能资源主要集中在埃塞俄比亚、肯尼亚和坦桑尼亚；风能和太阳能资源相对较丰富，风能主要集中在东部区域，乌干达、卢旺达、布隆迪位于撒哈拉沙漠以南的非洲大陆中部地区，风能资源相对较差。

11.1.1 化石能源概况及开发现状

2012 年东部非洲各国化石能源状况统计如表 11-1 所示。

表 11-1　　　　　　　2012 年东部非洲各国化石能源状况统计表

国　　家	石油/亿桶	天然气/万亿 m³	煤炭/百万 t
埃塞俄比亚	0.004	0.116	180
肯尼亚	储量未知	海上天然气,储量未知	>400
坦桑尼亚	尚未探明	0.934	324
乌干达	35	0.00034	尚未发现
厄立特里亚	尚未探明	尚未探明	尚未发现
吉布提	尚未探明	尚未探明	尚未发现
卢旺达	尚未发现	尚未探明,基伍湖地区储量约 0.06	尚未发现
布隆迪	石油含量少,无商业价值	尚未探明,拥有 2 个沉积盆地,富含天然气	尚未发现

东部非洲石油资源较为贫乏，目前仅在埃塞俄比亚以及乌干达地区发现有石油，但是储量都非常少，埃塞俄比亚为 0.004 亿桶，乌干达为 35 亿桶。其余国家可能有石油，但是储量未探明。

东部非洲 8 国均有天然气储量，但是储量均较小。其中肯尼亚海上发现天然气，目前储量未知。

8 个国家中埃塞俄比亚、肯尼亚、坦桑尼亚 3 个国家有一定的煤炭资源储量，其他国家目前未发现有煤炭资源储量。其中埃塞俄比亚储量约 1.8 亿 t 以上；肯尼亚储量估计约为 4 亿 t 以上；坦桑尼亚估计储量为 12 亿 t，目前已探明 3.24 亿 t。

11.1.2 水能能源概况及开发现状

受东部非洲地区自然地形条件和气候的影响，各个国家均有一定的水能资源储量，但是国别之间水能资源储量差异较大，其中埃塞俄比亚、肯尼亚、坦桑尼亚、乌干达水能资源储量较大。东部非洲各国水能资源统计如表 11-2 所示。

表 11 - 2　　　　　　　　　　东部非洲各国水能资源统计表

国　家	理论蕴藏量/(GW·h·a^{-1})	技术可开发量		已开发容量		开发利用率/%
		可开发容量/(GW·h·a^{-1})	可开发装机容量/MW	可开发装机容量/MW	开发截至年份	
埃塞俄比亚	650000	260000	45000	1950.00	2012	5.00
肯尼亚	24300		1422	751.00	2012	53.00
坦桑尼亚	39450	20000	5000	561.00	2012	11.20
乌干达		12500	5300	695.00	2012	
厄立特里亚	无(干旱地区)					
吉布提	无(干旱地区)					
卢旺达			400	42.55	2012	10.60
布隆迪	6000	1500	300	45.80	2012	15.30

从水能的开发利用程度来看，肯尼亚水电开发利用程度较高，水电总装机为 751MW，占技术可开发量的 53%；埃塞俄比亚有 9 条河流适合发展水电，蕴藏水力资源达 45000MW，在非洲水能资源总量排名第二，但目前的水电装机容量仅有 2000MW，资源利用率还不足 5%；坦桑尼亚水力资源丰富，水电蕴藏量 4780MW，目前仅有 561MW 得到利用，大部分水力资源尚待开发；乌干达目前主要的水能资源开发利用集中在尼罗河上，全国电源结构以水电为主，总装机容量 695MW，其中有 Nalubaale（200MW）和 Kiira（180MW）2 座大型水电站；卢旺达、布隆迪、厄立特里亚和吉布提水力资源较少，水电开发量也较少。

11.1.3　风能能源概况及开发现状

埃塞俄比亚风电资源相对丰富，根据中国水电顾问集团组织开展的埃塞俄比亚风电和太阳能发电项目规划报告，埃塞俄比亚全国风电可装机规模为 1350GW。

肯尼亚风能资源十分丰富。2006 年 5 月，联合国环境计划署对肯尼亚全国的风能资源进行了全面评估，评估结果表明，肯尼亚的风能资源十分丰富，6m/s 以上风速地区有 29990km^2，约占肯尼亚全国国土面积的 5.15%，风资源丰富区主要集中在该国西北部和中部地区。

坦桑尼亚并没有完整的风力资源图可供参考。近年来东非电力联营以及东非风电公司在 Shinyanga 的 Kesikida 地区开展了调研工作，估计该地区潜在的风电资源应为 500MW。

乌干达、卢旺达、布隆迪位于撒哈拉沙漠以南的非洲大陆中部地区，该三国均位于信风带，以南北风为主。总体来说，风能资源较为贫乏。

吉布提具有较长的海岸线，风电开发前景较好，该国也非常重视风电开发，国家能源部正着手开展风电相关工作。

厄立特里亚风电资源相对较好，但是目前没有风电数据及相关测风资料。

从风能利用程度来看，东部非洲国家风电发展较少。目前埃塞俄比亚已经有 2 座运行中的风电场，一座是位于麦克莱的 Ashegoda 风电场，另一座是为那兹雷特的 Adama 风电场。目前那兹雷特的 Adama 一期已经开始发电运行，而且 Adama 二期也在施工建设中。

11.1.4　太阳能能源概况及开发现状

东部非洲国家纬度较低，日照时间较长，拥有利用太阳能的自然条件，但是目前各国由于太阳能开发费用高，太阳能利用程度低。据统计，埃塞俄比亚的太阳能总储量为 2199 万亿 kW·h/a。肯尼亚总储量约为 2.5 亿 t 石油当量。目前东部非洲的太阳能基本处于尚未开发状态。

11.1.5　其他能源概况及开发现状

东部非洲国家在东非大裂谷附近都有地热资源，地热资源蕴藏量较大，达到 9160MW，其中，埃塞俄比亚、肯尼亚等国地热资源较为丰富，埃塞俄比亚地热资源可装机约 3000MW，肯尼亚地热资源可装机约 5000MW，由于地热资源单位投资较高，单位投资高达 3500 美元/kW，因此东部非洲地热资源开发进展也相对缓慢。东部非洲 8 国地热资源储量如表 11-3 所示。

表 11-3　　　　　　　　　东部非洲 8 国地热资源储量

国　　家	经济可开量/MW	已开发容量/MW	开发利用率/%
吉布提	60	0	0
埃塞俄比亚	3000	0	0
厄立特里亚	0	0	0
肯尼亚	5000	185	3.7
坦桑尼亚	0	0	0
布隆迪	300	0	0
乌干达	300	0	0
卢旺达	500	0	0
合计	9160	185	3.7

11.2　能源资源开发规划

埃塞俄比亚在未来 10 年无火电发展计划，根据电源规划分析，该国将大力发展水电、风电以及太阳能。埃塞俄比亚计划到 2020 年新增水电装机容量 9493MW，到 2030 年再新增水电装机容量 9781MW，同时风电规划装机容量将达到 950MW，另外还有太阳能发电计划。

肯尼亚规划能源开发主要针对刚刚发现的油气资源、煤炭资源进行开发，此外还将对肯尼亚国内丰富的水电资源、风电资源、地热资源进行开发。规划新增水电装机 606MW，风电装机 966MW，火电装机 12806MW（其中地热发电 4200MW）。

坦桑尼亚规划到 2025 年，新增水电站 17 座，装机容量总计 3493.8MW，新增火电站 15 座，装机容量总计 3428MW，新增风电装机容量 500MW，生物质能装机容量 300MW。

　　乌干达政府一直着力发展大型、中型、小型水电站以缓解电力严重短缺。目前已在施工和确定计划建设的大型水电站 6 个，总装机容量为 2050MW。

　　厄立特里亚和布隆迪地热资源较为丰富，未来将进一步发展地热资源。而吉布提规划了 5 个风力资源较好的风电场。

　　卢旺达政府根据本国的实际情况制定了发展包括太阳能在内的多种可再生能源的国家能源政策，并确定把可再生能源作为能源的主体，计划到 2015 年可再生能源占到全部发电能源的 90%。

12　东部非洲电力系统现状及其发展规划

12.1　电力系统现状

东部非洲地区电力供应紧张，80％的人口用不上电（主要在农村），能源资源主要是水电、石油和天然气，东部非洲拥有丰富的水电资源，其中部分项目已经得到开发。然而近几年持续的干旱给当地电力公司带来很大的压力，在水资源急缺的情况下还要提供亟需的用电量。为此，地热发电、天然气发电、风电等新能源发电等逐步纳入东部非洲各电力公司的发电项目规划。

为了适应日益增长的电力需求，东部非洲国家输配电基础设施也需要适时更新。东部非洲国家之间以及与其他地区的电力联网需求越来越高，其中埃塞俄比亚—苏丹、埃塞俄比亚—吉布提联网工程已经投运，肯尼亚—埃塞俄比亚直流联网、肯尼亚—乌干达—坦桑尼亚联网等工程均列入区域电力发展规划。

东非电力联合系统（EAPP）体包括埃及、苏丹、厄立特里亚、吉布提、索马里、埃塞俄比亚、南苏丹、肯尼亚、坦桑尼亚、布隆迪、卢旺达、乌干达。

东部非洲国家 2012 年电力系统现状统计如表 12-1 所示。

表 12-1　　　　　　　东部非洲国家 2012 年电力系统现状统计表

国家	装机容量/MW				年发电量/(GW·h)				最大负荷/MW	跨国送受电情况
	合计	火电	水电	其他	合计	火电	水电	其他		
埃塞俄比亚	2278	157	1950	171	8268	388	7300	580	1261	与苏丹 230kV 双回联络，送电 100MW；与吉布提 1 回 230kV 线路互联，送电 35MW
肯尼亚	2711	1940	751	20	10035	6788	3186	61	1748	已建的肯尼亚—乌干达已有的 110kV 双回线路联网
坦桑尼亚	865	304	561		4573	1869	2704	0	1139	
乌干达	822	127	695	0	3415	635	2780	0	673	乌干达与肯尼亚之间通过 1 回 132kV 线路互联，输送容量为 118MW，乌干达与坦桑尼亚之间通过 1 回 132kV 线路互联，输送容量为 59MW，刚果（金）东部与卢旺达、布隆迪之间通过 110kV 线路联网
厄立特里亚	103	103	0	0	588	588	0	0	100	目前与其他国家无电力互联

国 家	装机容量/MW				年发电量/(GW·h)				最大负荷/MW	跨国送受电情况
	合计	火电	水电	其他	合计	火电	水电	其他		
吉布提	133	133	0	0	754	754	0	0	68	1 回 230kV 线路与埃塞联络，受电 35MW
卢旺达	92.45	38	50	4.45	349	113	213	23	84	卢旺达与民主刚果东部、布隆迪之间通 3 回 110kV 线路联网
布隆迪	51.3	5.5	45.8	0	257	28	229	0	47	布隆迪与刚果（金）东部、卢旺达之间通 2 回 110kV 线路联网
合计	7055.75	2807.5	4052.8	195.45	28239	11163	16412	664	4765	

注 表中数据主要来源于各国公布的电力数据。

12.1.1 埃塞俄比亚

埃塞俄比亚电力系统划分为两大系统，分别为互联系统 ICS（Interconnected System）和独立系统 SCS（Self Contained System）。ICS 系统是埃塞俄比亚最主要的电力系统，是一个以水电为主的系统。SCS 系统相对独立，由分散在各地的小水电和柴油机组组成。埃塞俄比亚电力系统现况总装 2278MW，其中 ICS 系统总装机 2128MW，SCS 系统总装机约 150MW。最近 5 年来，埃塞俄比亚全国通电的城镇和村庄快速增长，目前总计已有 5163 个城镇和村庄，全国的电力普及率已经达到 41%。埃塞俄比亚电网装机容量中水电站占 95% 左右，而且水电站大部分都是年调节或者多年调节的水电站，保证了其在枯水期供电的可靠性，其余电源为风电、地热电厂。

2012 年埃塞俄比亚电网电源装机情况如表 12-2 所示。

表 12-2　　　　　　　　2012 年埃塞俄比亚电网电源装机表

类 别	电站名称	装机容量/MW
水电	Tis Abbay 1、2	84
	Finchaa	134
	Gilgel Gibe 1	192
	Malka Wajana	153
	Awash 1、2、3	107
	Gibe Ⅱ	420
	Beles	460
	Tekeze Ⅰ	300
	Fan	100
	小计	1950

类　　别	电 站 名 称	装机容量/MW
柴油机发电	Dire Dawa Diesel	44
	Awash 7 Diesel	35
	Kaliti Diesel	14
	Aluto Geothermal	7
	Small Diesel	57
	小计	157
风电	Ashegoda Wind	120
	Adama Ⅰ Wind	51
	小计	171
合　　计		2278

埃塞俄比亚电网目前由埃塞俄比亚电力公司（EEPCO）进行运行和管理，该公司在非洲地区运行管理水平处于中上等水平，目前已经建成了覆盖全国大部分地区的 SCADA（数据采集与监视控制）系统。埃塞俄比亚电力公司负责全国的电力生产、输送、运行、销售，相当于我国在厂网分离之前的管理模式。

2012 年埃塞俄比亚全国最大负荷约 1261MW，全国用电量为 6296GW·h，工业和商业用电已经超过总用电量的 70%，2006—2012 年最大负荷和用电量增长率分别达到 9.2% 和 10.5%。

埃塞俄比亚电网现况主网电压等级为 400kV、230kV、132kV、66kV、45kV，配电网为 33kV、15kV。现有 230kV 及 400kV 变电站共 28 座，400kV、230kV 线路总长分别约 618km 和 3550km。

埃塞俄比亚电网负荷中心在中部，而电源集中在西部和北部，电力流向由水电集中地区向负荷中心流动。

埃塞俄比亚国土面积较大，输电距离长，主网电压等级低，电网薄弱，造成网损巨大，据统计，埃塞俄比亚电网 1/4 的电力损失在了输送过程中。

12.1.2　肯尼亚

2012 年肯尼亚全国最大负荷约 1748MW，用电量为 10788GW·h。

肯尼亚现况总装机容量 2711MW，其中水电 751MW，火电（含柴油机和地热）1940MW，风电 20MW。

肯尼亚电网主网电压等级为 400kV、220kV、110kV，配电网为 33kV、15kV。现有 400kV 变电站 3 座（含开关站及升压站），220kV 变电站 14 座（含开关站及升压站），400kV 和 230kV 线路总长分别约 618km 和 3550km。

12.1.3　坦桑尼亚

2012 年，坦桑尼亚国家电网总的发电装机容量为 865MW，全社会最大负荷 1139MW，最小负荷 788.67MW。现有用电负荷中工业占 30%，家用占 50%，商业占 20%。目前坦桑尼亚国家电网的输电电压等级为 220kV、132kV 和 66kV，配电电压等级为 33kV 和 11kV。

12.1.4 乌干达

乌干达全国电力供应水平极低，截至 2012 年年底，全国只有 9% 的人口使用乌干达国家电网电力，而农村人口使用比例更低，只有 3%。乌干达目前电力使用比例，民用占 48%，商业占 24%，工业占 27% 及照明占 1%。2011 年乌干达白天电力需求约 460MW，晚间则升至 633MW，而乌干达电网供应总量约 350MW，电力需求缺口 283MW。乌干达每年的用电需求量以 6%～8% 的速度增长。由于乌干达国内电力供应不足，对其工业及商业发展产生较大影响，生产也受到制约。

2012 年，乌干达电源装机现状如表 12-3 所示，全国电源装机容量为 822MW，电源装机以水电和火电为主，其中水电 695MW，火电 127MW。

表 12-3 乌干达电源装机现状（2012 年）

电 厂 类 型	电 厂 名 称	容 量/MW	投 运 年 份
水电	Misc plants	15	
	Nalubaale	180	
	Kira 11-15	200	
	Bujagali 1-5	250	2011
	Small hydros(commited)	50	2011
火电	Kakira	17	
	Namanve	50	
	Invespro HFO IPP	50	2010
	Electromax IPP	10	2009
合 计		822	

目前，乌干达国家主网电压等级为 132kV，电网结构极其薄弱。另外，乌干达与邻国坦桑尼亚、卢旺达、肯尼亚均有电网互联。

12.1.5 厄立特里亚

厄立特里亚电力普及率较低，是全球能源消费量最小的国家之一，目前全国仅有马萨瓦和阿特马拉两个重油发电厂，装机分别为 88MW 和 15MW，总装机 103MW，人均年用电量不足 70kW·h。

在电力能源消费中，厄立特里亚工业用电占 57%，居民用电占 22%，商业用电占 21%。厄立特里亚目前只有 80% 左右的大中城镇地区和不到 5% 的农村地区（约 160 个村庄）实现通电。目前厄立特里亚国家电网只覆盖马萨瓦、阿斯马拉和门德法拉等首都附近的大中城镇。在厄立特里亚国家电网未覆盖地区，一些较大城镇有自己的地方电网，由柴油发电。

据估算，厄立特里亚 2012 年最大负荷约为 100MW。

12.1.6 吉布提

吉布提 2012 年最大负荷 68MW，用电量 289GW·h，负荷较小。

吉布提电网规模较小，电网建设较为落后，现有电源装机容量为 133MW，全部为柴油机，年发电量 754GW·h，装机现况如表 12-4 所示。

表 12-4 吉布提电网装机现况表

电 场 名 称	装机容量/MW	发电量/(GW·h)
Boulaos	108	662
Marabout	25	92
合计	133	754

吉布提现有 230kV 变电站两座，63kV 变电站 6 座，主要集中在首都吉布提港附近，国内主要电网呈辐射状。

12.1.7 卢旺达

截至 2012 年年底，卢旺达电源装机约 92.45MW，进口电力约 20MW。其中重油热电 38MW，水电 50MW（含在建项目），太阳能发电 0.25MW，沼气发电 4.2MW。清洁能源占总电源的 55%。全国输电线路总长约 3300km，全国电网覆盖率仅 13%，80% 的电力集中在首都基加利。全国电力用户 137287 户，其中 2428 户为非上网电用户。

目前，卢旺达国家主网电压等级为 132kV，电网结构极其薄弱。另外，卢旺达与邻国布隆迪和刚果（金）有电网互联。

12.1.8 布隆迪

布隆迪全国电力供应水平极低，多年来布隆迪电力奇缺，目前全国通电率仅 5%，而农村人口使用比例更低。此外，布隆迪国家电网电力损失达 30%，过去 20 年来也没有增建任何水电站。由于电力供不应求、设备陈旧，布隆迪电力供应不稳定。

2011 年布隆迪白天电力需求 36MW，晚间则升至 44MW。布隆迪每年的用电量需求量以 8%~10% 的速度增长。

布隆迪全国较大火电站只有一座，Bujumbura 电站，装机容量 5.5MW。

布隆迪全国共有 24 座水坝，其中只有 2 座大型坝，全国所有水库的总库容为 3089 万 m³。全国正在运行的水电装机容量约为 45.8MW。该国最大的水电站为鲁济济 Ⅱ 水电站，装机容量 40MW，目前正准备进行彻底大修的可行性研究，该电站目前向卢旺达和布隆迪两国供电。

目前，布隆迪国家主网电压等级为 132kV，电网结构极其薄弱。另外，布隆迪与邻国卢旺达和刚果（金）有电网互联。

12.2 电力市场需求分析

在东部非洲 8 国 2012 年现状及历史电力数据基础上，对东部非洲电力系统需求进行预测，预计 2015 年、2020 年、2025 和 2030 年东部非洲推荐方案最大负荷需求分别为 8195MW、13226MW、19751MW、27954MW，2015—2020 年、2020—2025 年、2025—2030 年年均增长率分别为 10.0%、8.4%、7.2%；全社会用电量分别为 44639GW·h、71933

GkW·h、108520GW·h、154654GW·h，2015—2020 年、2020—2025 年、2025—2030 年年均增长率分别为 10.0%、8.6%、7.3%。东部非洲电力系统需求预测如表 12-5 所示。

表 12-5   东部非洲电力系统需求预测

国家名称	项　目	2012 年（实绩）	2015 年	2020 年	2025 年	2030 年	平均增长率/%			
							2012—2015 年	2015—2020 年	2015—2025 年	2025—2030 年
埃塞俄比亚	用电量/(GW·h)	6296	12200	21970	35951	54925	24.7	12.5	10.4	8.8
	负荷/MW	1261	2443	4400	7200	11000	24.7	12.5	10.4	8.8
	利用小时/h	4993	4994	4993	4993	4993				
肯尼亚	用电量/(GW·h)	10788	15407	22335	33346	48831	12.6	7.7	8.3	7.9
	负荷/MW	1748	2456	3561	5333	7795	12.0	7.7	8.4	7.9
	利用小时/h	6172	6273	6272	6253	6264				
坦桑尼亚	用电量/(GW·h)	6085	11246	19607	28075	36543	22.7	11.8	7.4	5.4
	负荷/MW	1139	2089	3573	4829	6085	22.4	11.3	6.2	4.7
	利用小时/h	5342	5383	5488	5814	6005				
乌干达	用电量/(GW·h)	3370	4030	5360	7220	9215	6.1	5.9	6.1	5.0
	负荷/MW	673	820	1091	1470	1876	6.8	5.9	6.1	5.0
	利用小时/h	5007	4915	4913	4912	4912				
厄立特里亚	用电量/(GW·h)	500	580	760	1020	1400	5.1	5.6	6.1	6.5
	负荷/MW	100	116	152	204	280	5.1	5.6	6.1	6.5
	利用小时/h	5000	5000	5000	5000	5000				
吉布提	用电量/(GW·h)	289	334	436	576	764	4.9	5.5	5.7	5.8
	负荷/MW	68	79	103	136	179	5.1	5.4	5.7	5.6
	利用小时/h	4250	4228	4233	4235	4268				
卢旺达	用电量/(GW·h)	442	611	1040	1637	2089	11.4	11.2	9.5	5.0
	负荷/MW	84	115	199	328	419	11.0	11.6	10.5	5.0
	利用小时/h	5262	5313	5226	4991	4986				
布隆迪	用电量/(GW·h)	143	231	425	695	887	17.3	13.0	10.3	5.0
	负荷/MW	47	77	147	251	320	17.9	13.8	11.3	5.0
	利用小时/h	3043	3000	2891	2769	2772				
合计	用电量/(GW·h)	27912	44639	71933	108520	154654	16.9	10.0	8.6	7.3
	负荷/MW	5120	8195	13226	19751	27954	17.0	10.0	8.4	7.2

12.2.1　埃塞俄比亚

2010 年年底埃塞俄比亚政府公布了《埃塞俄比亚新五年 2010/11—2014/15 增长与转型计划》，作为埃塞俄比亚第二个五年增长与转型计划，对未来的五年内在宏观经济发展、农业、工业、电力、道路、铁路等基础设施建设提出了新的目标。基本方案下，埃塞俄比亚经济保持 11.2% 的年增长率。其中，农业预期平均每年增长 8.1%，工业和服务业预期平均每年分别增长 20％和 11％。

根据负荷预测结果，埃塞俄比亚电网 2015 年负荷将达到 2443MW，2012—2015 年增长率为 24.7％，2020 年负荷将到 4400MW，2015—2020 年增长率为 12.5％，预计 2025 年负荷将到 7200MW，2030 年负荷将达到 11000MW。

12.2.2　肯尼亚

根据负荷预测结果，肯尼亚电网 2015 年负荷将达 2456MW，2012—2015 年增长率为 12％，2020 年负荷将到 3561MW，2015—2020 年增长率为 7.7％，预计 2030 年负荷将达到 7795MW。

12.2.3　坦桑尼亚

根据负荷预测结果，预计 2015 年坦桑尼亚的电力需求约 2089MW，年发电量约 11246GW·h，2025 年电力需求增长至 4829MW 左右，年发电量约 28075GW·h，2030 年电力需求增长至 6085MW 左右，年发电量约 36543GW·h。

12.2.4　乌干达

根据负荷预测结果，乌干达电网 2015 年负荷将达到 820MW，2012—2015 年增长率为 6.8％，2020 年负荷将到 1091MW，2015—2020 年增长率为 5.9％，预计 2025 年负荷将达到 1470MW，2030 年达到 1876MW。

12.2.5　厄立特里亚

根据负荷预测结果，预计厄立特里亚 2015 负荷将达到 116MW，2012—2015 年增长率为 5.1％，2020 年负荷将到 152MW，2015—2020 年增长率为 5.6％，预计 2025 年负荷将到 204MW，2030 年达到 280MW。

12.2.6　吉布提

根据负荷预测结果，吉布提电网 2015 负荷将达到 79MW，2012—2015 年增长率为 5.1％，2020 年负荷将到 103MW，2015—2020 年增长率为 5.4％，预计 2025 年负荷将达到 136MW，2030 年达到 179MW。

12.2.7　卢旺达

根据负荷预测结果，卢旺达电网 2015 年负荷将达到 115MW，2012—2015 年增长率为 11.0％，2020 年负荷将到 199MW，2015—2020 年增长率为 11.6％，预计 2025 年负荷将达到 328MW，2030 年达到 419MW。

12.2.8　布隆迪

根据负荷预测结果，布隆迪电网 2015 负荷将达到 77MW，2012—2015 年增长率为 17.9％，2020 年负荷将到 147MW，2015—2020 年增长率为 13.8％，预计 2025 年负荷将达到 251MW，2030 年达到 320MW。

12.3　电源建设规划

东部非洲 2013—2030 年电源建设规划总体情况如表 12-6 所示。

表 12 - 6　　　　　　　　　东部非洲电源建设规划表　　　　　　　　单位：MW

项　　目	水电	火电	风电	太阳能	合计
2013—2020 年新增装机容量	17762	6933	931	40	25666
2021—2030 年新增装机容量	12803	16209	1838	30	30880
小计	30565	23142	2769	70	56546

12.4　电力平衡分析

12.4.1　电力平衡主要原则

结合负荷预测水平、电源规划建设情况等因素，电力平衡主要原则考虑如下：

（1）计算水平年取 2020 年、2030 年。

（2）平衡中考虑丰水期和枯水期两种方式。

（3）结合东部非洲地区负荷特性，各区域枯水期负荷按最大负荷考虑；丰水期负荷为枯水期负荷的 0.97。

（4）系统备用容量按最大负荷的 15% 考虑。

（5）丰水期水电机组出力按机容量考虑，火电（含燃煤、燃气、燃油）机组考虑部分检修，按装机容量的 70% 出力考虑。

（6）枯水期水电机组出力按装机容量的 30% 考虑，火电机组满发计。

（7）由于风电和太阳能发电出力具有不确定性，因此在电力平衡中不予考虑。

12.4.2　东部非洲电力平衡分析

东部非洲区域电力平衡结果如表 12 - 7 所示。

表 12 - 7　　　　　　　　　东部非洲区域电力平衡　　　　　　　　单位：MW

项　　目	2020 年		2030 年	
	丰水期	枯水期	丰水期	枯水期
一、系统总需求	14754	15210	31183	32147
（1）最大负荷	12829	13226	27115	27954
（2）系统备用容量	1924	1984	4067	4193
二、装机容量	31556	31556	60568	60568
（1）水电	21815	21815	34618	34618
（2）火电	9741	9741	25950	25950
三、可用容量	28634	16286	52783	36335
（1）水电	21815	6545	34618	10385
（2）火电	6819	9741	18165	25950
四、电力盈亏（＋盈，一亏）	13880	1076	21600	4188

由表 12 - 7 电力平衡结果可看出，规划电源投产后，东部非洲区域电网 2020 年最大盈余电力约 13880MW；2030 年盈余量继续增长，最大盈余电力约 21600MW。结合东部非洲各国负荷预测及电源规划情况具体看来：埃塞俄比亚由于水电占比较高，因此近期内枯水期存在缺电现象。随着规划电源的逐步投产，电力将出现盈余，需考虑往国外送电。肯尼亚由于负荷增长速

度大于电源建设速度，枯水期将一直处于缺电状态，近期可考虑从周边埃塞俄比亚等国家进口电力。坦桑尼亚水电和化石能源资源都很丰富，随着电源建设的加快开发，基本能够保持平衡。枯水期缺电可由乌干达送电补充。乌干达随着规划的水电站不断投产，将出现了电力盈余，而且电力盈余量不断增加。吉布提由于负荷小，电力基本自给自足，在 N-1 方式下可通过与埃塞俄比亚的一回 230kV 联络线进行供电。厄立特里亚由于装机小，电力缺额较大，且逐年增长，需要适时进口外国电力，满足负荷发展需求。布隆迪由于近期负荷增长较快，枯水期出现了电力短缺的局面，需考虑从邻国进口电力。卢旺达电网近期枯水期将出现电力短缺的局面，但随着规划的水电站不断投产，卢旺达电网电力出现盈余。

12.5 电网建设规划

东部非洲各国针对自身负荷增长以及电源送出需要制定了相应的电网建设规划，共建设 29 座 220kV 及以上变电站，总容量约 6895MV·A（部分变电站无资料，进行估算），线路 32 条，共计 8296km（不含坦桑尼亚部分没有线路长度数据的线路），具体如表12-8所示。

表 12-8　东部非洲各国电网项目情况统计表（220kV 及以上，包括部分在建项目）

国家	序号	项目名称	电压等级	变电容量/(MV·A)	线路长度/km	估算投资/亿美元	预计投产年份
埃塞俄比亚	1	Debre Markos—Sululta 线路	400		215.6	1.1664	2020
	2	Wolayta Sodo—Akaki-Ⅱ 线路	400		267.1	1.4448	2020
	3	Addis Ababa Beko Abo 水电站上网线路	400				2020
	4	Addis Ababa—Debre Markos 线路	400				2020
	5	Gibe Ⅱ/Ⅲ/Ⅳ/Ⅴ（水电站）—Sodo 线路	400		1000	5.4098	2020
	6	Karadobi（水电站）—Bahir Dar 线路	400				2020
	7	Grand Renaissance（水电站）—Pawie 线路	400				2020
	8	Genale Dawa Ⅲ-Ramo(Raitu)线路	230		190	0.5607	2015
	9	Debre ZeitⅢ变电站	400	500		0.4918	2020
	10	Gebre Guracha 变电站	400	500		0.4918	2020
	11	Yirga Alem 变电站	230	25		0.2131	2015
	12	Harar Ⅲ 变电站	230	12.6		0.1803	2015
	13	Wolkite 变电站	230	4		0.1803	2015
肯尼亚	1	Suswa—Isinya—Mombasa 400kV 双回线路	400		475	3.8934	2020
	2	Turkana 风电场送出 400kV 双回线路	400		430	3.5246	2020
	3	Mombasa—Malindi—Garson—Lamu、Garson—Garissa—Habaswen—Wajir 220kV 线路	220		400	3.2787	2020
	4	Menengai 变电站	400	500		0.4918	2020
	5	Arusha 变电站	400	500		0.4918	2020
	6	Suswa 变电站	400	500		0.4918	2020
	7	Tororo 变电站	220	25		0.1803	2020

续表

国家	序号	项目名称	电压等级	变电容量/(MV·A)	线路长度/km	估算投资/亿美元	预计投产年份
坦桑尼亚	1	坦桑尼亚400kV电网升级工程：Arusha—Singida—Doma—Iringa—Kidatu—Morogoro—Hale—Arusha、Iringa—Mufindi—Makarbak—Mbeya、Morogoro—Ubugno、Singida—Doma 400kV 双回输变电工程	400		2000		未知
	2	坦桑尼亚西部220kV环网工程：Bulyanhulu—Geit—Nyakanazi—Kibondo—Kigoma—Mpanda—Sumbawanga—Mbeya	220		1100		未知
	3	Singida—Mtwara 300kV 直流工程	±300		500		未知
	4	Ngaka 火电厂（400MW）—Makarbako 变电站 400kV 送出工程	400		无资料		2024
	5	Mchuchuma 火电厂（400MW）—Mufindi 变电站 220kV 送出工程	220		无资料		2025
	6	Rumakali 水电厂（222MW）—Mufindi 变电站 220kV 送出工程	220		无资料		2018
	7	Masigira 水电厂（118MW）—Makarbako 变电站 220kV 送出工程	220		无资料		2018
	8	Ruhudji 水电厂（358MW）—Mufindi、Kihansi 300kV 直流送出工程	±300		无资料		2016
	9	Rusumo 水电厂（63MW）—Kabarondo（卢旺达）、Rusumo 水电厂（63MW）—Gitega(布隆迪)、Rusumo 水电厂（63MW）—Nyakanazi 220kV 线路送出工程	220		371		2016
	10	Shinyanga 变电站	400	500			2018
	11	Arusha 变电站	400	500			2018
	12	Tanga 变电站	400	500			2018
	13	Morogoro 变电站	400	500			2018
	14	Ubungo 变电站	400	500			2018
	15	Makambako 变电站	400	500			2018
	16	Mufindi 变电站	400	500			2018
	17	Babati 变电站	400	500			2018
	18	Geita 变电站	220	30			2018
	19	Nyakanazi 变电站	220	30			2018
	20	Kiwira 变电站	220	30			2018
	21	Rusumo 变电站	220	30			2018
	22	Rumakali 变电站	220	30			2018
	23	Ruhudji 变电站	220	30			2018

续表

国家	序号	项目名称	电压等级	变电容量/(MV·A)	线路长度/km	估算投资/亿美元	预计投产年份
乌干达	1	Ayago 水电—Karuma 线路	400		150	1.2295	2016
	2	Murchison—Karuma 线路	400		90	0.7377	2016
	3	Karuma—Holima 线路	400		130	1.0656	2017
	4	Holima—Kampala 线路	400		144	1.1803	2017
	5	Masaka—Mbarara 线路	220		140	0.6197	2020
厄立特里亚	1	无					
吉布提	1	无					
布隆迪	1	Rusumo 水电—Gitega 线路	220		158	0.6993	2016
	2	Rwegura 变电站	220	50			2018
卢旺达	1	Mirama 水电—Gikondo 线路	220		130	0.5754	2018
	2	变电站	220		115	0.509	2018

12.6 区域电网互联互通规划

东部非洲电力互联互通项目情况统计如表 12-9 所示。可以看出：各国电网互联互通主要以 220（或 230）kV、400kV 为主，集中体现在区域互联的输电线路建设上，总长度共计 4497km。

表 12-9　　　　　　　　东部非洲电力互联互通项目情况统计表

国家	序号	项目名称	电压等级/kV	线路长度/km	输送容量/MW	估算投资/亿美元	投产年份
埃塞俄比亚	1	埃塞—吉布提 Dire Dawa(Adlgala)—PK12 230kV 单回	230		80		已投产
	2	埃塞—苏丹 Metema—Gerarif 230kV 双回	230		200		已投产
	3	埃塞—索马里 230kV 双回	230	500	200	2.2131	2020
	4	埃塞—厄立特里亚互联 Tekez II—Asmara 230kV 双回	230	200	200	0.8852	2020
	5	埃塞—苏丹 Gambela—Malakal 230kV 双回	230	200	200	0.8852	2020
	6	埃塞—肯尼亚 ±500kV 直流	±500	1045	2000	7.709	2017

续表

国　家	序号	项目名称	电压等级/kV	线路长度/km	输送容量/MW	估算投资/亿美元	投产年份
埃塞俄比亚	7	埃塞—南苏丹四回 500kV 交流	500	1040	640	8.5246	2017 两回，2030 两回
肯尼亚	1	肯尼亚—乌干达 Lessos—Tororo1 的 110kV 双回	110		118		已建成
	2	肯尼亚—埃塞±500kV 直流	±500	1045	2000	7.709	2017
	3	肯尼亚—乌干达 Lessos—Tororo1 规划 220kV 双回	220	254	300	1.1243	2014
	4	肯尼亚—乌干达 2023 年 220kV 双回	220	300	440	1.9672	2023
	5	肯尼亚—坦桑尼亚 Isinya—Arusha400kV 双回	400	260	1520	2.1311	2015
坦桑尼亚	1	Arusha(坦桑尼亚)—Isinya(肯尼亚)联网：400kV 双回输变电工程	400	260	1520	2.1311	2015
	2	Mbeya(肯尼亚)—Kassama(赞比亚)联网：220kV 输变电工程	220	200	200	0.8852	2020
乌干达	1	乌干达-卢旺达 220kV 交流双回	220	172	250	0.7613	2018
	2	乌干达-坦桑尼亚 220kV 交流双回	220	85	700	0.3762	2023
	3	乌干达-肯尼亚 400kV 交流双回	400	254	1620	2.082	2023
厄立特里亚	1	厄立特里亚—埃塞互联 Tekez Ⅱ—Asmara 230kV 双回	230	200	200	0.8852	2020
吉布提	1	吉布提—埃塞 Dire Dawa(Adlgala)—PK12230kV 单回	230		80		已投产
布隆迪	1	布隆迪-刚果金 220kV 交流双回	220	69	370	0.3054	2018
卢旺达	1	卢旺达-刚果金 220kV 交流双回	220	69	370	0.3054	2018
	2	卢旺达-布隆迪 220kV 交流双回	220	103	330	0.4559	2020
合　　计				6256	13538	41.3364	

1. 埃塞俄比亚

目前，埃塞俄比亚国与邻国苏丹通过 Metema—Gerarif（苏丹）双回 230kV 的双回输电线路联网，线路长度 296km，导线截面 ACCC-2×180mm²，初期阶段埃塞俄比亚向苏丹出口 100MW 电力；埃塞俄比亚与吉布提电网通过 Dire Dawa（Adlgala）—PK12 单回 230kV 输电线路联网，初期阶段埃塞俄比亚向吉布提出口 35MW 电力。

根据埃塞俄比亚电网规划，大型水电站送出工程主要采用 400kV 电压等级，将结合大型水电站项目，国内骨干电网电压等级提高至 400kV。与肯尼亚、苏丹联网电压等级采用±500kV 直流。

为满足国内负荷增长及电力送出需要；同时为加强同东部非洲各国的电力联系，埃塞俄比亚加大了与周边国家电力互联通道的建设力度，重点项目如下。

（1）埃塞俄比亚与肯尼亚联网工程，新建埃塞俄比亚 Mega—肯尼亚 Suswa 站 ±500kV 直流线路，线路传输功率 2000MW，约 1045km，2017 年投产，2030 年再增加 1 回直流。

（2）埃塞俄比亚和索马里通过新建 2 回 230kV 输变电工程联网，线路长度约 500km。

（3）埃塞俄比亚和厄立特里亚互联，新建 TekezⅡ—Asmara 230kV 输变电工程，线路长约 200km。

（4）新建埃塞俄比亚 Gambela 至南苏丹 Malakal 230kV 输电线路，线路长度 200km，投运时间在 2015 年以后。

（5）苏丹与埃塞俄比亚联网工程，该项目新建 2 回 500kV 交流线路，线路长度约 570km，计划 2017 年投运，线路传输功率 3200MW，2030 年再增加 2 回。

埃塞俄比亚与周边国家联网及电力外送情况如表 12-10 所示。

表 12-10　　　　　埃塞俄比亚与周边国家联网及电力外送情况　　　　　单位：MW

周边国家联网情况	2013年	2014年	2015年	2016年	2017年	2018年	2019年	2020年	2030年
埃塞俄比亚—苏丹 Metema—Gerarif 230kV 双回	200	200	200	200	200	200	200	200	200
埃塞俄比亚—吉布提 Dire Dawa(Adlgala)—PK12 230kV 单回	80	80	80	80	80	80	80	80	80
埃塞俄比亚—索马里 230kV 双回								200	200
埃塞俄比亚—厄立特里亚互联 TekezⅡ—Asmara 230kV 双回								200	200
埃塞俄比亚—苏丹 Gambela—Malakal 230kV 双回								200	200
埃塞俄比亚—肯尼亚±500kV 直流					2000	2000	2000	2000	4000
埃塞俄比亚—南苏丹四回 500kV 交流					3200	3200	3200	3200	6400
合计	280	280	280	280	5480	5480	5480	6080	11280

2. 肯尼亚

为便于从周边国家进口电力以满足肯尼亚国内电力需求，同时为增强与东部非洲各国的电力联络，肯尼亚加强了与周边国家电力送出的通道的建设力度，重点项目如下。

（1）Lessos—Tororo（乌干达）双回 220kV 输变电工程，线路长度约 254km，2014 年投产。

（2）Isinya—Arusha（坦桑尼亚）联网：400kV 2 回输变电工程，线路长度约 260km，计划 2015 年投产。

（3）埃塞俄比亚—肯尼亚直流±500kV 输电线路 1045km（直流）。

（4）肯尼亚至乌干达第三路联网线路——2 回 220kV 输变电工程，线路长度约 300km，2023 年投产；此线路可根据需要，按照 2 回 400kV 线路建设。

肯尼亚与周边国家联网及电力外送情况如表 12-11 所示。

表 12‐11　　　　　　肯尼亚与周边国家联网及电力外送情况　　　　　单位：MW

周边国家联网情况	2013 年	2014 年	2015 年	2016 年	2017 年	2018 年	2019 年	2020 年	2025 年	2030 年
肯尼亚—乌干达已有 Lessos—Tororo1 的 2 回 110kV 线路	118	118	118	118	118	118	118	118	118	118
肯尼亚—乌干达 Lessos—Tororo 1 规划 2 回 220kV 线路		300	300	300	300	300	300	300	300	300
肯尼亚—乌干达 2023 年投产 2 回 220kV 线路									440	440
肯尼亚—坦桑尼亚 Isinya—Arusha 投产 2 回 400kV 线路			1520	1520	1520	1520	1520	1520	1520	1520
埃塞俄比亚—肯尼亚 ±500kV 直流						2000	2000	2000	2000	4000
合计	118	418	1938	1938	3938	3938	3938	3938	4378	6378

3. 坦桑尼亚

可再生能源需要更多的电网容量。坦桑尼亚政府确定了关于新的可再生能源发电的发展目标，至少 260MW 新的可再生能源发电在 2016 年被连接到坦桑尼亚电网。坦桑尼亚发展可再生能源的潜力是很大的，因此所有这些能源平衡、协调发展显得十分重要。电网的发展也要适应可再生能源的发展。新的电网发展规划中不仅包括坦桑尼亚国内主干电网的发展规划，还包括与其他国家的互联互通规划。可再生能源发电容量的增加对电网的运行提出更高要求，为满足不同年份可再生能源发电出力的变化，需要增加坦桑尼亚和其他国家之间的交换能力，既要确保枯水年周边国家的电力能输送到坦桑尼亚，还要满足丰水年坦桑尼亚多余的电力向周边国家出口。在 2035 年前，坦桑尼亚计划通过 400kV 输电线路与肯尼亚和赞比亚联网，通过 220kV 线路与卢旺达、乌干达、莫桑比克实现联网。

4. 乌干达

乌干达与肯尼亚之间通过 1 回 132kV 线路联网，输送容量为 118MW，乌干达与坦桑尼亚之间通过 1 回 132kV 线路联网，输送容量为 59MW，刚果（金）东部与卢旺达、布隆迪之间通过 110kV 线路联网。

根据前述乌干达电源装机和电力需求预测分析，随着规划的水电站不断投产，乌干达电网出现了电力盈余，而且电力盈余量不断增加，至 2020 年由于布贾卡里瀑布、卡鲁玛水电站的投产，电力盈余达到 2740MW。需要建设线路通道向周边国家输送电力。

结合电力平衡情况，乌干达与周边电网互联互通规划项目如表 12‐12 所示。其中由于 2020 年前后，乌干达新建水电装机较多，需要往周边国家输送相当电力，故推荐乌干达—肯尼亚 2023 年建设 400kV 交流双回线路，输送容量 1620MW，并在远期适时新建乌干达—南苏丹的 220kV 交流双回线路。

表 12-12　　　　　　　　　乌干达与周边电网互联互通规划项目

起点	终点	电压等级	长度/km	输电能力/MW	投产年份	备注
乌干达	肯尼亚	220kV 交流 2 回	254	300	2014	正在建设
乌干达	卢旺达	220kV 交流 2 回	172	250	2018	招标
乌干达	坦桑尼亚	220kV 交流 2 回	85	700	2023	
乌干达	肯尼亚	400kV 交流 2 回	254	1620	2023	推荐
乌干达	南苏丹	220kV 交流 2 回	285	300	2025	推荐建设

5. 其他区域

卢旺达未来加强同布隆迪、刚果（金）之间线路联网。

吉布提现与埃塞俄比亚以 1 回 230kV 电网进行联络，远期随着埃塞俄比亚水电的大规模开发，可规划建设埃塞俄比亚—吉布提—也门的输电通道，吉布提电网将作为东部非洲电网与中东电网的重要联络枢纽。

厄立特里亚电网不能自给自足，需进口外部电力，根据规划，在 2020 年左右建设的埃塞俄比亚—厄立特里亚互联 Tekez Ⅱ—Asmara 230kV 双回线路，解决厄立特里亚国内缺电问题。

13 中国与东部非洲国家电力重点合作领域

通过对东部非洲 8 个国家在自然地理、矿产资源、社会经济、内政与对外关系、能源结构、电力系统现状及发展规划等方面因素的深入研究，遴选出中国与东部非洲电力合作的重点国家以及各国重点领域，如表 13-1 所示。

表 13-1　　　　　　　中国和东部非洲电力合作的重点国家及各国重点领域

区　　域	国　　家	重点国别	合作重点领域				
			水电	风电	太阳能	火电	电网工程
东部非洲	埃塞俄比亚	√	√	√	√	√	√
	肯尼亚	√	√	√	√	√	√
	坦桑尼亚	√	√			√	√
	乌干达	√	√				√
	厄立特里亚						√
	吉布提						√
	布隆迪						√
	卢旺达						√

除厄立特里亚、吉布提、布隆迪以及卢旺达外，东部非洲其他各国的水能资源均十分丰富，但开发利用率较低。结合东部非洲各国电力规划情况，推荐中国与东部非洲水电领域重点合作的国家主要有埃塞俄比亚、肯尼亚、坦桑尼亚以及乌干达。

东部非洲的埃塞俄比亚和肯尼亚风能资源特别丰富，且两国还有风电开发计划，因此，推荐埃塞俄比亚、肯尼亚作为中国与东部非洲风电领域重点合作国家。

东部非洲国家纬度低，日照时间长，太阳能资源较丰富，但目前基本处于尚未开发状态。综合各方面因素，推荐埃塞俄比亚、肯尼亚作为中国与东部非洲太阳能领域重点合作国家。

东部非洲化石能源较缺乏，但为满足区域内负荷增长需要及优化电源结构，东部非洲国家如埃塞俄比亚、肯尼亚以及坦桑尼亚等均规划发展部分火电项目。综合各国电源规划及电力市场空间情况，推荐中国与东部非洲火电领域重点合作国家有埃塞俄比亚、肯尼亚、坦桑尼亚。

东部非洲水电资源丰富，但能源资源分布不均。为满足水电工程的送出，平衡区域电力供应，需加强区域电网建设。因此电网建设也将是中国与东部非洲各国重点合作领域。

综合前述分析，中国与东部非洲地区合作前景广阔，推荐中国与东部非洲电力合作的重点国家为埃塞俄比亚、肯尼亚、坦桑尼亚以及乌干达。

西部非洲篇

14 西 部 非 洲 概 况

14.1 国家概况

14.1.1 国家组成

西部非洲是指非洲西部地区，东至乍得湖，西濒大西洋，南濒几内亚湾，北为撒哈拉沙漠。西部非洲通常包括贝宁、多哥、佛得角、几内亚、几内亚比绍、加纳、科特迪瓦、利比里亚、马里、毛里塔尼亚、尼日尔、尼日利亚、塞拉利昂、塞内加尔、布基纳法索、西撒哈拉、冈比亚和加那利群岛（西）共 18 个国家和地区，由于西撒哈拉、冈比亚及加那利群岛（西）外的国家社会经济总量占西部非洲社会经济总量的比重小，且电力市场需求不大，故本次西部非洲电力市场研究不包括此 3 个国家及地区。

14.1.2 人口与面积

本书研究的西部非洲国家总面积约 613 万 km^2，人口约 30277 万，西部非洲 2000—2005 年人口平均增长率为 2.5％，2005—2010 年人口平均增长率为 2.6％。2012 年尼日利亚人口 15521 万，占西部非洲人口的 51.3％；人口上千万的国家有加纳、科特迪瓦、马里、尼日尔、布基纳法索、塞内加尔、几内亚和贝宁。

14.1.3 地形与气候

西部非洲地区自北向南有撒哈拉沙漠、苏丹草原、上几内亚高原。全境地势低平，一般海拔 200～500m；南部为富塔贾隆和包奇高原，东北为贾多和阿伊尔高原；沿海有平原。西部非洲地处热带，终年高温；夏季潮湿多雨，冬季干燥少雨，为热带干湿季气候区。气候和植被有明显的纬度地带性；北部为热带沙漠气候，中部为热带草原气候，南部为热带雨林气候。内地与西部干热，沿海多雨，属干湿季分明的热带季风气候。降水的 80％以上集中在夏季 5—9 月，而 11 月至次年 3 月则几乎没有降水。

14.1.4 社会经济

1. 经济发展概况

资源丰富的西部非洲在政局总体趋稳的情况下，经济持续增长，这种势头并没有因国际金融危机的爆发而减缓。如图 14-1 所示，2000—2005 年西部非洲区域内生产总值平均以 4.9％的速度递增，2005—2010 年平均以 5.7％的速度递增，2000—2010 年平均以 5.3％的速度递增。其中 2005—2010 年 GDP 平均增长速度超过 5.0％的国家有尼日利亚、利比里亚、佛得角、加纳、塞拉利昂和尼日尔。西部非洲 2012 年 GDP 总量约 4001.68 亿美元，其中超过 100 亿美元的国家有尼日利亚、加纳、科特迪瓦、塞内加尔、布基纳法索和马里，人均 GDP 超过 1000 美元的国家有佛得角、尼日利亚、加纳、科特迪瓦、塞内加尔和毛里塔里亚，其中经济总量最高、人均 GDP 较高的国家是尼日利亚。西部非洲经济的基础是出口原料、农产品和矿产品，而自然资源丰富的西部非洲无疑是非洲最具活力的地区之一，尼日利亚、加纳、利比里亚是其中的佼佼者。2010 年西部非洲地区区域内生产总值情况如图 14-2 所示。

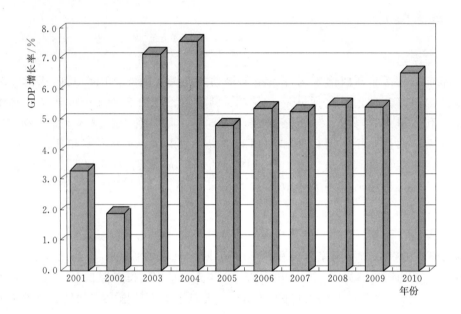

图 14-1 2001—2010 年西部非洲地区 GDP 增长率情况

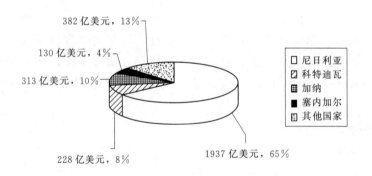

图 14-2 2010 年西部非洲地区区域内生产总值情况

2012 年尼日利亚经济总量占西部非洲的 65.6%，加纳、科特迪瓦和塞内加尔 3 国 GDP 总量占西部非洲地区的 19.9%，经济主要以农业为主，农产品出口居其他国家前列。西部非洲 15 国经济发展历史情况如表 14-1 所示。

14 西 部 非 洲 概 况

表 14-1　　　　　　　　　西部非洲15国经济发展历史情况

国家名称	项目	2000年	2005年	2006年	2007年	2008年	2009年	2010年	2012年	平均增长率/%		
										2000—2005年	2005—2010年	2010—2012年
贝宁	GDP/亿美元	22.5	42.9	47.3	55.5	66.8	66.4	66.3	75.6			
	GDP增长率/%			10.3	17.3	20.4	−0.6	−0.2	14.0	13.8	9.1	2.7
	人均GDP/美元(现价)	346	562	602	684	800	772	750	810			
	人口/万人	651.8	763.4	787.2	811.3	835.6	860.2	885	933			
	人口增长率/%			3.1	3.1	3.0	2.9	2.9	5.4	3.2	3.0	1.1
多哥	GDP/亿美元	13.3	21.2	22	25.2	31.6	31.6	31.5	38.1			
	GDP增长率/%			3.8	14.5	25.4	0.0	−0.3	21.0	9.8	8.2	3.9
	人均GDP/美元(现价)	277	391	398	446	548	535	523	563			
	人口/万人	479.4	540.8	553	565.3	577.7	590.2	602.8	677			
	人口增长率/%			2.3	2.2	2.2	2.2	2.1	12.3	2.4	2.2	2.3
佛得角	GDP/亿美元	5.3	10	11.1	13.3	15.5	15.9	16.5	19			
	GDP增长率/%			11.0	19.8	16.5	2.6	3.8	15.2	13.5	10.5	2.9
	人均GDP/美元(现价)	1215	2113	2316	2756	3181	3228	3323	3654			
	人口/万人	43.7	47.3	47.8	48.3	48.7	49.2	49.6	52			
	人口增长率/%			1.1	1.0	0.8	1.0	0.8	4.8	1.6	1.0	0.9
几内亚	GDP/亿美元	31.1	29.4	28.2	42.1	37.8	41.6	45.1	67.7			
	GDP增长率/%			−4.1	49.3	−10.2	10.1	8.4	50.1	−1.1	8.9	8.5
	人均GDP/美元(现价)	373	325	307	449	395	427	452	639			
	人口/万人	834.4	904.1	920.2	937.4	955.9	976.1	998.2	1060			
	人口增长率/%			1.8	1.9	2.0	2.1	2.3	6.2	1.6	2.0	1.2
几内亚比绍	GDP/亿美元	2.2	5.7	5.8	6.9	8.5	8.3	8.8	8.9			
	GDP增长率/%			1.8	19.0	23.2	2.1	6.0	1.1	21.0	9.1	0.2
	人均GDP/美元(现价)	174	419	415	485	583	562	580	556			
	人口/万人	124.1	136.8	139.5	142.4	145.4	148.4	151.5	160			
	人口增长率/%			2.0	2.1	2.1	2.1	2.1	5.6	2.0	2.1	1.1
加纳	GDP/亿美元	49.8	137.2	203.9	246.3	285.3	261.7	313.1	407.1			
	GDP增长率/%			48.6	20.8	15.8	−8.3	19.6	30.0	22.5	17.9	5.4
	人均GDP/美元(现价)	260	495	920	1085	1226	1098	1283	1642			
	人口/万人	1916.5	2164	2217.1	2271.2	2326.4	2382.4	2439.2	2479			
	人口增长率/%			2.5	2.4	2.4	2.4	2.4	1.6	2.5	2.4	0.3
科特迪瓦	GDP/亿美元	104.2	163.6	173.7	198	234.1	230.4	227.8	246.8			
	GDP增长率/%			6.2	14.0	18.2	−1.6	−1.1	8.3	9.4	6.8	1.6
	人均GDP/美元(现价)	628	908	948	1062	1233	1191	1154	1148			
	人口/万人	1658.2	1802.1	1832.6	1864.7	1898.7	1935	1973.8	2150			
	人口增长率/%			1.7	1.8	1.8	1.9	2.0	8.9	1.7	1.8	1.7

续表

国家名称	项 目	2000年	2005年	2006年	2007年	2008年	2009年	2010年	2012年	平均增长率/%		
										2000—2005年	2005—2010年	2010—2012年
利比里亚	GDP/亿美元	5.6	5.3	6.1	7.3	8.4	8.8	9.9	17.7			
	GDP增长率/%			15.1	19.7	15.1	4.8	12.5	78.8	−1.1	13.3	12.3
	人均GDP/美元(现价)	197	167	185	211	230	229	247	467			
	人口/万人	284.7	318.3	331.4	347.7	365.8	383.6	399.4	379			
	人口增长率/%			4.1	4.9	5.2	4.9	4.1	−5.1	2.3	4.6	−1.0
马里	GDP/亿美元	24.2	53.1	58.7	71.5	87.4	89.6	92.5	103.1			
	GDP增长率/%			10.5	21.8	22.2	2.5	3.2	11.5	17.0	11.7	2.2
	人均GDP/美元(现价)	214	403	432	510	604	601	602	729			
	人口/万人	1129.5	1317.7	1359.3	1402.1	1404	1409	1411	1416			
	人口增长率/%			3.2	3.1	0.1	0.4	0.1	0.4	3.1	1.4	0.1
毛里塔利亚	GDP/亿美元	10.8	18.6	27	28.4	35.9	30.3	36.4	42			
	GDP增长率/%			45.2	5.2	26.4	−15.6	20.1	15.4	11.5	14.4	2.9
	人均GDP/美元(现价)	409	610	862	883	1089	896	1051	1280			
	人口/万人	264.3	304.7	313	315.5	318.6	320.3	324.5	328			
	人口增长率/%			2.7	0.8	1.0	0.5	1.3	1.1	2.9	1.3	0.2
尼日尔	GDP/亿美元	18	34.1	36.5	42.9	53.7	52.6	55.5	65.7			
	GDP增长率/%			7.0	17.5	25.2	−2.0	5.5	18.4	13.6	10.2	3.4
	人均GDP/美元(现价)	165	262	271	308	372	351	358	399			
	人口/万人	1092.2	1299.4	1346	1394.6	1445	1497.2	1551.2	1647			
	人口增长率/%			3.6	3.6	3.6	3.6	3.6	6.2	3.5	3.6	1.2
尼日利亚	GDP/亿美元	459.8	1222.5	1468.7	1659.2	2071.2	1685.7	1936.7	2626.1			
	GDP增长率/%			20.1	13.0	24.8	−18.6	14.9	35.6	21.6	9.6	6.3
	人均GDP/美元(现价)	372	803	1025	1129	1375	1091	1222	1692			
	人口/万人	12368.9	13982.3	14333.9	14695.1	15066.6	15348.8	15442.3	15521			
	人口增长率/%			2.5	2.5	2.5	1.9	0.6	0.5	2.5	2.0	0.1
塞拉利昂	GDP/亿美元	6.4	12.4	14.2	16.6	19.5	18.6	19.1	38			
	GDP增长率/%			14.5	16.9	17.5	−4.6	2.7	99.0	14.1	9.0	14.7
	人均GDP/美元(现价)	153	240	267	304	348	323	325	709			
	人口/万人	414.3	515.3	517.5	521	528	530.4	533.7	536			
	人口增长率/%			0.4	0.7	1.3	0.5	0.6	0.4	4.5	0.7	0.1
塞内加尔	GDP/亿美元	46.9	87	93.8	113.3	132.1	127.9	129.5	141.6			
	GDP增长率/%			7.8	20.8	16.6	−3.2	1.3	9.3	13.2	8.3	1.8
	人均GDP/美元(现价)	494	800	840	988	1121	1056	1042	1120			
	人口/万人	834.4	904.1	920.2	937.4	955.9	976.1	998.2	1264			
	人口增长率/%			1.8	1.9	2.0	2.1	2.3	26.6	1.6	2.0	4.8

续表

国家名称	项　目	2000年	2005年	2006年	2007年	2008年	2009年	2010年	2012年	平均增长率/%		
										2000—2005年	2005—2010年	2010—2012年
布基纳法索	GDP/亿美元		54.05	57.71	67.67	80.46	81.41	88.2	104.4			
	GDP增长率/%			6.8	17.3	18.9	1.2	8.3	18.4		10.3	3.4
	人均GDP/美元(现价)	225	407	423	475	570	553	593	623			
	人口/万人		1323	1373			1580		1675			
	人口增长率/%											

注　数据来源为世界银行网站。

2. 经济发展趋势

西部非洲地区经济发展预测，主要是根据各国2000—2010年的历史发展趋势以及结合各国经济规划发展情况矿产资源及开发情况进行预测。

资源丰富的西部非洲经济没有因国际金融危机的爆发而减缓，2005—2010年GDP平均增速比2000—2005年提高了0.8个百分点，预计在未来5年西部非洲经济仍将持续增长。

针对西部非洲地区GDP增长进行高、中、低三个方案预测，高方案代表经济超常发展的增长水平，低方案代表经济发展相对滞缓的增长水平。

预计高方案2010—2015年西部非洲GDP平均以7.9%的速度递增，2015—2020年平均以8.3%的速度递增，2020—2030年平均以7.1%的速度递增；中方案2010—2015年西部非洲GDP平均以7.3%的速度递增，2015—2020年平均以7.7%的速度递增，2020—2030年平均以6.5%的速度递增；低方案2010—2015年西部非洲GDP平均以8%的速度递增，2015—2020年平均以5.6%的速度递增，2020—2030年平均以4%的速度递增。

西部非洲GDP增长高、中、低方案具体如表14-2所示。西部非洲15国经济发展预测（中方案）如表14-3所示。2012年西部非洲国家国情统计如表14-4所示。

表14-2　　　　西部非洲地区GDP增长高、中、低方案

方　案	项　目	2010年（实绩）	2015年	2020年	2030年
高方案	GDP/亿美元	2988.6	4371.7	6503.2	9157.8
	增长率/%		7.9	8.3	7.1
中方案	GDP/亿美元	2988.6	4251.5	6151.1	8422
	增长率/%		7.3	7.7	6.5
低方案	GDP/亿美元	2988.6	4391.2	5757.4	7000.0
	增长率/%		8.0	5.6	4.0

表14-3　　　　西部非洲15国经济发展预测（中方案）

国家名称	项　目	2010年	2015年	2020年	2030年	平均增长率/%		
						2010—2015年	2015—2020年	2020—2030年
贝宁	(1)GDP/亿美元	66.3	78.4	93.1	107.9			
	GDP增长率/%	3.0				3.4	3.5	3.0
	(2)人口/万人	885.0	1025.9	1189.4	1378.8			
	人口增长率/%	2.9				3.0	3.0	3.0

国家名称	项　　目	2010 年	2015 年	2020 年	2030 年	平均增长率/%		
						2010—2015 年	2015—2020 年	2020—2030 年
多哥	(1)GDP/亿美元	31.5	36.6	41.4	45.7			
	GDP 增长率/%	3.4				3.0	2.5	2.0
	(2)人口/万人	602.8	672.1	749.3	835.5			
	人口增长率/%	2.1				2.2	2.2	2.2
佛得角	(1)GDP/亿美元	16.5	21.2	27.8	35.4			
	GDP 增长率/%	5.4				5.2	5.5	5.0
	(2)人口/万人	49.6	52.1	54.8	57.6			
	人口增长率/%	0.9				1.0	1.0	1.0
几内亚	(1)GDP/亿美元	45.1	60.4	97.2	156.6			
	GDP 增长率/%	1.9	*			6.0	10.0	10.0
	(2)人口/万人	998.2	1107.5	1228.7	1363.3			
	人口增长率/%	2.3				2.1	2.1	2.1
几内亚比绍	(1)GDP/亿美元	8.8	10.3	11.9	13.7			
	GDP 增长率/%	3.5				3.2	3.0	2.8
	(2)人口/万人	151.5	168.1	186.5	206.9			
	人口增长率/%	2.1				2.1	2.1	2.1
加纳	(1)GDP/亿美元	313.1	435.0	613.0	820.3			
	GDP 增长率/%	6.6				6.8	7.1	6.0
	(2)人口/万人	2439.2	2746.3	3092.0	3481.3			
	人口增长率/%	2.4				2.4	2.4	2.4
科特迪瓦	(1)GDP/亿美元	227.8	274.5	342.1	416.2			
	GDP 增长率/%	3.0				3.8	4.5	4.0
	(2)人口/万人	1973.8	2157.9	2359.3	2579.4			
	人口增长率/%	2.0				1.8	1.8	1.8
利比里亚	(1)GDP/亿美元	9.9	13.5	19.4	27.2			
	GDP 增长率/%	5.5				6.5	7.5	7.0
	(2)人口/万人	399.4	502.5	632.2	795.5			
	人口增长率/%	4.1				4.7	4.7	4.7
马里	(1)GDP/亿美元	92.5	114.7	143.0	169.0			
	GDP 增长率/%	4.5				4.4	4.5	3.4
	(2)人口/万人	1537.0	1790.4	2085.7	2429.7			
	人口增长率/%	3.1				3.1	3.1	3.1
毛里塔利亚	(1)GDP/亿美元	36.4	44.2	55.1	67.1			
	GDP 增长率/%	5.0				4.0	4.5	4.0
	(2)人口/万人	346.0	393.4	447.2	508.5			
	人口增长率/%	2.4				2.6	2.6	2.6

续表

国家名称	项目	2010 年	2015 年	2020 年	2030 年	平均增长率/%		
						2010—2015 年	2015—2020 年	2020—2030 年
尼日尔	(1)GDP/亿美元	55.5	83.1	130.7	192.1			
	GDP 增长率/%	8.8				8.4	9.5	8.0
	(2)人口/万人	1551.2	1851.3	2209.3	2636.7			
	人口增长率/%	3.6				3.6	3.6	3.6
尼日利亚	(1)GDP/亿美元	1936.7	2898.7	4358.7	6113.3			
	GDP 增长率/%	7.9				8.4	8.5	7.0
	(2)人口/万人	15842.3	17924.1	20279.5	22944.4			
	人口增长率/%	2.5				2.5	2.5	2.5
塞拉利昂	(1)GDP/亿美元	19.1	24.8	32.4	40.6			
	GDP 增长率/%	4.9				5.4	5.5	4.6
	(2)人口/万人	586.8	663.9	751.1	849.8			
	人口增长率/%	2.2				2.5	2.5	2.5
塞内加尔	(1)GDP/亿美元	129.5	156.1	185.4	217.0			
	GDP 增长率/%	4.2				3.8	3.5	3.2
	(2)人口/万人	998.2	1102.0	1216.8	1343.4			
	人口增长率/%	2.3				2.0	2.0	2.0
布基纳法索	(1)GDP/亿美元	88.2	100.04	115.0	138.8			
	GDP 增长率/%	6.6				3	3	3
	(2)人口/万人	1630	1850	2015	2200			
	人口增长率/%	2.6				3	2	2

表 14-4　　　　　　　　　　2012 年西部非洲国家国情统计表

国家	面积/万 km²	人口/万人	GDP/亿美元	人均GDP/美元	经济增长率/%	通货膨胀率/%	失业率/%	外汇和黄金储备/亿美元	外债总额/亿美元	币种	汇率/1美元=
贝宁	11.3	933	75.6	810	5.4	6.8		7.13	14.23	西非法郎	510.53
多哥	5.7	677	38.1	563	5.6	2.6		4.42	6.43	非洲法郎	510.53
佛得角	0.4	52	19	3654	4.3	2.5		3.76	10.25	埃斯库多	85.82
几内亚	24.6	1060	67.7	639	3.9	15.2		1.14	31.39	几内亚法郎	7432.4
几内亚比绍	3.6	160	8.9	556	−1.5	2.1		1.65	2.84	西非法郎	510.53
加纳	23.9	2479	407.1	1642	7.9	9.2		53.68	112.89	塞地	1.8
科特迪瓦	32.2	2150	246.8	1148	9.5	1.3		39.28	120.12	西非法郎	510.53
利比里亚	11.1	379	17.7	467	10.8	6.8		5	4.48	利比里亚元	73.51
马里	124.1	1416	103.1	728	−1.2	5.4		13.41	29.31	非洲法郎	510.53

续表

国家	面积/万 km²	人口/万人	GDP/亿美元	人均GDP/美元	经济增长率/%	通货膨胀率/%	失业率/%	外汇和黄金储备/亿美元	外债总额/亿美元	币种	汇率/1 美元=
毛里塔尼亚	103.1	328	42	1280	7.6	4.9		9.49	27.09	乌吉亚	296.62
尼日尔	126.7	1647	65.7	399	11.2	0.5		10.15	14.08	非洲法郎	510.53
尼日利亚	92.4	15521	2626.1	1692	6.6	12.2		464.05	131.08	奈拉	156.81
塞拉利昂	7.2	536	38	709	15.2	12.9		4.78	10.19	利昂	4344.04
塞内加尔	19.7	1264	141.6	1120	3.7	1.4	47	20.82	43.2	非洲法郎	510.53
布基纳法索	27.4	1675	104.4	623	5.6	2.7				西非法郎	510.53
合计	613	30277	4002	1322							

14.1.5 对外关系

1. 贝宁

贝宁奉行"实用、灵活、不排他"的外交政策，强调"外交为发展服务"；以求外援为基本出发点，重点面向西方，突出同法国的特殊关系，同时保持和发展同其他国家的友好合作。坚持睦邻友好，重视区域合作，支持实现西部非洲一体化；主张和平解决争端和建立国际政治、经济新秩序。

1964 年 11 月 12 日，贝宁同中国建交。1966 年 1 月，贝宁单方面宣布终止同中国之间的关系，同年 4 月与台湾方面"复交"。1972 年 12 月 29 日，贝宁恢复同中国的外交关系。2006 年 8 月，贝宁总统亚伊对中国进行国事访问，两国发表联合公报。2011 年 9 月，总统亚伊来华出席夏季达沃斯论坛。2012 年 7 月，总统亚伊出席中非合作论坛第五届部长级会议开幕式并访华。近年来，两国领导人交往密切，经贸合作成果显著。

2. 多哥

奉行中立、不结盟和睦邻友好的外交政策。积极发展与发展中国家关系，主张发展中国家团结，进行区域合作和经济联合。坚持睦邻友好，积极参与非洲地区事务，支持非洲一体化进程，是非洲联盟、西非国家经济共同体、西非货币联盟等组织成员国。同 70 多个国家建立了外交关系。2012 年 1 月起，任联合国安理会非常任理事国。

1972 年 9 月 19 日中国和多哥建交以来，两国关系发展顺利。总统埃亚德马于 1974 年、1981 年、1989 年、1995 年和 2000 年 5 次访华。近年来中方往访的主要有：国务委员吴仪（2000 年）、全国人大常委会副委员长许嘉璐（2001 年）、国家副主席曾庆红（2004 年）。2008 年 2 月，中联部部长王家瑞访问多哥。2011 年 2 月，外长杨洁篪访问多哥。11 月，全国政协副主席罗富和访问多哥。2006 年 2 月，总统福雷来华进行国事访问。11 月，福雷来华出席中非合作论坛北京峰会。2008 年 3 月，多哥人民联盟总书记埃索访华。2010 年 8 月，福雷出席上海世博会多哥国家馆日活动。

3. 几内亚

几内亚奉行睦邻友好、不结盟、全面开放和独立自主的外交政策，强调外交为发展服务。

愿在平等互利和相互尊重的基础上与世界各国发展友好合作关系。主张加强非洲国家之间的团结与合作，积极参与非洲联盟建设。重视发展同欧盟、美国等西方国家关系，以争取国际支持和援助。注重发展同中国等亚洲国家和阿拉伯国家的关系。现为联合国、世界贸易组织、不结盟运动、伊斯兰会议组织、法语国家组织、非洲联盟、西非国家经济共同体（西共体）、马诺河联盟等组织成员，同110多个国家建立了外交关系。

1959年10月4日，几内亚与中国建立外交关系，是中国在撒哈拉以南非洲第一个建立外交关系的国家。建交后，两国高层互访不断，增进了两国人民之间的友谊。

4. 加纳

加纳奉行务实、多元的外交政策，重视开展经济外交。谋求与邻国和平共处和相互合作，努力维护此地区和平与稳定，推动西部非洲区域一体化进程。积极参与地区和国际合作，树立西部非洲重要国家形象，努力提升国际影响力。重视加强与发展中国家的关系，促进经贸合作。是非盟前身非统组织和不结盟运动的创始国之一。与91个国家建立了外交关系，在国外共设50个使领馆机构。现有47个国家在加纳设使领馆，18个国际组织在加设代表处。

1960年7月5日中国和加纳建交。1966年10月加纳军政府单方面与中国断交。1972年2月两国复交。两国签有友好条约和经济技术合作、贷款、贸易和文化交流等项协定。2006年6月，国务院总理温家宝对加纳进行正式访问。2007年3月，全国政协副主席阿不来提·阿不都热西提作为胡锦涛主席特使出席加纳独立50周年庆典。2007年4月，全国政协主席贾庆林访问加纳。2006年11月，时任加纳总统库福尔来华出席中非合作论坛北京峰会；2008年8月，库福尔来华出席北京奥运会开幕式。2010年9月，加纳副总统马哈马来华出席联合国贸易和发展会议第二届世界投资论坛。9月底，加纳总统米尔斯来华进行国事访问。11月，全国人大常委会副委员长周铁农以及中央军委委员、国务委员兼国防部长梁光烈先后访问加纳。2012年4月，加纳副总统马哈马应加纳驻华使馆邀请访华。2013年1月，胡锦涛主席特使、水利部部长陈雷赴加纳出席马哈马总统就职典礼。

5. 科特迪瓦

科特迪瓦奉行独立、主权、平等和不干涉内政的外交政策，强调国际合作伙伴多元化。同约90个国家建立外交关系。是联合国、世界贸易组织、不结盟运动、伊斯兰合作组织、法语国家组织、非洲联盟、西非国家经济共同体和西非经济货币联盟等组织成员国。

中国和科特迪瓦1983年3月2日正式建交。多年来，中国和科特迪瓦友好关系稳定健康发展，政治互信度比较高，经贸互利合作不断扩大，签署了农业、贸易、科学技术、高等教育、文化等合作协定，以及政府贴息优惠贷款框架协议、中科林业合作谅解备忘录等。2012年伊始，外交部长杨洁篪率团访科。科特迪瓦政府赞赏中国对其实现民族和解与经济重建所给予的坚定支持，高度评价中国在国际和地区事务中所发挥的重要作用，坚定奉行对华友好政策。

6. 马里

马里奉行独立、和平、睦邻友好和不结盟的外交政策，愿同世界各国发展友好关系。

马里与中国有着长期友好的外交关系和传统友谊。自 1960 年 10 月 25 日建交以来，两国关系密切，在重大国际问题上共同点较多，马里历届政府坚持"一个中国"的立场。建交 50 多年来，中国政府向马里提供了大量的经济援助。

7. 毛里塔尼亚

毛里塔尼亚奉行独立、和平、中立的外交政策，强调自身阿拉伯、非洲属性，致力于睦邻友好，积极推动非洲联合及马格里布联盟建设。近年来突出外交为经济服务的方针，努力拓展国际空间，争取更多外援。迄今共与 104 个国家建立了外交关系。

中国与毛里塔尼亚伊斯兰共和国传统友好，两国关系基础牢固。自 1965 年建交以来，双边关系持续稳定发展。2010 年 5 月，毛外交与合作部长娜哈来华参加"中阿合作论坛"第四届部长级会议。2011 年 9 月，毛里塔尼亚总统阿齐兹来华出席在宁夏银川举行的"2011 宁洽会暨第二届中阿经贸论坛"并顺访安徽、北京。2012 年 7 月，毛里塔尼亚外交与合作部长哈马迪、经济发展部长塔赫来华参加"中阿合作论坛"第五届部长级会议。

8. 尼日尔

尼日尔奉行和平中立的外交政策，主张在平等、互相尊重国家主权和领土完整的基础上发展同一切国家或组织的友好关系。执行外交为国内政治和经济发展服务的方针。重视发展同西方大国、国际金融机构以及发展中大国的关系。坚持睦邻友好，积极参与地区事务。

1974 年 7 月 20 日，尼日尔和中国建立外交关系。1992 年 7 月 22 日尼日尔与台湾方面"复交"，中国于 7 月 30 日宣布中止与尼日尔的外交关系。1996 年 8 月 19 日中国与尼日尔复交。此后两国关系发展顺利。2008 年 9 月，尼日尔总理奥马鲁来华出席北京残奥会闭幕式并进行访问，国家主席胡锦涛和国务院总理温家宝分别与之会见、会谈。2009 年 3 月，商务部副部长傅自应率中国政府经贸代表团访尼日尔。2010 年 5 月，中国政府非洲事务特别代表刘贵今大使访尼日尔。9 月尼日尔经济与财政部长安努率团访华。中国和尼日尔经济、贸易和技术合作混合委员会第五次会议于 11 月 2 日在广州举行。2012 年 1 月 4 日，外交部长杨洁篪访问尼日尔，与尼日尔外交国务部长穆罕默德·巴祖姆进行了友好会谈，并签署经济技术合作协议和紧急粮食援助换文。应尼日尔总统邀请，中国进出口银行行长李若谷率代表团于 2012 年 1 月 26—27 日访问尼日尔。双方回顾了中尼两国之间的友好合作，并表示今后将进一步加强尼日尔与中国进出口银行之间在基础建设、能源矿产、农业和水资源等领域的合作。

9. 尼日利亚

尼日利亚奉行不结盟、睦邻友好和"以本国利益为中心"的多元化外交政策。积极参与国际事务、维护非洲团结。尼日利亚与中国长期友好，关系发展平稳。1971 年 2 月两国正式建立大使级外交关系。近年来，两国高层交往频繁，经济合作加快发展，在国际事务中相互支持，密切合作。2006 年，两国确立了战略伙伴关系，签署《中华人民共和国和尼日利亚联邦共和国关于建立战略伙伴关系的谅解备忘录》。

10. 塞拉利昂

赛拉利昂奉行不结盟和睦邻友好政策。致力于非洲团结和地区合作；主张南北对话和南南合作，反对外来干涉，呼吁建立国际经济新秩序；重视发展同英、美等国关系，努力改善同欧盟及国际金融机构的关系，以争取对其和平进程及经济重建的支持；继续保持与主要伊斯兰国家的友好交往。同世界上 160 多个国家建立了外交关系。现为非盟联合国安理会改革 10 国元首委员会主席。

1971 年 7 月 29 日，中国和塞拉利昂建交。两国在政治、经济、文化等领域的交往日益频繁，友好合作关系不断发展：1973 年、1981 年和 1985 年，总统史蒂文斯三次访华；1986 年和 1990 年，总统莫莫两次访华；1994 年，军政权领导人斯特拉瑟访华；1999 年、2006 年总统卡巴先后访华；2009 年 5 月，总统科罗马访华，2010 年 5 月出席上海世博会塞拉利昂国家馆日活动。全国人大常委会副委员长姚鹏飞、副总理田纪云、廖汉生副委员长等先后访塞拉利昂。2010 年 1 月，外交部长杨洁篪访塞拉利昂。

11. 塞内加尔

塞内加尔奉行全方位和不结盟政策。认为国际关系民主化和多元化是世界稳定的重要因素。现为联合国、世界贸易组织、不结盟运动、法语国家组织、伊斯兰合作组织、非洲联盟、西非国家经济共同体、西非经济货币联盟和萨赫勒-撒哈拉国家共同体等组织成员国。同约 120 个国家建立了外交关系。

中国与塞内加尔于 1971 年 12 月 7 日建交。1996 年 1 月 3 日，塞内加尔政府与台湾当局签署"复交"公报，1 月 9 日中国政府宣布中止与塞内加尔的外交关系。2005 年 10 月 25 日，中国外交部长李肇星与塞内加尔外交国务部长谢赫·蒂迪亚内·加迪奥在北京签署复交公报，两国恢复大使级外交关系。中方重要往访有：国务院副总理陈慕华（1980 年 4 月）、国务院副总理兼外交部长黄华（1981 年 11 月）、全国人民代表大会副委员长彭冲（1982 年 4 月）、国务院副总理李鹏（1984 年 6 月）、全国人大常委会副委员长廖汉生（1985 年 10 月）、中共中央政治局常委李瑞环（1991 年 7 月）、国务委员兼外交部部长钱其琛（1992 年 1 月）、国务院副总理李岚清（1995 年 11 月）、外交部部长李肇星（2006 年 1 月）、全国政协副主席王忠禹（2006 年 6 月）、全国人大常委会副委员长韩启德（2007 年 4 月）、国家主席胡锦涛（2009 年 2 月）、中联部部长王家瑞（2010 年 1 月）、教育部副部长郝平（2010 年 4 月作为中国政府特使出席塞内加尔独立 50 周年庆典）、国务院副总理回良玉（2011 年 1 月）、全国人大常委会副委员长陈至立（2011 年 4 月）、外交部部长助理张明（2012 年 7 月）等。塞内加尔重要来访有：总统桑戈尔（1974 年 5 月）、总统迪乌夫（1984 年 7 月）、外长加迪奥（2005 年 10 月、2007 年 12 月）、总理萨勒（2006 年 4 月）和总统瓦德（2006 年 6 月）、外长尼昂（2010 年 4 月 2011 年 5 月）、国民议会第二副议长法勒（2010 年 8 月）、国民议会议长塞克（2010 年 11 月）、外长西塞、财政部长卡内（2012 年 7 月）、领土整治部长迪耶（2012 年 8 月）等。

14.2　资源概况

西部非洲整体上是一个资源丰富的地区，富铝土、金刚石、石油、金、锰、铁、铜、铌、铀矿等；农产品有油棕、蜀黍、可可、棕榈仁、花生、咖啡、橡胶等，其中可可、花生等占有世界重要地位。

西部非洲部分国家资源概况如表 14-5 所示。

表 14-5　　　　　　　　　　　西部非洲部分国家资源概况

国　　家	资　源　状　况
贝宁	自然资源和矿产资源较贫乏。已探明石油储量 52 亿桶，先后与美国、挪威、加拿大等国联合开采，目前已基本枯竭。天然气储量约 0.091 万亿 m^3，金矿面积 10350 km^2，含金量 10～20g/t，开采效益不明显。另有铁矿、磷盐、石灰石、大理石等
多哥	主要矿业资源是磷酸盐，是撒哈拉以南非洲第三大生产国，已探明储量：优质矿 2.6 亿 t，含少量碳酸盐的约 10 亿 t。其他矿藏有石灰石、大理石、铁和锰等
佛得角	资源较匮乏，主要矿产有石灰石、白榴火山灰、浮石、岩盐等
几内亚	铝土矿储量达 250 亿 t，约占世界总量的 70%。几内亚铁矿资源据称资源量可达 150 多亿 t，其中有相当数量的富铁矿，品位高达 56%～78%，可露天开采。钻石资源量约 3 亿克拉，已探明储量 2500 万～3000 万克拉，黄金储量约 1000t
几内亚比绍	矿产资源尚未开发。主要矿藏有铝矾土（储量约 2 亿 t），磷酸盐（储量约 8000 万 t）。沿海正在进行石油勘探（储量约 11 亿桶）
加纳	矿产资源丰富，主要矿物储量：黄金约 20 亿盎司，1994 年已探明储量 3167.20 万盎司；钻石约 1 亿克拉，1994 年已探明储量 872.85 万克拉，居世界第四位；铝矾土约 4 亿 t，1994 年已探明储量 1891.19 万 t；锰 4900 万 t，1994 年探明储量 489.17 万 t，居世界第三位。此外还有石灰石、铁矿、红柱石、石英砂和高岭土等。加纳森林覆盖率占全国土面积的 34%，主要材林集中在西南部。黄金、可可和木材三大传统出口产品是加纳经济支柱。加纳盛产可可，是世界上最大的可可生产国和出口国之一
科特迪瓦	主要矿藏有钻石、黄金、锰、镍、铀、铁和石油。已探明的石油储量约 1 亿桶，天然气储量 1.1 万亿 m^3，铁 30 亿 t，铝矾土 12 亿 t，镍 4.4 亿 t，锰 3500 万 t。现有森林 250 万 hm^2
利比里亚	自然资源丰富。铁矿砂储量估计为 18 亿 t，另有钻石、黄金、铝矾土、铜、铅、锰、锌、钶、钽、重晶石、蓝晶石等矿藏。森林覆盖面积 479 万 hm^2，占全国总面积的 58%，是非洲一大林区，盛产红木等名贵木材
马里	现已探明的主要矿藏资源及其储量：黄金 900t，铁 13.6 亿 t，铝矾土 12 亿 t，硅藻土 6500 万 t，岩盐 5300 万 t，磷酸盐 1180 万 t。森林面积 110 万 hm^2，覆盖率不到 1%。水力资源丰富，目前有 3 个水电站
毛里塔尼亚	矿产资源主要有铁矿，储量估计达 87 亿 t。其他资源储量：铜矿 2200 万 t，石膏约 40 亿 t，磷酸盐 1.4 亿 t。渔业资源丰富，储量为 400 万 t。森林总面积 47440 hm^2
尼日尔	已探明铀储量 21 万 t，占世界总储量的 11%，居世界第五位。磷酸盐储量 12.54 亿 t，居世界第四位，尚未开发。煤储量 600 万 t。还有锡、铁、石膏、石油、黄金等矿藏
尼日利亚	有很多还未被大规模开发的矿物资源，包括天然气、煤、矾土、钽铁矿、黄金、铁矿石、石灰石、锡、铌、石墨和锌等 30 多种矿藏。尽管这些自然资源有很大的储量，但该国的采掘工业还处于初级阶段
塞拉利昂	矿藏丰富，主要有钻石、黄金、铝矾土、金红石、铁矿砂等。渔业资源丰富，主要有邦加鱼、金枪鱼、黄花鱼、青鱼和大虾等，水产储量约 100 万 t。全国森林面积约 32 万公顷，占土地总面积的 4%，盛产红木、红铁木等，木材储量 300 万 m^3
塞内加尔	矿产资源贫乏，主要有磷酸盐、铁、黄金、铜、钻石、钛等。磷酸钙储量约 1 亿 t。磷酸铝储量约 6000 万 t。2004 年磷酸盐产量 191 万 t。水力资源较丰富
布基纳法索	资源已探明的矿藏：黄金储量 150t（含金量 22t），锰 1770 万 t，磷酸盐 2.5 亿 t，锌银合成矿 1000 万 t，石灰石 600 万 t

14.3 主要河流概况

西部非洲的主要河流有尼日尔河、塞内加尔河、沃尔特河和冈比亚河。几内亚湾北岸及尼日尔河三角洲地区，从喀麦隆向北到尼日利亚、贝宁、多哥、加纳、科特迪瓦、马里和尼日尔，河流众多，流量较大，水电资源约为 26860MW，其中已开发的水电约占资源量的 16%。

14.3.1 尼日尔河

尼日尔河是西非最大的河流，也是非洲第三大河。它发源于几内亚佛塔扎隆高原，海拔 910m 的深山丛林里，源头距大西洋仅 250km，却蜿蜒曲折地流经 4197km，滋润着西部非洲 210 万 km² 的土地，干流经几内亚、马里、尼日尔、贝宁和尼日利亚王国，最后注入大西洋几内亚湾。它的支流还遍及科特迪瓦、布基纳法索、乍得和喀麦隆等国。尼日尔河两岸，很早以前就是可可、咖啡、香蕉、花生等农作物的盛产区，加上河中多渔产，素有"西非鱼米之乡"的称号。

尼日尔河从河源至马里的库利科罗一段长 800km，为上游。尼日尔河上游在几内亚境内接纳了两条重要支流。一条是发源于马森塔的米洛河，另一条支流是发源于达博拉附近的廷基索河。前一条支流在年丹科罗汇入尼日尔河，后一条在锡吉里附近汇入尼日尔河。上游地段，两岸的居民大部分是渔民，他们靠捕鱼为生。

尼日尔河从库利科罗至尼亚美为中游，全长约 2000km。河道的形状呈大弧形，跟中国黄河河套相似。由于地壳的变化，在塞古以北 40km 的马卡拉附近，形成了大约 1 万 km² 的内陆三角洲，由于常年干旱，逐渐干涸荒芜了，因此被称为"死三角洲"。尼日尔河从马卡拉向东北，经过马里中部的重镇莫普蒂，到北方直达古城廷巴克图附近，在尼日尔河河套两岸 3.6 万 km² 的广大地区，河流纵横，大小湖泊星罗棋布，水源充足，土地肥沃，是马里主要农牧区，被称为"活三角"。每年雨季，河水泛滥，三角洲地区成了天然蓄水库。每年水退之后，青草繁生，是优良牧场。

尼日尔河自尼亚美以下，在流经尼日尔与贝宁交界处之后进入尼日利亚，这一段为下游，最后汇入贝努埃河。尼日尔河下游全长 1000km，除枯水期外均可通航。贝努埃河中下游地区是尼日利亚重要的商品粮基地。同时，又是传统的产盐地。

尼日尔河在奥尼查以南，就进入了尼日尔河三角洲。三角洲和附近的大陆架上蕴藏着丰富的石油，使尼日利亚成为非洲产油最多的国家，而且，也是世界主要出口石油的国家。

14.3.2 塞内加尔河

塞内加尔河发源于西部非洲富塔贾隆高原，流经几内亚、马里、塞内加尔、毛里塔尼亚等国，其中昂比代迪附近开始有超过 800km² 为毛里塔尼亚和塞内加尔的界河，最后于圣路易港注入大西洋。塞内加尔河长 1430km，流域面积 35.5 万 km²，河口流量 780m³/s。上源巴科伊河和巴芬河于马里的巴富拉贝汇合后始称塞内加尔河。上游流经多雨高原地区，河水流量大，多急流和瀑布，较著名的有圭纳瀑布和费卢瀑布等；下游流经少雨草原地区，两岸支流少，河床比降缓，河曲发育；河口段因沿岸漂流和贸易风影响，形成向南倾斜的宽达 400m 的大沙嘴，成为航运的障碍。

14.3.3　沃尔特河

沃尔特河全长 1600km，流域面积近 38.85 万 km^2，流经布基纳法索、科特迪瓦和加纳等三个国家。沃尔特河的三条支流，即黑沃尔特河、白沃尔特河和红沃尔特河，分别发源于上沃尔特河的西部、北部和中部。黑沃尔特河最长，人们通常以它为沃尔特河的主源。它发源于博博—乌鸟拉索以西几公里处的孔山丘陵。它开始流向东北，忽儿急转南下，成为加纳与布基纳法索和科特迪瓦的一段边界，从加纳西部边境的恩泰雷索折向东流经沃尔特盆地。它主要流经地势平坦的萨瓦纳草原，河水平缓，河底铺满浓重的绿色水草，河水呈墨绿色，故称黑沃尔特河。

白沃尔特河的源头在提托附近，首先流经布基纳法索中部，在加纳上部区的甘巴加陡崖与红沃尔特河合流，然后在姆帕哈附近与沃尔特河主流汇合。由于白沃尔特河流或地形多变，地质比较复杂，激流险滩密布，白浪翻滚，波光粼粼，白沃尔特河的名称即由此而来。红沃尔特河主要在布基纳法索境内的高原地带，因河床主要是红色砂岩，河水红黄而得名。

沃尔特河在加纳境内长达 1100km，流域面积 15.8 万 km^2，约占全流域面积的 40.67%，占加纳总面积的 66.23%。因此，加纳一向重视开发利用沃尔特河的水力资源。

14.3.4　冈比亚河

冈比亚河是西部非洲的较大河流，发源于几内亚富塔贾隆高原，在凯杜古附近流入塞内加尔境内，之后向西北方向曲折前进约 320km 到达冈比亚边境，最后蜿蜒向西注入大西洋。全长 1120km，流域面积 7.7 万 km^2，在古隆布的平均流量为 300m^3/s。河道弯曲，多岛屿和瀑布，中游多沼泽，下游临近海口处河床变宽，达 20km，河口以上 350km 河段可通航。除在右岸有几条间歇性支流以外，只有一条永久性支流库伦图（Koulountou）河，从几内亚向北在冈比亚边境汇入。冈比亚河东西横贯冈比亚，在其境内长达 472km，水深谷宽，是冈比亚国内交通运输的主要通道。

15 西部非洲能源资源状况及其发展规划

15.1 能源资源概况及开发现状

西部非洲地区能源资源十分丰富，从分布情况看，水力资源主要集中在西部的冈比亚河、沃尔特河和尼日尔河流域。非洲第三大河尼日尔河流经的科特迪瓦、加纳和尼日利亚水力资源也比较丰富。石油和天然气资源主要集中在东南部的几内亚湾，尼日利亚、贝宁、多哥和加纳的南部沿海均已发现油气资源，目前尼日利亚是非洲第二大产油国。另外，尼日利亚还拥有十分丰富的煤炭资源，煤炭储量位列非洲第一。太阳能和风能主要集中在西北部的毛里塔尼亚和西撒哈拉。

15.1.1 化石能源概况及开发现状

西部非洲石油资源主要集中在几内亚湾沿海和近海国家和地区。尼日利亚是世界第十大石油生产国及第七大原油出口国，已探明的石油储量约 372 亿桶，居非洲第二位，世界第十位，以目前产量计算，可继续开采 30～50 年。石油产业在尼日利亚经济中扮演了重要角色，占 GDP 的 40% 和政府收入的 80%。1971 年，尼日利亚加入石油输出国组织。科特迪瓦石油资源丰富，探明储量约 250 亿桶，2011 年日产量约为 6 万桶。贝宁石油储量 52 亿桶。已经探明的油田有 2 个：坎迪油田和滨海油田。加纳石油资源较为丰富，探明储量 20 亿桶。

西部非洲探明天然气储量居非洲第二，占整个非洲的 32% 左右，其中尼日利亚、科特迪瓦和贝宁都有丰富的天然气资源。尼日利亚已探明天然气储量达 5.292 万亿 m^3，居世界第八位。科特迪瓦天然气资源丰富，探明储量 230 亿 m^3，主要分布在科特迪瓦沿海的几内亚湾，整个油气田面积 5.3 万 m^2，80% 的油气井深度为 2000～3000m。加纳天然气资源丰富，探明储量 226.5 亿 m^3。贝宁已探明储量为 910 亿 m^3。

西部非洲煤炭资源主要集中在尼日利亚，尼日尔和塞内加尔有少量煤储量，预测西部非洲地区媒体总储量约 5.8 亿 t。西部非洲能源资源概况如表 15-1 所示。

表 15-1 西部非洲能源资源概况

国　　家	石油/亿桶	天然气/万亿 m^3	煤炭/($\times 10^2$ 万 t)
贝宁	52，目前已基本枯竭	0.091	尚未发现
多哥	尚未发现	尚未发现	尚未发现
佛得角	尚未发现	尚未发现	尚未发现
几内亚	储量未知	尚未发现	尚未发现
几内亚比绍	储量未知	尚未发现	尚未发现
加纳	6.6	0.02265	尚未发现

国 家	石油/亿桶	天然气/万亿 m³	煤炭/(×10² 万 t)
科特迪瓦	1	1.1	尚未发现
利比里亚	储量未知	储量未知	尚未发现
马里	尚未发现	储量未知	尚未发现
毛里塔尼亚	0.2	0.02823	尚未发现
尼日尔	3	0.01	60
尼日利亚	372	5.2	2750
塞拉利昂	储量未知	储量未知	尚未发现
塞内加尔	尚未发现	尚未发现	尚未发现
布基纳法索	尚未发现	尚未发现	尚未发现

尼日利亚油气资源非常丰富，电力发展主要以火电为主。根据西非共同体区域电力报告，截至 2012 年年底，尼日利亚火电装机容量达 6477MW。

尼日尔火电装机规模较小，截至 2012 年年底，共有火电装机容量 104.7MW，其中 Niamey 燃油电厂装机容量 36MW，Arlit 燃煤电厂装机容量 37.7MW，其他燃油电厂装机容量 31MW。

贝宁自 1968 年发现油田以来，先后与美国、挪威、加拿大等国石油公司联合开采。2001 年，贝宁与美国科美基公司（KerrcGee of the United States）签订了一项合同。根据该合同，科美基公司将有权在贝宁进行海上石油勘探，同时，还获得了在深水区勘探石油的权利，深水区水深在 90～3000m 范围之内，面积 1 万 km²。另外，贝宁有丰富的天然气资源，目前在天然气方面有两大项目：其一是塞梅地区的天然气开发；其二是尼日利亚至加纳途径贝宁和多哥的天然气输出项目。

多哥 1968 年与贝宁合资建立贝宁电力共同体（CEB），负责两国电力供应。截至 2012 年年底，多哥共有火电装机容量 216MW。

科特迪瓦电力资源比较丰富，据初步统计，截至 2012 年年底，科特迪瓦共有火电装机约 600MW。

塞内加尔电源以火电为主，据非洲联合体（ICA）区域电力报告，2012 年火电装机总容量为 569MW。

马里火电主要为燃油、燃气发电机组，截至 2012 年年底，马里火电装机容量 125MW。

15.1.2 水能能源概况及开发现状

西部非洲 12 国均蕴藏一定的水能资源，其中尼日利亚、几内亚、科特迪瓦等国水能资源储量相对较丰富，西部非洲各国水能资源统计如表 15-2 所示。

尼日利亚运行中的大型水电站装机容量为 1940MW，小水电的总装机容量达 37MW 以上，另外还有相当规模的小水电正在建设，水电开发率约为 26%。

截至 2012 年年底，尼日尔尚没有投运的水电站。

表 15 - 2   西部非洲各国水能资源统计表

国家	理论蕴藏量 /(GW·h·a⁻¹)	技术可开发量		已开发容量		开发利用率 /%
		可开发容量 /(GW·h·a⁻¹)	可开发装机 /MW	已开发装机 /MW	开发截 至年份	
贝宁	1676	497.5		66.4	2012	13.3
多哥				65	2009	
几内亚	26000	19400	6000	170	2012	2.8
加纳	26000	10600	3072	1072	2012	34.9
科特迪瓦	46000	12400	1650	640	2012	38.8
利比里亚		11000	2343	0	2012	0
马里	5000	1250	307	2012	24.6	
尼日尔		1300	400	0	2008	0
尼日利亚	42750	32450	12220	1860	2008	15.2
塞拉利昂			1200	62	2012	5.2
塞内加尔		4250		0	2012	0
布基纳法索		1316	75.3	35.4	2012	47

贝宁的理论水电蕴藏量估计为 1676GW·h/a,技术可开发量 497.5GW·h/a,小水电资源的蕴藏量约 65.85MW。目前,贝宁最大的水电站南贝托(Nangbeto)工程位于多、贝两国边界的莫诺河上,由贝宁和多哥两国合建,用于发电和灌溉,装机容量 66.4MW,年发电量约 170GW·h。此外,贝宁有一座大型坝(Yeripao)正在运行,用于发电和灌溉。贝宁电力、供水需求较大,电力、供水市场消纳能力较强,且贝宁目前仍处于缺电状态。兴建发电、供水设施是未来贝宁的发展重点之一。贝宁水利水电开发有迫切的需求,具有良好的开发前景。

至 2012 年,多哥仅有一座南贝托水电站,总装机容量 65MW,该水电站于 1988 年建成投产。

从目前搜集的资料统计来看,加纳水电总规划装机容量 2427MW。已建成的水电项目水主要有阿科松博(Akosombo)水电站和克蓬(Kpone)水电站,两电站装机容量 1072MW。另外,加纳尚有一座布维(Bui)水电站在建,装机容量 400MW。

据初步统计,目前科特迪瓦的水电装机容量约 640MW,水电开发利用率为 39%,开发程度较低。根据目前已有资料,科特迪瓦主要的已建水电站情况如表 15 - 3 所示。

表 15 - 3   科特迪瓦已建水电站情况

序　号	水　电　站	装机容量/MW	发电量/(GW·h)	投产年份	所在流域
1	科苏(Kossou)	210	530	1978	邦达马河
2	布约(Buyo)	165	770	未知(已建)	萨桑德拉河
3	Ayamé 1	20		未知(已建)	
4	Ayamé 2	30		未知(已建)	
5	Taabo	210		未知(已建)	
6	Grah	5		未知(已建)	
合　　计		640			

几内亚主要以水电开发为主,全国有三座水电站开展了大量的前期工作:一是位于上几内亚地区、尼日尔河的 Fomi 水电站,装机容量为 116MW,为世界银行贷款项目,处于可行性研究阶段,目前已完成 EAIA 工作、可研报告待审;二是位于下几内亚地区、孔库雷河的 Kaleta 水电站,装机容量 170MW,现为中国水利电力对外总公司待建的 BOT 项目;三是位于下几内亚地区、孔库雷河的 Souapiti 水电站,装机容量 410MW,法国科恩贝利尔公司和中国水电工程顾问集团公司均对其开展了一定的前期工作。

至 2012 年,塞拉利昂已建水电站共有 3 座,分别为 Goma 水电站(6MW)、Bumbuna 水电站(50MW)以及多多水电站(6MW),总装机容量 62MW。

塞内加尔和毛里塔尼亚水力资源均不太丰富,境内均暂没有水电开发项目,两国目前水电能源供应均主要来源于塞内加尔河流域开发组织(OMVS)开发的马南塔里(Manantali)水电站。该水电站装机容量 200MW,每年约 30 的电力送往塞内加尔,约 22% 的电力分配至毛里塔尼亚。

马里水电资源丰富,技术可开发量约为 1250MW。根据目前收集的资料,马里实际开发利用的水能约 25%,75% 以上的水能尚未开发利用。截至 2013 年,马里已建水电站有 3 座,总装机容量 307MW,各电站情况表 15-4 所示。

表 15-4　　　　　　　　　　　马里已建水电站情况

序号	水电站	装机容量/MW	发电量/(GW·h)	投产年份	所在流域
1	塞林古(Selingue)	44		1982	尼日尔河
2	马南塔里	200	800	未知(已建)	塞内加尔河
3	费鲁(Felou)	63	340	2013	塞内加尔河
合　计		307		—	—

15.1.3　风能能源概况及开发现状

西非地区的风能资源主要集中在毛里塔尼亚、马里和塞内加尔。

尼日利亚风能资源一般。境内仅有一座已建风电场,即 Kastina 风电场,装机规模 10.175MW,由法国的 Vergnet 公司开发建设。

毛里塔尼亚风能资源十分丰富,但大部分地区被沙漠覆盖,无人居住,用电负荷极小。毛里塔尼亚首都努瓦克肖特和全国第二大城市努瓦迪布位于大西洋沿岸,区域周围风能资源丰富,80m 高度年平均风速约 7~9m/s。

马里北部为热带沙漠气候,干旱炎热。中部、南部为热带草原气候。马里的风能资源主要集中在北部的撒哈拉沙漠地区,该地区地势平坦开阔,其风速较大,80m 高度平均风速基本在 6~7m/s 以上,风向以东北风为主,风能资源储量较大。由于马里北部区域为沙漠地区,区域内人口稀少,经济落后,目前该地区风能资源暂未开发。马里南部和中部地区是尼日尔河宽广的低地,风能资源较贫乏,大部分地区在 5m/s 以下,部分地区为 3m/s 以下,不具备进行开发风电的条件。

塞内加尔的风能,也具有一定的潜力。尤其是达喀尔和圣路易沿海地区,其风速非常利于风力发电。

尼日尔、加纳境内尚无投运的风电场。

15.1.4　太阳能能源概况及开发现状

西部非洲大部分地区太阳能资源较丰富，年辐射量在 $5000MJ/m^2$ 以上，太阳能资源较丰富。根据美国国家航空航天局（NASA）提供的基础气象数据，得出西非经济共同体（CEDEAO）部分国家的太阳能开发潜力和地面 10m 高度气温等信息。显示数据为 22 年（1983—2005）观测的月平均和年平均数据，具体如表 15－5 所示。

表 15－5　　　　　　　　　西部非洲太阳能开发潜力

国　家	1月	2月	3月	4月	5月	6月	7月	8月	9月	10月	11月	12月	平均值
贝宁	5.57	6.15	6.18	6.22	5.94	5.34	4.8	4.61	5.01	5.64	5.8	5.76	5.58
多哥	5.61	5.88	5.8	5.66	5.4	4.84	4.44	4.22	4.58	5.18	5.5	5.53	5.21
佛得角	5.25	5.77	6.81	7.24	7.09	6.69	6.48	6.22	5.93	5.36	5.21	4.86	6.11
几内亚	5.72	6.25	6.46	6.43	5.93	5.35	4.94	4.8	5.05	5.24	5.44	5.6	5.59
几内亚比绍	5.41	5.94	6.58	6.84	6.58	5.64	5.21	4.95	5.05	5.15	5.32	5.21	5.65
加纳	5.61	5.8	5.88	5.74	5.47	4.88	4.55	4.38	4.55	5.19	5.4	5.38	5.23
科特迪瓦	5.95	5.8	5.79	5.62	5.32	4.66	4.36	4.26	4.33	4.71	4.83	5.14	5.02
利比里亚	5.17	5.33	5.35	5.12	4.35	4.33	3.99	3.94	4.25	4.57	4.7	4.35	4.71
马里	5.01	5.86	6.36	6.54	6.35	6.08	5.51	5.38	5.59	5.6	5.46	4.98	5.72
尼日尔	4.9	6.12	6.82	7.54	7.58	7.59	7.51	7.3	7.05	6.44	5.47	4.74	6.58
尼日利亚	5.88	6.09	6.27	6.06	5.58	5.05	4.44	4.19	4.73	5.31	5.98	5.86	5.44
塞拉利昂	5.45	5.94	6.05	5.72	5.16	4.69	4.3	4.09	4.55	4.79	4.78	5.13	5.04
塞内加尔	4.74	5.41	6.33	6.79	6.78	6.53	6.11	5.65	5.52	5.38	5	4.42	5.72
布基纳法索	5.16	6.03	6.35	6.43	6.39	5.94	5.6	5.28	5.54	5.78	5.56	5.09	5.75

尼日利亚太阳能资源较丰富，但目前开发程度较低，无规模化开发。

尼日尔太阳能利用规模较小，基本为小型离网式太阳能设施，用以为偏远农村提供家用电力；此外，太阳能电热水器被广泛利用，这也是该国利用太阳能最多的一个领域。

目前贝宁已在部分地区实行村庄太阳能项目。

加纳正在逐步利用丰富的太阳能资源进行农村离网供电开发，光热系统也逐步进入城市住户和工业，但并网光伏发电暂未进行开发。

塞拉利昂太阳能资源丰富，目前暂未建有太阳能电站。塞拉利昂太阳能发电利用的市场前景较好。

塞内加尔从 2004 年起就开始在电网未到地区的居民家庭安装离网太阳能电站。暂没有建成的并网光伏电站。

马里政府结合本国特点和需要，大力研究太阳能，在利用这一新能源发展生产和改善人民生活方面，取得了可喜成果。1981 年，马里全国已有十多个太阳能水泵在运转，成百个太阳能热水器、蒸馏器和太阳灶装备在一些工厂、医院、学校和家庭中。1979 年在马里北部的迪尔地区建成迪尔太阳能发电站，电站装机容量 65kW。2008 年年底，荷兰通过 PSOM 计划援助修建的 Kimparana 地区 72kW 光伏电站建设完成。

按照最新的发展中国家农村地区通电计划，2012 年非政府组织 FRES Netherlands 与其马里子公司 Yeelen Kura 将在马里安装六座离网光伏电站。六座电站中有五座的装机规模为 50kW，一座电站的装机量为 100kW，目前项目开发进度不详。

15.2 能源资源开发规划

1. 贝宁

为摆脱电力严重依赖国外进口的局面，贝宁政府一直致力于自给的进程，分别与尼日尔和多哥合作。1968 年 7 月 27 日，贝宁和多哥两国签署协议，由贝宁电力共同体（CEB）垄断管理两国的电力生产及运输，控制与之有关的设备安装；贝宁电力公司和多哥水电公司分别控制本国的水电销售。

贝宁在尼日尔河建设一个装机容量 26MW 的水电站。另外，在多哥、贝宁交界的莫诺河上筹建阿贾哈拉（Adjaralla）水电站，总容量 147MW。项目建成后将由多哥、贝宁两国共同拥有。近年来，随着多哥和贝宁用电需求增长、天然气价格的大幅上扬，多哥和贝宁两国的断电问题日益严重，阿贾哈拉水电站也因此成为两国亟待建设的基础设施项目。另外，贝宁还规划了 4 座水电工程：凯图（72MW）、奥鲁戈贝（42MW）、阿桑泰（36MW）水电站和 Batchanga（15MW）水电站。

贝宁电力共同体年发电能力为 4.7 亿 kW·h，占贝宁、多哥两国所需电力总量的 14%，其余 86% 的电力分别从加纳 VRA 公司、科特迪瓦的 CIE 公司和尼日利亚的 TCN 公司进口。为了在 2026 年前将电力自给率从目前的 14% 提高至 70%，贝宁电力共同体于 2009 年制定了投资战略规划，计划投资新的电力基础设施项目。同时，贝宁将加大再生新能源的开发和供应，主要有光电池、水力发电以及生物发电。

贝宁政府已充分认识到能源在社会经济发展中的重要性，并积极寻求外援，筹措实施能源战略；同时，采取行之有效的措施，鼓励私人企业在发电机组方面的投资；政府投入一定财力对现存的热电厂进行技术改造，挖潜增效；加快对国有水电公司的改制，逐步实现私有化；提高能源的合理使用率，积极探求新的电力生产模式（燃气轮机）等。

2. 多哥

由于该国与贝宁组成电力共同体，能源规划建设项目较少，规划水电装机 73.5MW，规划待建火电装机 100MW。

3. 几内亚

几内亚水电资源丰富，未来应以开发水电为主。可根据 2010 年 12 月中国水电工程顾问集团公司完成的《几内亚共和国 7 大流域 58 个站址水电规划报告》，并结合几内亚电网需求，有序地开发水电资源。

4. 加纳

（1）火电。确定建设火电装机 1070MW，规划待建火电装机 767.2MW。

（2）水电。沃尔特河的阿科松博和下游克蓬水电站一直以较低发电成本为加纳供电，因此加纳政府也加紧了本国其他水电项目的开发。目前加纳待开发水电装机容量 1355MW，其中沃尔特河及其支流 935MW，塔诺河规划装机约 143MW，塔诺河规划装机容量约 277MW。考虑 2013 年在建的布维水电站也投产运行后，仍有约 40% 的水电项目需要开发。

（3）风电。据报道，2011 年 12 月政府通过 GEDAP 工程在海岸线中段、Greater

Accra 和 Volta 地区设立了 60m 高度测风塔进行测风工作。据报道加纳规划 2014 年开发风电装机容量 50MW、2015 年开发装机容量 100MW。初步估算风电开发总装机容量 400MW。

（4）太阳能。据报道，已规划有装机容量为 2 个 5MW 的光伏电站和装机 155MW Nzema 光伏电站。初步估算并网光伏发电开发总装机容量 400MW。

5. 科特迪瓦

（1）火电。从科特迪瓦的能源资源分析，该国建设的配套火电机组以燃油、燃气机组为主，根据负荷预测及水电规划情况，建议至 2030 年前建设 1000～1500MW 火电机组。

（2）水电。根据现有最新资料，邦达马（Bandama）河、科莫埃（Komoe）河、萨桑德拉（Sassandra）河上均规划有水电站，但未收集到各流域完整的水电规划资料。各流域规划的水电情况有：邦达马（Bandama）河目前收集到规划的水电站有 1 座，装机容量 51MW；科莫埃（Komoe）河目前收集到规划的水电站有 1 座，装机容量 90MW；萨桑德拉（Sassandra）河目前收集到规划的水电站有 4 座，装机容量 818MW。

（3）风电。科特迪瓦的风能资源贫乏，不具备进行开发风力发电的条件。

（4）太阳能。科特迪瓦太阳能资源丰富，现有能源以水电和火电为主，暂未建有太阳能发电站，太阳能发电利用的市场前景较好。建议对科特迪瓦进行太阳能发电利用规划咨询工作。

6. 马里

（1）火电。确定建设火电装机容量 156MW，规划待建火电装机容量 153MW。

（2）水电。根据现有最新资料，尼日尔河塞内加尔河上规划有水电站，但未收集到流域完整的水电规划资料。各流域规划的水电情况：尼日尔河目前收集到规划的水电站有 4 座，装机容量 77MW；塞内加尔河目前收集到规划的水电站有 5 座，装机容量 315MW。

（3）风电。马里暂未开展风能资源的开发利用规划，由于境内的风能资源条件总体一般，中部和南部人口集中的地区风能资源贫乏，无开发条件。根据该国的国情现状，北部沙漠地区的风能资源利用短期内也不具备条件。建议对该国进行风电规划咨询工作。

（4）太阳能。马里各地区均为开展太阳能发电利用规划，鉴于该国太阳能资源丰富，目前已建成有 2 座光伏电站，且欧洲德国、法国等国家已对马里的光伏市场进行投资，建议对马里进行全国范围内的太阳能规划咨询工作。

7. 毛里塔尼亚

（1）水电。由于塞内加尔河在毛里塔尼亚境内落差小，不适合进行水电资源的开发。毛里塔尼亚多数人以农业和畜牧业为生，经济基础薄弱，结构单一，农业产区主要集中在南部塞内加尔河流域的戈尔戈、夸迪马卡、布拉克纳和特拉扎等省。因此，可适当在塞内加尔河发展灌溉、航运、供水等水利项目。水电资源的开发主要在塞内加尔河上游的马里和几内亚境内，由塞内加尔河流域开发组织（OMVS）开发。

目前上游在建和规划的水电装机容量有 203MW，在建的有马里境内费鲁（Felou）水电站，规划的有马里境内古伊纳（Gouina）水电站。

（2）风电。目前根据报道风电在建及规划项目总装机容量 42MW，根据毛里塔尼亚电网负荷、风资源分布、交通、地势等，初步估算首都努瓦克肖特东北区域和全国第二大城市努瓦迪布东北区域，2030 年开发风电总装机容量 100MW。

（3）太阳能。目前根据报道在建、动工及规划光伏发电项目装机容量总计 33MWp，根据毛里塔尼亚电网负荷、光资源分布、交通、地势等，初步估算毛塔 2030 年开发光电总装机容量可达到 133MWp。

8. 尼日尔

（1）火电。2013 年 4 月 4 日，尼日尔古胡邦达重油发电站项目奠基仪式在尼日尔首都尼亚美市发电厂址现场隆重举行，该项目作为尼日尔的国家重点建设项目之一，是一个完全国际公开竞标的项目。项目总投资约 9500 万欧元，总装机容量为 100MW，工期 20 个月；项目将分两期建设，一期装机 80MW，其燃油将来自中石油在尼日尔建成的金德尔炼油厂。该项目建成后，将有效缓解尼日尔的用电紧张，对促进尼日尔国民经济的发展具有重大意义。

2013 年 6 月 20 日，尼日尔国塔瓦省 4×50MW 燃煤电站及配套输变电项目联营合同签约仪式在东北电力设计院举行。尼日尔国塔瓦省 4×50MW 燃煤电站及配套输变电项目是东北电力设计院与中国建筑组成联营体联合经营，共同总承包的一个电力项目。

（2）水电。Kandadji 水坝位于尼日尔首都尼亚美市西北约 180km 的尼日尔河干流上，地处蒂拉贝里（Tillabéri）大区蒂拉贝里（Tillabéri）省的 Kandadji 镇附近，具有综合利用效益，主要用于发电和供水，为尼日尔最大的水利枢纽工程，是尼日尔的"三峡"，目前已完成可行性研究。Kandadji 水电站工程大坝全长 8780m，最大坝高 28m，水库面积 282km^2，库容 16 亿 m^3，安装 4 台水轮发电机组，电站总装机容量 130MW，年发电量 629GW·h，工程总投资为 4.05 亿美元。

另外，在沿河区计划兴建的水电站还有 Gambou 水电站和 Dyodonga 水电站。Gambou 水电站装机容量 122.5MW，年发电量 528GW·h，工程总投资为 5.77 亿美元；Dyodonga 水电站装机容量 26MW，年发电量 112GW·h，工程总投资为 0.6 亿美元。

（3）风能。尼日尔风能资源条件一般，目前仅在西南部河流区域，计划在 2014 年建设一个装机规模为 30MW 的风电场，目前确切场址尚未确定。

（4）太阳能。尼日尔东北部的沙漠地区地势平坦开阔，人口密度较小，土地资源满足大型太阳能光伏电站建设条件，且该区域及阿伊尔群山区域基本为尼日尔境内太阳能最丰富地区，资源条件适宜开发。但目前阿伊尔群山以西至东北沙漠地区没有互联电网，无法满足大规模光伏电站的送出。因此，近中期规划应以阿伊群山西侧区域为主，伴随尼日尔社会经济的发展，待东北部电网条件的逐步建成完善及用电负荷的增加，在东北沙漠区域远景规划启动开发太阳能资源。

根据以上原则，现初拟重点开发光伏发电站如下：阿尔利特镇东侧约 5km 处，海拔 400～500m，总规划装机规模 200MW，先行在首期开发 10MW，后续根据电网建设的不断完善及用电负荷的进一步增加，分期分批开发本区域剩余太阳能资源。

从 2005 年起，尼日尔政府又推出了一项特别计划，旨在向农村偏远地区的居民提供经济实惠的太阳能光电，减少居民因生活需要而进行的砍伐，并取得了一定的经济效益和环境效益。

　　此外，尼日尔在西南部河流区规划有一个 50MW 的太阳能热电站，计划在 2014 年进行开发建设，目前确切场址尚未确定。

　　9. 尼日利亚

　　尼日利亚为促进"愿景 2020"（到 2020 年，GDP 超 9000 亿美元，人均 GDP 超 4000 美元，尼日利亚经济进入世界前 20 强）目标的达成，从 2011 年起，政府加快发展电力、交通运输等基础设施建设，贯彻私有化政策。尼日利亚几乎 30% 的国家预算投入到了能源和水电行业，因此能源及水电开发是该国最重要的行业。新的水电项目将开工，火电厂在补强加固过程中，尼日利亚能源开发市场前景一片广阔。

　　（1）火电。尼日利亚油气资源非常丰富，今后电力发展仍将主要以火电为主。根据西部非洲电网规划报告及初步预测，新增火电装机容量将达 35580MW。

　　（2）水电。尼日利亚境内水能资源丰富，水电开发前景广阔。在国内电力短缺问题十分严重的大背景下，多处较大规模水电站的建设提上开发日程。同时伴随尼日利亚电力私有化进程的加快，各流域内的小水电规划遍地开花，各州政府联系多个国家的水力开发技术单位进行可行性分析、项目承包等工作，同时积极吸引投资，小水电工程在尼日利亚蓬勃发展。

　　尼日利亚规划中的水电站项目大致如下：

　　1）曼比拉（Mambilla）水电站。该电站装机容量 3900MW，位于塔拉巴（Taraba）州。电站的可行性研究于 1985 完成。2005 年尼日利亚与中国签订谅解备忘录，2007 年与中国的葛洲坝集团公司和中国地质工程公司签订项目合作合同。

　　2）宗盖普（Zungeru）水电站。电站装机容量为 750MW，位于尼日尔州。2012 年尼日利亚政府投入了 3 亿美元的配套基金到项目中，其他的资金来源于中国进出口银行和伊斯兰开发银行，项目预计总投资达 14 亿美元。

　　3）古拉拉（Gurara）瀑布水电站。电站装机容量为 250MW，位于尼日尔州。2008 年，州政府与跨大西洋投资发展公司签订谅解备忘录，项目预计投资 4 亿美元。

　　4）卡齐纳阿拉水电站。电站装机容量为 450MW，位于贝努埃州。

　　5）基里（Kiri）水电站。该电站装机容量 35MW，位于贡戈拉（Gongola）河上。阿达马瓦州已获得了美国贸易发展署（USTDA）的资助进行项目可行性研究。

　　6）达德因科瓦（Dadin Kowa）自主水电站。电站装机容量为 34MW，大坝已于 1984 年完成。2005 年，贝努埃上游流域开发管理局为马博（Mabon）公司特批了 BOO 权限。

　　7）索科托（Sokoto）自主水电站，装机容量 30MW。索科托州与伏尔甘（Vulcan）资本管理签订了协议，但项目目前处于停滞阶段。

　　8）Challawan Goje 水电站，装机容量 25MW。2009 年，卡诺州政府与挪威绿色能源发展机构在 BOT 框架下签订谅解备忘录。目前，奥地利的水能机构为其提供技术咨询。

　　（3）风电。尼日利亚风能资源一般，开发程度也较低。现规划有两座风电场：①Kano 风电场，计划分两期进行开发，一期规划装机规模为 30MW，二期为 21MW，由尼日利亚的矿业公司 Sydney&Samuel 国际工程有限公司进行开发建设；②Maraban Pushit 风电场，总规划装机容量为 100MW，规划场址位于 Plateau 州。

　　（4）太阳能。尼日尔太阳能资源较丰富，但太阳能规模化开发建设成本较高，目前规划有三个太阳能发电站：①Kuru 太阳能电站，规划装机容量 5MW，规划场址位于

Plateau 州，目前开发建设许可由 Wedotebary Nigeria 有限公司获得；②Katsina 太阳能电站，规划装机容量 30MW，规划场址位于 Katsina 州北部；③Kaduna 太阳能电站，规划装机容量 30MW，由德国的 Helios 能源公司进行开发建设，州政府将提供 60hm^2 土地。

10. 塞拉利昂

（1）火电。近几年，塞拉利昂不断勘探发现油气田，但目前尚未见开采记录。在发展水电的同时，也将配套部分燃油、燃气的火电机组。

（2）水电。塞拉利昂主要有 8 条较大河流（2 条为界河，6 条在国内），均注入大西洋。两条界河分别是与几内亚的界河科伦泰河（Kollontai，又名 Great Scarcies River）和与利比里亚的界河马诺河（Mano）；其境内河流自西北向东南分别为卡巴河（Kaba）、塞利河（Seli）、几邦巴亚河（Gbangbaia）、潘帕拉河（Pampana）、塞瓦河（Sewa）和莫阿河（Moa），这些流域上初拟了 70 个梯级，总装机规模 2064.5MW。

根据各梯级开发条件、水库淹没情况，与国家公园、保护区及矿产分布关系，推荐了 50 个梯级电站，分别为卡巴河 8 个梯级、塞利河 8 个梯级、潘帕拉河 8 个梯级、赛瓦河 14 个梯级、莫阿河 7 个梯级、几邦巴亚河 2 个梯级、马诺河的支流曼诺艾河 3 个梯级。推荐的 50 个梯级总装机容量 1624MW，多年平均年发电量 7677GW·h，在东部省、北部省、南部省各分布有 13 个、23 个、14 个梯级。

（3）风电。塞拉利昂的风能资源贫乏，不具备进行开发风力发电的条件。

（4）太阳能。塞拉利昂太阳能资源丰富，现有能源以水电和火电为主，暂未建有太阳能发电站，太阳能发电利用的市场前景较好。

11. 塞内加尔

（1）水电。由于塞内加尔河在塞内加尔境内落差小，而塞内加尔又是一个农业国，因此塞内加尔河适合发展灌溉、航运、供水等水利项目，其水能资源开发主要在塞内加尔河上游的马里和几内亚境内。

目前上游在建和规划的水电装机容量 203MW，在建的有马里境内费鲁（Felou）水电站，规划的有马里境内古伊纳（Gouina）水电站。在塞内加尔境内南部冈比亚河上桑班加洛（Sambangalou）水电站装机容量 128MW，年发电量 402GW·h。

冈比亚河水电资源的开发初步了解到约有装机容量 128MW。塞内加尔河和冈比亚河由塞内加尔河流域开发组织（OMVS）和冈比亚河流域开发组织分别开发。

（2）风电。初步了解到，规划风电装机容量 185MW，其中 10MW 正在开工建设中，后续规划开发风电装机容量约 175MW。

（3）太阳能。初步了解到，规划光伏发电装机容量 45.5MWp。根据系统电网需求，电源结构及电力系统特点、光资源分布、交通、谷歌地图、可利用面积等，估算初步开发的总装机容量 200MWp。

16 西部非洲电力系统现状及其发展规划

16.1 电力系统现状

16.1.1 电力系统发展现状

16.1.1.1 概述

1975 年 5 月西部非洲 15 个主要国家组织成立了西非国家经济共同体（ECOWAS），总部设在尼日利亚阿布贾。15 个成员国同意调配必要的资源，以使西部非洲国家经济共同体能够实现区域经济发展和协调的目标。多年来，几乎所有 ECOWAS 的成员国都面临着能源短缺的问题，表现为不断的甩负荷和供电无保障，或采取每周轮流供电的措施限制用电，严重影响了社会经济的快速发展。在 ECOWAS 成员国中，只有 4 个成员国的电力覆盖率超过 20%。❶

西部非洲水力资源丰富，并有丰富的化石燃料储量，但是几乎都没有被有效地利用。据估算西部非洲水力发电的潜在容量是 26860MW，而已建成的水电装机容量仅有 4325MW；另外，尼日利亚、科特迪瓦以及加纳还有大量的尚未被充分开发的天然气资源。西部非洲干湿季节泾渭分明，因此加纳的电力供应由于主要依靠水力发电而常常在降雨量不足时受到影响。而尼日利亚大量的天然气资源如果用于发电则不用担心会受到天气影响，但是却因被大量出口而不能用于发电生产❷。

为制定和协调一个区域的能源政策，在西非国家经济共同体的主持下，1999 年 ECOWAS 的 15 个成员国中 14 个成员国组织成立了西非电力联营机构（WAPP），其任务就是鼓励增加发电和输电基础设施，并协调 ECOWAS 成员国之间的电力交换，该机构于 2006 年基本完善。

WAPP 电力系统包括 2 个地理区，即 A 区和 B 区，每个区有自己互联的电力系统，这便于进行地区级的电力贸易。

WAPP 电力系统 A 区成员国有科特迪瓦、加纳、多哥、尼日利亚、尼日尔、布基纳法索和贝宁。这些国家的电力系统目前已与跨边界的高压互联网相联。

WAPP 电力系统 B 区成员国有马里、塞内加尔、几内亚、几内亚比绍、冈比亚、利比里亚和塞拉利昂。现有唯一一条跨界互联输电线路架设于塞内加尔、马里和毛里塔尼亚之间，由装机容量为 200MW 的马南塔利（Manantali）电站供电，该电站在塞内加尔河流域开发组织（OMVS）的管辖范围内，由马南塔利管理公司（SOGEM）管理运营。

---

❶ ［冈比亚］W·克洛茨，西非电力联合体的水电开发现状，水利水电快报，2010 年 9 月，第 31 卷第 9 期。

❷ http://www.gasandoil.com/news/2002/05/nta21822。

目前，WAPP 成员国的电力部门仅向不到 30% 的人口供电，该地区最高电力负荷约为 7100MW，其中约 85% 的电力由尼日利亚、加纳和科特迪瓦三大主要电力输出国提供（仅尼日利亚就占了近 60%）。这些数字表明，能源行业已严重滞后于经济发展和电力需求，而各个国家的发展又是极不平衡的，特别是在 B 区。由于战争和内乱，塞内加尔的电力线路曾一度被中断，塞拉利昂、利比里亚、几内亚比绍、几内亚的电力系统也曾陷于瘫痪，这种不稳定的政治局面已经打乱了电力行业的正常规划和发展。

在西部非洲，许多国家的电网都实现了联接，马里、毛里塔尼亚和塞内加尔等塞内加尔河沿岸国家修建了马南塔里大坝，同时还建设了配套的将达喀尔、巴马科和努瓦克肖特联接起来的电力网络。在靠近几内亚湾的国家中，次地区间的合作使科特迪瓦、多哥、贝宁和加纳的电网实现了联接。目前，西部非洲电力系统运行的最高电压等级线路为 330kV，尼日利亚—贝宁—多哥—加纳的 330kV 跨国输电项目已部分建成。

虽然西部非洲电力联营机构（WAPP）和西部非洲天然气管线（WAGP）工程尚在建设初期，但是它们的成功将为电力出口到西部非洲任何其他地区打下基础。这将彻底改革该地区的能源部门，并有利于实现非洲发展新伙伴关系（NEPAD）的地区化目标。

目前，西部非洲地区电力工业发展主要存在以下问题。

（1）电力行业投入不足。西部非洲各国电力行业投入不足使得装机容量不能满足用电需求增长的需要，表现在电网拉闸限电、电网覆盖率低，电力设备带病运行、电网损耗高，火电发电效率低等。

（2）电源装机不足。西部非洲的电力工业十分落后，电源建设严重滞后。从 2000—2010 年期间西部非洲电源装机容量增加缓慢。由于西部非洲发电厂管理运行水平低，火电发电效率低，各国的发电效率在 13.8%~51.8% 之间，使得发电成本高。

（3）电网结构薄弱。多数国家现有电网极其薄弱，除首都和几个大区城市由电网公司供电外，其他县城、村庄基本是无网也无电，电网覆盖率低。由于电网电压等级低，结构薄弱，送电距离长，电网运行损耗高。

（4）电力设备陈旧并缺乏维修。西部非洲许多国家电力公司效益差，加之管理不善，设备陈旧并缺乏维修，从而加剧了电力供需矛盾。由于发电设备年久失修，故障率高，使电源本来就十分不足的国家电力公司频繁拉闸限电，从而加剧了该国电力供需矛盾。

（5）电价体制和电网管理体制等因素制约了电力行业的发展。

由于电价体制和电网管理体制的问题，销售电价低于成本，非技术性损耗大，电费回收困难等原因，严重制约了电力行业的可持续发展。

16.1.1.2 电源现状

2012 年西部非洲地区电源装机总容量约为 14222.2MW，其中水电装机 4325.4MW，火电（含燃煤、燃气、燃油机组）装机 9851.4MW，以及极少量的新能源发电。现有电源以火电为主，主要集中在东部的尼日利亚（火电装机约 6477MW，占西部非洲火电总装机的 66%），另外加纳、科特迪瓦和塞内加尔火电装机规模也超过 500MW。目前开发的水电主要集中在加纳、科特迪瓦、马里和尼日利亚，上述国家的水电装机容量分别为 1072MW、640MW、307MW 和 1860MW，其余国家的水电装机容量均较小。有的国家目前还未开发水电，如尼日尔、利比里亚和几内亚比绍等。西部非洲国家 2012 年电力系统现状统计如表 16-1 所示。

表 16-1　　　　　　　　西部非洲国家 2012 年电力系统现状

国家	装机容量/MW				年发电量/(GW·h)				最大负荷/MW	跨国送受电情况
	合计	火电	水电	其他	合计	火电	水电	其他		
贝宁	66.4	0	66.4	0	170	0	170	0	217	
多哥	281	216	65	0				0	169	从加纳和科特迪瓦进口
佛得角	123.5	78	0	45.5				0	120	
几内亚	242.9	115.3	127.6	0	614.9	610.2	4.7	0	139	
几内亚比绍	5.2	5.2	0	0				0	29	
加纳	2267	1195	1072	0				0	207	
科特迪瓦	1240	600	640	0	5728	3235	2493	0	945	出口到加纳、贝宁、布基纳法索、多哥等国家
利比里亚	12.6	12.6	0	0				0	6	从科特迪瓦购电
马里	432	125	307	0			1338	0	192	
毛里塔尼亚	150	120	30	0				0	120	
尼日尔	104.7	104.7	0	0	180	180	0	0	93	购电 260GW·h
尼日利亚	8337	6477	1860	0				0	4146	
塞拉利昂	90.6	28.6	62	0				0	80	
塞内加尔	629	569	60	0				0	440	
布基纳法索	240.4	205	35.4	0			619.4			
合计	14222.2	9851.4	4325.4	45.5						

注　1. 表中数据主要来源于各国公布的电力系统数据，空白处暂无数据。
　　2. 由于缺乏资料，尼日利亚、尼日尔统计年份为 2008 年，多哥统计年份为 2009 年。

西部非洲有十分丰富的水电资源，但开发程度很低；除了尼日利亚等少数国家以外，西部非洲国家的火电厂很少利用本国的石油和天然气资源，而是依靠进口；虽然可再生能源资源丰富，但是开发利用水平很低。过去 30 年来，发电装机增长缓慢，增长速度不到其他发展中国家的一半，使得西部非洲地区与其他发展中国家甚至同等收入国家的差距进一步拉大。由于西部非洲发电厂管理运行水平低，火电发电效率低（各国的发电效率在 13.8%～51.8% 之间），这提高了发电成本。

16.1.1.3　电网现状

西部非洲现有输电网主要分布在南部地区，输电电压等级以 225kV 和 330kV 占主导地位，局部地区为 132kV 或 161kV，已基本形成覆盖整个西部非洲的主干网架。其中，330kV 输电线路覆盖了西部非洲东南部地区，主要在尼日利亚境内并连接到贝宁，加纳拥有一条 330kV 输电线。225kV 网络主要集中在西部非洲中西部地区，主要覆盖了塞内加尔北部、马里南部少部分地区，布基纳法索中西部一些地区以及科特迪瓦全境，并由科特迪瓦通过 225kV 线路向加纳供电。161kV 线路网络主要贯穿了加纳、多哥以及贝宁三个国家，其覆盖区域主要包括多哥、贝宁南部以及加纳全境，并且已经实现互联。132kV 电压等级的输电线路主要位于尼日尔、尼日利亚、布基纳法索以及马里南部，有的为放射状，有的形成环网，对较高电压等级的主干网给予了补充，增大了供电区域。

目前西部非洲的电网互联互通（电压等级＞100kV）现状如表 16-2 所示。

表 16-2 西部非洲电网互联互通现状

高压线路		长度/km	电压等级/kV	输送容量/(MV·A)
塞内加尔河流域开发组织互联线路		1200.0	225	250.0
Prestea(GHN)	Abobo(IC)	220.0	225	327.0
Akosombo(GHN)	Lome(TOG)	128.7	161	128.0
Akosombo(GHN)	Lome(TOG)	128.7	161	128.0
Ferkessedougou(IC)	Kodeni(BF)	221.8	225	327.0
Dapaong(TOG)	Bawku(GHN)	65.0	161	182.0
Nangbeto(TOG)	Bohicon(BEN)	80.3	161	120.0
Kid Hagou(TOG)	Avakpa(BEN)	54.0	161	105.0
Kara(TOG)	Diougou(BEN)	58.0	161	120.0
Ikeja West(NIG)	Sakete(BEN)	75.0	330	686.0
Birnin(NIG)	Niamey(NIGER)	252.0	132	84.6
Katsina(NIG)	Gazaoua(NIGER)	72.0	132	84.6

另有区域 B 内 225kV OMVS 互联线路，该线路将 Manantali 水电站（位于马里）电力外送至塞内加尔、马里和毛里塔利亚。该单回路线路总长 1200km，其中 945km 位于塞内加尔境内。同时，这条线路使得在建的新水电站项目 Felou（60MW）电力能够逐级外送。未来，为满足 Goulia 水电站项目（2017 年投产）的送出，通往达喀尔的 225kV 网络需要进行加强。

区域 A 国家的电网能够通过他们之间的 330kV、225kV 和 161kV 互联线路同步运行，这些国家包括布基纳法索、科特迪瓦、加纳、多哥和贝宁。

从西部非洲地区现有输电网互联情况可以看出，西部非洲电网覆盖并不全面，并且还没有完全实现各国之间的网络互联，西部非洲北部几乎没有输电网络覆盖，主要的输电网络都集中在几个南部国家，如尼日利亚、加纳以及科特迪瓦等国，线路电压等级较低，传送距离长，因此发展潜力很大。

16.1.1.4 电力需求现状

据初步统计，2012 年西部非洲地区的用电量约为 42263GW·h，其中尼日利亚用电量为 25524GW·h，占整个西部非洲用电量的 60.4%。目前年用电量超过 500GW·h 的国家有贝宁、多哥、佛得角、几内亚、加纳、科特迪瓦、马里、毛里塔尼亚、尼日尔、尼日利亚、塞内加尔和布基纳法索。

表 16-3 为 2000—2008 年西部非洲主要国家历史用电情况。除几内亚、科特迪瓦 2 个国家的相关用电量的历史数据源自国家电力公司以外，其他国家电力需求历史数据均源自世界银行网站，所有数据均截止到 2008 年。

表 16-3　　　　　　　　　　　西部非洲主要国家历史用电情况统计

国家名称	项　目	2000年	2001年	2002年	2003年	2004年	2005年	2006年	2007年	2008年	平均增长率/%		
											2000—2005年	2005—2008年	2000—2008年
贝宁	(1)电量/(GW·h)	399	435	498	486	545	589	602	630	661			
	增长率/%		9.0	14.5	−2.4	12.1	8.1	2.2	4.7	4.9	8.1	3.9	6.5
	(2)负荷/MW	72.5	79.1	90.5	83.8	99.1	107.1	109.5	114.5	120.2			
	(3)利用小时/h	5500	5500	5500	5800	5500	5500	5500	5500	5500			
	(4)人均用电量/(kW·h·a⁻¹)	61	65	72	68	74	77	76	78	79			
	(5)电力消耗弹性系数		1.8	3.2	−0.6	3.9	2.8	0.5	1.0	1.0			
多哥	(1)电量/(GW·h)	469	501	500	549	587	614	625	606	638			
	增长率/%		6.8	−0.2	9.8	6.9	4.6	1.8	−3.0	5.3	5.5	1.3	3.9
	(2)负荷/MW	85.3	91.1	90.9	99.8	106.7	111.6	113.6	110.2	116.0			
	(3)利用小时/h	5500	5500	5500	5500	5500	5500	5500	5500	5500			
	(4)人均用电量/(kW·h·a⁻¹)	98	102	99	106	111	114	113	107	110			
	(5)电力消耗弹性系数		−34.1	0.0	3.6	2.3	3.8	0.4	−1.3	2.2			
佛得角	(1)电量/(GW·h)	121.6	124.6	141.4	155.2	170.6	185.9	188.1	192.4	200.4			
	增长率/%		2.4	13.5	9.8	9.9	9.0	1.2	2.3	4.2	8.9	2.5	6.4
	(2)负荷/MW	22.1	22.7	25.7	28.2	31.0	33.8	34.2	35.0	36.4			
	(3)利用小时/h	5500	5500	5500	5500	5500	5500	5500	5500	5500			
	(4)人均用电量/(kW·h·a⁻¹)	278	280	312	337	365	393	393	398	411			
	(5)电力消耗弹性系数		0.6	2.9	1.6	−14.2	0.8	0.1	0.3	0.7			
几内亚	(1)电量/(GW·h)	601	649.9	703.1	583.2				608.6				
	增长率/%												
	(2)负荷/MW								116.0				0.2
	(3)利用小时/h								5247				
	(4)人均用电量/(kW·h·a⁻¹)								64				
	(5)电力消耗弹性系数												
几内亚比绍	(1)电量/(GW·h)	60	60	60	61	63	64	66	70	69.8			
	增长率/%		0.0	0.0	1.7	3.3	1.6	3.1	6.1	−0.3	1.3	2.9	1.9
	(2)负荷/MW	10.9	10.9	10.9	11.1	11.5	11.6	12.0	12.7	12.7			
	(3)利用小时/h	5500	5500	5500	5500	5500	5500	5500	5500	5500			
	(4)人均用电量/(kW·h·a⁻¹)	48	47	47	46	47	47	47	49	48			
	(5)电力消耗弹性系数		0.0	0.0	16.7	4.7	0.4	1.5	1.9	−0.1			

国家名称	项目	2000年	2001年	2002年	2003年	2004年	2005年	2006年	2007年	2008年	平均增长率/%		
											2000—2005年	2005—2008年	2000—2008年
加纳	(1)电量/(GW·h)	6332	6607	6262	4645	4651	5337	6612	5614	6252			
	增长率/%		4.3	−5.2	−25.8	0.1	14.7	23.9	−15.1	11.4	−3.4	5.4	−0.2
	(2)负荷/MW	1151.3	1201.3	1138.5	844.5	845.6	970.4	1202.2	1020.7	1136.7			
	(3)利用小时/h	5500	5500	5500	5500	5500	5500	5500	5500	5500			
	(4)人均用电量/(kW·h·a⁻¹)	330	337	311	225	220	247	298	247	269			
	(5)电力消耗弹性系数		1.1	−1.2	−5.0	0.0	2.5	3.7	−2.3	1.4			
科特迪瓦	(1)电量/(GW·h)	3539	3716	3712	3736	3960	4133	4445	4705	5039			
	增长率/%		5.0	−0.1	0.6	6.0	4.4	7.5	5.8	7.1	3.2	6.8	4.5
	(2)负荷/MW	707.8	743.2	742.4	606.0	792.0	826.6	889.0	941.0	1007.8			
	(3)利用小时/h	5000	5000	5000	6165	5000	5000	5000	5000	5000			
	(4)人均用电量/(kW·h·a⁻¹)	213.4	220.0	216.1	214.0	223.3	229.3	242.6	252.3	265.4			
	(5)电力消耗弹性系数		0.6	−0.5	0.9	0.8	11.5	3.1	3.0				
利比里亚	(1)电量/(GW·h)	305	305	305	305	305	305	305	305	353			
	增长率/%		0	0	0	0	0	0	0	0.2	0	5.0	1.8
	(2)负荷/MW	55.5	55.5	55.5	55.5	55.5	55.5	55.5	55.5	64.3			
	(3)利用小时/h	5500	5500	5500	5500	5500	5500	5500	5500	5500			
	(4)人均用电量/(kW·h·a⁻¹)	107	104	102	100	99	96	92	88	97			
	(5)电力消耗弹性系数												
马里	(1)电量/(GW·h)	821	821	821	821	821	821	821	821	821			
	增长率/%		0	0	0	0	0	0	0	0	0	0	0
	(2)负荷/MW	149.3	149.3	149.3	149.3	149.3	149.3	149.3	149.3	149.3			
	(3)利用小时/h	5500	5500	5500	5500	5500	5500	5500	5500	5500			
	(4)人均用电量/(kW·h·a⁻¹)	73	71	68	66	64	62	60	59	57			
	(5)电力消耗弹性系数												
毛里塔利亚	(1)电量/(GW·h)	477.1	477.1	477.1	477.1	477.1	477.1	477.1	477.1	477.1			
	增长率/%		0	0	0	0	0	0	0	0	0	0	0
	(2)负荷/MW	86.8	86.8	86.8	86.8	86.8	86.8	86.8	86.8	86.8			
	(3)利用小时/h	5500	5500	5500	5500	5500	5500	5500	5500	5500			
	(4)人均用电量/(kW·h·a⁻¹)	181	175	170	166	161	157	152	149	145			
	(5)电力消耗弹性系数												
尼日尔	(1)电量/(GW·h)	407	407	407	407	407	407	407	407	440.2			
	增长率/%		0	0	0	0	0	0	0	0.1	0	2.7	1.0
	(2)负荷/MW	74.0	74.0	74.0	74.0	74.0	74.0	74.0	74.0	80.0			
	(3)利用小时/h	5500	5500	5500	5500	5500	5500	5500	5500	5500			
	(4)人均用电量/(kW·h·a⁻¹)	37	36	35	34	32	31	30	29	30			
	(5)电力消耗弹性系数												

续表

国家名称	项目	2000年	2001年	2002年	2003年	2004年	2005年	2006年	2007年	2008年	平均增长率/%		
											2000—2005年	2005—2008年	2000—2008年
尼日利亚	(1)电量/(GW·h)	9109	9476	13459	13444	16730	17959	15929	20328	19121			
	增长率/%		4.0	42.0	−0.1	24.4	7.3	−11.3	27.6	−5.9	14.5	2.1	9.7
	(2)负荷/MW	1656	1723	2447	2444	3042	3265	2896	3696	3477			
	(3)利用小时/h	5500	5500	5500	5500	5500	5500	5500	5500	5500			
	(4)人均用电量/(kW·h·a⁻¹)	74	75	104	101	123	128	111	138	127			
	(5)电力消耗弹性系数		1.3	28.0	0.0	2.3	1.4	−1.8	4.3	−1.0			
塞拉利昂	(1)电量/(GW·h)	70.3	70.3	70.3	70.3	70.3	70.3	70.3	70.3	86.4			
	增长率/%		0	0	0	0	0	0	0	0.2	0	7.1	2.6
	(2)负荷/MW	14.1	14.1	14.1	14.1	14.1	14.1	14.1	14.1	19.4			
	(3)利用小时/h	5000	5000	5000	5000	5000	5000	5000	5000	4458			
	(4)人均用电量/(kW·h·a⁻¹)	17	16	16	15	14	14	13	13	15			
	(5)电力消耗弹性系数												
塞内加尔	(1)电量/(GW·h)	1005	1250	1515	1344	1517	1777	1816	2151	1932			
	增长率/%		24.4	21.2	−11.3	12.9	17.1	2.2	18.4	−10.2	12.1	2.8	8.5
	(2)负荷/MW	182.7	227.3	275.5	244.4	275.8	323.1	330.2	391.1	351.3			
	(3)利用小时/h	5500	5500	5500	5500	5500	5500	5500	5500	5500			
	(4)人均用电量/(GW·h·a⁻¹)	120	148	176	154	171	197	197	229	202			
	(5)电力消耗弹性系数		5.3	30.3	−1.7	2.2	3.1	0.9	3.8	−3.1			
合计	(1)电量/(GW·h)	23716.1	24899.9	28930.9	27083.8	30304.0	32739.3	32363.5	36376.8	36700.2			
	增长率/%		5.0	16.2	−6.4	11.9	8.0	−1.1	12.4	0.9	6.7	3.9	5.6
	(2)负荷/MW	4268.4	4477.9	5201.1	4741.7	5583.1	6029.0	5966.4	6700.8	6773.4			
	(3)利用小时/h		4.9	16.1	−8.8	17.7	8.0	−1.0	12.3	1.1	7.2	4.0	5.9
	(4)人均用电量/(GW·h·a⁻¹)	5556	5561	5562	5712	5428	5430	5424	5429	5418			
	(5)电力消耗弹性系数	107	110	125	114	124	131	126	138	136			

注 缺乏布基纳法索历史数据。

表 16-3 统计结果显示，2005 年西部非洲地区用电量为 32739.3GW·h，2000—2005 年用电量平均以 6.7％的速度递增；2008 年西部非洲地区用电量为 36700.2GW·h，2005—2008 年平均以 3.9％的速度递增，2000—2008 年平均以 5.6％的速度递增。其中 2000—2008 年用电量平均增长速度超过 5％的国家有尼日利亚、塞内加尔、贝宁和佛得角。2008 年尼日利亚用电量占西部非洲的 52.1％，加纳、科特迪瓦和塞内加尔 3 国用电量占西部非洲地区的 36％。

16.1.2 电力工业发展前景

西部非洲地区电力工业发展的一些基本情况如下。

（1）电力行业投入长期不足，发电装机容量增长缓慢，电网极其薄弱，阻碍了西部非洲经济的发展。公民受教育程度低，技术工人缺乏，电力设施的维护管理能力差，拖欠电费严重，也是制约电力行业发展的一大因素。

（2）电力工业发展水平不高，且极不平衡，经济较发达的西部非洲东部地区（A 区）电力工业相对较好，最高运行电压为 330kV，正在实施跨国的 330kV 联网工程，而西部非洲西部地区相对落后，最高运行电压只有 225kV，且多为孤立小网。

（3）西部非洲地区资源丰富，各国政府都在力求依托本国资源振兴国家经济，而落后的电力工业成为制约经济发展的瓶颈。加之设备陈旧，年久失修，故障频繁，可用率低，进一步加剧了供需矛盾，拉闸限电、轮流供电已成常态。

（4）西部非洲地区经济要发展，电力工业必须要先行的道理已经成为西部非洲多数国家总统和政府的共识。他们正在采取一系列政策措施，例如政府立法、电力体制改革、打破垄断、加大政府投资、制定若干鼓励外商投资电力领域的优惠政策等来加快电力工业的发展，提高管理水平，加大电费回收力度，促进电力工业良性的、可持续的发展，从而推动各国经济的快速发展和民生的改善。

16.2　电力市场需求分析

进入 21 世纪以来，非洲国家经济发展步入平稳增长的轨道，这种势头虽然因国际金融危机的爆发而减缓，但并没有逆转。而自然资源丰富的西部非洲无疑是非洲最具活力的地区之一，尼日利亚、加纳、利比里亚是其中的佼佼者。西部非洲地区受到越来越多的国际关注，成为一片吸引投资的热土。目前，外国公司对西部非洲地区的投资主要集中在铁矿石、铝矾土和石油、天然气等资源类行业。西部非洲地区都是落后的农业国，工业化水平低下，制造业极不发达，经济结构雷同，产品结构相似，主要以生产农产品和矿产品为主。区内各国经济竞争性大于相互间的经济互补性，区内经济对区外经济构成严重依赖，存在区外经济体加强与之合作的客观基础。

本书在 WAPP 电力发展规划报告的研究成果的基础上，对 2030 年以前西部非洲地区的电力系统需求情况进行预测，结果如表 16-4 所示。

表 16-4　　　　　　　　　　西部非洲电力系统需求预测

国家名称	项　　　目	2012 年（实绩）	2015 年	2020 年	2025 年	2030 年	平均增长率/%			
							2012—2015 年	2015—2020 年	2015—2025 年	2025—2030 年
贝宁	用电量/(GW·h)	1333	1723	2229	2928	3478	8.9	5.3	5.6	3.5
	负荷/MW	217	281	364	477	567	9.0	5.3	5.6	3.5
	利用小时/h	6143	6132	6124	6138	6138				
多哥	用电量/(GW·h)	1035	1608	2257	2965	3521	15.8	7.0	5.6	3.5
	负荷/MW	169	262	368	484	575	15.7	7.0	5.6	3.5
	利用小时/h	6124	6137	6133	6126	6126				

续表

国家名称	项　目	2012年（实绩）	2015年	2020年	2025年	2030年	平均增长率/%			
							2012—2015年	2015—2020年	2015—2025年	2025—2030年
佛得角	用电量/(GW·h)	560	655	856	1057	1207	5.4	5.5	4.3	2.7
	负荷/MW	120	140	183	224	254	5.3	5.5	4.1	2.5
	利用小时/h	4667	4667	4689	4711	4758				
几内亚	用电量/(GW·h)	608	1131	6699	7385	7956	23.0	42.7	2.0	1.5
	负荷/MW	139	216	1013	1122	1222	15.8	36.2	2.1	1.7
	利用小时/h	4374	5236	6613	6582	6509				
几内亚比绍	用电量/(GW·h)	141	167	1007	1159	1286	5.8	43.2	2.9	2.1
	负荷/MW	29	35	164	195	221	6.5	36.2	3.5	2.6
	利用小时/h	4862	4771	6140	5944	5810				
加纳	用电量/(GW·h)	1014	1279	2491	3118	3786	8.0	14.3	4.6	4.0
	负荷/MW	207	262	467	594	730	8.2	12.3	4.9	4.2
	利用小时/h	4899	4882	5334	5249	5183				
科特迪瓦	用电量/(GW·h)	5859	6990	8574	10369	11618	6.1	4.2	3.9	2.3
	负荷/MW	945	1127	1382	1672	1873	6.0	4.2	3.9	2.3
	利用小时/h	6200	6202	6204	6202	6202				
利比里亚	用电量/(GW·h)	34	180	5237	5705	5809	74.3	96.2	1.7	0.4
	负荷/MW	6	34	762	833	853	78.3	86.2	1.8	0.5
	利用小时/h	5667	5294	6873	6849	6810				
马里	用电量/(GW·h)	1098	1434	3085	3665	4106	9.3	16.6	3.5	2.3
	负荷/MW	192	249	497	591	662	9.1	14.8	3.5	2.3
	利用小时/h	5719	5759	6207	6201	6201				
毛里塔尼亚	用电量/(GW·h)	600	720	1060	1350	1600	6.3	8.0	5.0	3.5
	负荷/MW	120	145	215	271	320	6.5	8.2	4.7	3.4
	利用小时/h	5000	4966	4930	4982	5000				
尼日尔	用电量/(GW·h)	511	584	745	928	1157	4.5	5.0	4.5	4.5
	负荷/MW	93	106	135	169	210	4.5	5.0	4.5	4.5
	利用小时/h	5500	5500	5500	5500	5500				
尼日利亚	用电量/(GW·h)	25524	65178	83159	106415	123364	36.7	5.0	5.1	3.0
	负荷/MW	4162	10629	13562	17110	20029	36.7	5.0	4.8	3.2
	利用小时/h	6133	6132	6132	6219	6159				
塞拉利昂	用电量/(GW·h)	512	1381	5982	6182	6438	39.2	34.1	0.7	0.8
	负荷/MW	80	346	1060	1114	1214	62.9	25.1	1.0	1.7
	利用小时/h	6400	3990	5644	5550	5302				

国家名称	项　　目	2012 年（实绩）	2015 年	2020 年	2025 年	2030 年	平均增长率/%			
							2012—2015 年	2015—2020 年	2015—2025 年	2025—2030 年
塞内加尔	用电量/(GW·h)	2561	3428	4623	5806	6731	10.2	6.2	4.7	3.0
	负荷/MW	440	575	776	975	1130	9.3	6.2	4.7	3.0
	利用小时/h	5820	5962	5957	5955	5955				
布基纳法索	用电量/(GW·h)	873	1112	1484	1959	2500	8.4	5.9	5.7	5.0
	负荷/MW	178	227	303	399	509	8.4	5.9	5.7	5.0
	利用小时/h	4904	4899	4898	4910	4910				
合计	用电量/(GW·h)	42263	87570	129488	160992	184557	27.5	8.1	4.5	2.8
	负荷/MW	7639	14634	21251	26230	30372	24.2	7.7	4.3	3.0

预计 2015 年西部非洲地区全社会用电量约 87570GW·h，最大负荷约 14634MW，2012—2015 年电量和负荷平均增长率分别为 27.5% 和 24.2%。

预计 2020 年西部非洲地区全社会用电量约 129488GW·h，最大负荷约 21251MW，2015—2020 年电量和负荷平均增长率分别为 8.1% 和 7.7%。

预计 2025 年西部非洲地区全社会用电量约 160991GW·h，最大负荷约 26230MW，2020—2025 年电量和负荷平均增长率分别为 4.5% 和 4.3%。

预计 2030 年西部非洲地区全社会用电量约 184559GW·h，最大负荷约 30372MW，2025—2030 年电量和负荷平均增长率分别为 2.8% 和 3.0%。

16.3　电源建设规划

西部非洲 2013—2030 年电源建设规划总体情况如表 16-5 所示。

表 16-5　　　　　　　　　西部非洲电源建设规划表　　　　　　　　单位：MW

项　　目	水　电	火　电	风　电	太阳能	小　计
2013—2020 年新增装机容量	4703	23535	390	544	29172
2020—2030 年新增装机容量	8949	21352	548	435	31284
合　　计	13652	44887	938	979	60456

16.4　电力平衡分析

16.4.1　电力平衡主要原则

结合负荷预测水平、电源规划建设情况等因素，电力平衡主要原则考虑如下：

（1）计算水平年取 2020 年、2030 年。

（2）平衡中考虑丰水期和枯水期两种方式。

（3）结合西部非洲地区负荷特性，各区域枯水期负荷按最大负荷考虑；丰水期负荷为枯水期负荷的 0.97。

（4）系统备用容量按最大负荷的 15% 考虑。

（5）丰水期水电机组出力按装机容量考虑，火电（含燃煤、燃气、燃油）机组考虑部分检修，按装机容量的 70% 出力考虑。

（6）枯水期水电机组出力按装机容量的 30% 考虑，火电机组满发计。

（7）由于风电和太阳能发电出力具有不确定性，因此在电力平衡中不予考虑。

16.4.2 西部非洲电力平衡分析

西部非洲区域电力平衡结果如表 16-6 所示。

由表 16-6 电力平衡结果可看出，西部非洲规划电源投产后，2020 年最大电力盈余约 11651MW；2030 年最大电力盈余约 25162MW。结合西部非洲各国负荷预测及电源规划情况具体看来：由于几内亚水电规划较多，枯水期基本能够满足国内电力需求，丰水期国内电网将无法全部消纳，因此需要加快建设几内亚相关的区域互联互通线路，将富余电力送出。几内亚比绍、布基纳法索电源装机规划较少，电网长期缺电，因此需要加快几内亚比绍、布基纳法索与其他国家的互联线路建设以及电源建设。科特迪瓦近期基本能够满足本国电力需求，但远期将出现电力缺口，需考虑加快建科特迪瓦电源建设，以满足其日益增长的电力需求。马里电网基本能够满足自身电力需求，所有电站装机满发时将有少量电力盈余，建议加快建设马里与周边电网的互联线路，同时合理配置水火电的建设容量。塞拉利昂、利比里亚近期电力缺额较大，随着水电等电源的逐步投产，远景将出现电力盈余。随着用电需求的不断增加，多哥的电源装机容量出现不足，需考虑从周边国家购电。尼日利亚水电、石油和天然气资源都很丰富，电力有较大盈余，可以送出至周边国家。尼日尔、塞内加尔由于规划的电源较多，因此存在一定的电力盈余，在满足国内电力需求的同时，可以向周边国家出口部分电力电量。佛得角规划的电源装机不能满足负荷的用电需求，电力缺额逐年增大。建议佛得角加快火电和新能源开发，以满足国内负荷增长需要、提高电网运行的稳定性。随着大型燃气/燃油机组的建设，贝宁电力能满足自身负荷需求，同时还有部分电力盈余，建议加强贝宁与周边国家的互联互通。由于加纳水电、石油和天然气资源都很丰富，随着规划的水电和火电装机的建设，丰水期基本能够有部分电力盈余，枯水期的时候有部分电力缺额。毛里塔尼亚缺电比较严重，建议加快区域电网互连互通工程。

表 16-6   西部非洲区域电力平衡   单位：MW

项　目	2020 年		2030 年	
	丰水期	枯水期	丰水期	枯水期
一、系统总需求	23705	24439	33880	34928
（1）最大负荷	20613	21251	29461	30372
（2）系统备用容量	3092	3188	4419	4556
二、电源装机	42373	42373	72674	72674
（1）水电	9028	9028	17977	17977
（2）火电	33345	33345	54697	54697
三、可用容量	32370	36053	56265	60090
（1）水电	9029	2709	17977.4	5393
（2）火电	23341	33344.7	38287.69	54696.7
四、电力盈亏（＋盈，－亏）	8664	11615	22385	25162

16.5 电网建设规划

西部非洲区域电网建设规划（含区域互联互通项目）变电工程汇总表和线路工程汇总表分别如表 16-7、表 16-8 和表 16-9 所示。

表 16-7　　　　　　西部非洲电网建设规划（含区域互联互通项目）

电压等级/kV	变电工程		线路工程	
	变电站/座	投资估算/亿美元	线路/km	投资估算/亿美元
760	12	120.0	2282	264.7
330	18	54.0	4172	242.0
225	18	28.8	4827	231.7
小计	48	202.8	12281	738.4

表 16-8　　　　　　西部非洲区域电网建设规划变电工程汇总表

序号	所在国家	变电站名称	投资估算/万元	电压等级/kV	投产年份
1	尼日利亚	Kano	100000	760	2013—2015
2	尼日利亚	Kaduna	100000	760	2013—2015
3	尼日利亚	ABUJA	100000	760	2013—2015
4	尼日利亚	Ajaokuta	100000	760	2013—2015
5	尼日利亚	Benin City	100000	760	2013—2015
6	尼日利亚	Port Harcourt	100000	760	2015—2020
7	尼日利亚	Oshogbo	100000	760	2015—2020
8	尼日利亚	Erunkan	100000	760	2015—2020
9	尼日利亚	Jalingo	100000	760	2020—2030
10	尼日利亚	Gombe	100000	760	2020—2030
11	尼日利亚	Mambilla	100000	760	2020—2030
12	尼日利亚	Makurdi	100000	760	2020—2030
760kV 变电站统计			1200000		
1	尼日尔	Dosso	30000	330	2013—2015
2	贝宁	Malanville	30000	330	2013—2015
3	尼日利亚	Sokoto	30000	330	2013—2015
4	加纳	Domini	30000	330	2013—2015
5	加纳	Prestea	30000	330	2013—2015
6	加纳	Kumasi	30000	330	2013—2015
7	尼日尔	Niamey	30000	330	2015—2020
8	尼日利亚	Kitsina	30000	330	2015—2020
9	尼日利亚	Maiduguri	30000	330	2015—2020
10	尼日利亚	Makurdi	30000	330	2015—2020
11	加纳	Techiman	30000	330	2015—2020
12	加纳	Daboya	30000	330	2015—2020
13	加纳	Kintampo	30000	330	2015—2020
14	尼日尔	Salkadamna	30000	330	2020—2030
15	贝宁	Bembereke	30000	330	2020—2030
16	科特迪瓦	Taabo	30000	330	2020—2030

续表

序号	所在国家	变电站名称	投资估算/万元	电压等级/kV	投产年份
17	加纳	Bolgatanga	30000	330	2020—2030
18	加纳	Yendi	30000	330	2020—2030
	330kV 变电站统计		540000		
1	塞内加尔	Birkelaoe	16000	225	2013—2015
2	塞内加尔	Tambacounda	16000	225	2013—2015
3	塞内加尔	Sambangalou	16000	225	2013—2015
4	几内亚	Kaleta	16000	225	2013—2015
5	塞拉利昂	Bumbuna	16000	225	2013—2015
6	利比里亚	Monrovia	16000	225	2013—2015
7	利比里亚	Buchanan	16000	225	2013—2015
8	利比里亚	Yekepa	16000	225	2013—2015
9	几内亚	Mansaba	16000	225	2015—2020
10	科特迪瓦	Boundiala	16000	225	2015—2020
11	马里	Sikasso	16000	225	2015—2020
12	塞内加尔	Tanaf	16000	225	2020—2030
13	塞内加尔	Ziguinchor	16000	225	2020—2030
14	冈比亚	Brikama	16000	225	2020—2030
15	几内亚比绍	Mansoa	16000	225	2020—2030
16	马里	Koutiala	16000	225	2020—2030
17	马里	Segou	16000	225	2020—2030
18	几内亚	Kerouane	16000	225	2020—2030
	225kV 变电站统计		288000		
	变电工程合计		2028000		

表 16 - 9　　　　　西部非洲区域电网建设规划线路工程汇总表

序号	线路起点	线路终点	线路长度/km	投资估算/万元	电压等级/kV	投产年份
1	尼日利亚 Kano	尼日利亚 Kaduna	206	238960	760	2013—2015
2	尼日利亚 Kaduna	尼日利亚 ABUJA	163	189080	760	2013—2015
3	尼日利亚 ABUJA	尼日利亚 Ajaokuta	186	215760	760	2013—2015
4	尼日利亚 Ajaokuta	尼日利亚 Benin City	179	207640	760	2013—2015
5	尼日利亚 Benin City	尼日利亚 Oshogbo	200	232000	760	2015—2020
6	尼日利亚 Oshogbo	尼日利亚 Erunkan	193	223880	760	2015—2020
7	尼日利亚 Benin City	尼日利亚 Omoku	157	182120	760	2015—2020
8	尼日利亚 Omoku	尼日利亚 Harcourt	71	82360	760	2015—2020
9	尼日利亚 Mambilla	尼日利亚 Jalingo	247	286520	760	2020—2030
10	尼日利亚 Jalingo	尼日利亚 Gombe	156	180960	760	2020—2030
11	尼日利亚 Ajaokuta	尼日利亚 Makurdi	203	235480	760	2020—2030

序号	线路起点	线路终点	线路长度/km	投资估算/万元	电压等级/kV	投产年份
12	尼日利亚 Makurdi	尼日利亚 Mambilla	321	372360	760	2020—2030
	760kV 线路统计		2282	2647120		
1	尼日利亚 Kitsina	尼日利亚 Kano	150	87000	330	2015—2020
2	尼日利亚 Gombe	尼日利亚 Maiduguri	285	165300	330	2015—2020
3	尼日利亚 Jos	尼日利亚 Makurdi	253	146740	330	2015—2020
4	尼日利亚 Makurdi	尼日利亚 New Haven	179	103820	330	2015—2020
5	尼日尔 Dosso	尼日尔 Niamey	131	75980	330	2015—2020
6	尼日利亚 Sokoto	尼日利亚 Birnin Kebbi	131	75980	330	2013—2015
7	尼日利亚 Birnin Kebbi	尼日尔 Dosso	129	74820	330	2013—2015
8	尼日尔 Dosso	贝宁 Malanville	133	77140	330	2013—2015
9	尼日利亚 Afam	尼日利亚 New Haven	176	102080	330	2013—2015
10	尼日利亚 Papalanto	贝宁 Sakete	101	58580	330	2013—2015
11	尼日利亚 Papalanto	尼日利亚 Aivsde	58	33640	330	2013—2015
12	加纳 Kumasi	加纳 Techiman	103	59740	330	2015—2020
13	加纳 Techiman	加纳 Kintampo	56	32480	330	2015—2020
14	加纳 Kintampo	加纳 Daboya	206	119480	330	2015—2020
15	贝宁 Sakete	加纳 Tema	260	150800	330	2013—2015
16	加纳 Cape Coast	加纳 Aboadze	55	31900	330	2013—2015
17	加纳 Aboadze	加纳 Domini 变电站	104	60320	330	2013—2015
18	加纳 Domini 变电站	加纳 Prestea	75	43500	330	2013—2015
19	加纳 Domini 火电站	加纳 Prestea	75	43500	330	2013—2015
20	加纳 Prestea	加纳 Kumasi	223	129340	330	2013—2015
21	尼日尔 Dosso	尼日尔 Salkadamna	221	128180	330	2020—2030
22	尼日利亚 Sokoto	尼日利亚 Kaduna	382	221560	330	2020—2030
23	尼日利亚 Jalingo	尼日利亚 Yola	125	72500	330	2020—2030
24	加纳 Daboya	加纳 Bolgatanga	134	77720	330	2020—2030
25	加纳 Daboya	加纳 Yendi	91	52780	330	2020—2030
26	贝宁 Bembereke	尼日尔 Kainji	207	120060	330	2020—2030
27	尼日利亚 Jalingo	尼日利亚 Yola	129	74820	330	2020—2030
	330kV 线路统计		4172	2419760		
1	科特迪瓦 Man	利比里亚 Yekepa	160	76800	225	2013—2015
2	利比里亚 Yekepa	利比里亚 Buchanan	253	121440	225	2013—2015
3	利比里亚 Buchanan	利比里亚 Monrovia	93	44640	225	2013—2015
4	利比里亚 Monrovia	塞拉利昂 Bumbuna	454	217920	225	2013—2015
5	塞拉利昂 Bumbuna	几内亚 Linsan	314	150720	225	2013—2015

序号	线路起点	线路终点	线路长度 /km	投资估算 /万元	电压等级 /kV	投产年份
6	几内亚 Linsan	几内亚 Kaleta	84	40320	225	2013—2015
7	几内亚 Kaleta(变电站)	几内亚 Kaleta(水电站)	41	19680	225	2013—2015
8	塞内加尔 Sambangalou	塞内加尔 Tambacounda	261	125280	225	2013—2015
9	塞内加尔 Birkelaoe	塞内加尔 Kaolac	17	8160	225	2013—2015
10	布基纳法索 Bobo Dioulasso	马里 Sikasso	150	72000	225	2015—2020
11	马里 Sikasso	马里 SBamako	291	139680	225	2015—2020
12	塞内加尔 Tambacounda	塞内加尔 Birkelaoe	227	108960	225	2015—2020
13	科特迪瓦 Werkessedougou	科特迪瓦 Boundiala	143	68640	225	2015—2020
14	科特迪瓦 Boundiala	科特迪瓦 Laboa	154	73920	225	2015—2020
15	几内亚 Linsan	塞内加尔 Sambangalou	294	141120	225	2015—2020
16	几内亚 Kaleta	几内亚比绍 Mansaba	362	173760	225	2015—2020
17	马里 Sikasso	马里 Koutiala	123	59040	225	2020—2030
18	马里 Koutiala	马里 Segou	143	68640	225	2020—2030
19	马里 Bamako	几内亚 Kangkang	315	151200	225	2020—2030
20	马里 Manantali	几内亚 Linsan	458	219840	225	2020—2030
21	几内亚 Nzebela	几内亚 Kerouane	88	42240	225	2020—2030
22	几内亚 Kerouane	几内亚 Kangkang	129	61920	225	2020—2030
23	几内亚比绍 Mansoa	几内亚比绍 Mansaba	29	13920	225	2020—2030
24	几内亚比绍 Mansaba	塞内加尔 Tanaf	50	24000	225	2020—2030
25	塞内加尔 Tanaf	塞内加尔 Ziguinchor	93	44640	225	2020—2030
26	塞内加尔 Kaolac	塞内加尔 Sendou	101	48480	225	2020—2030
225kV 线路统计			4827	2316960		
线路工程合计			11281	7383840		

16.6　区域电网互联互通规划

根据规划，WAPP 将逐步建设连接各国电网的联络线，具体如下。

1. 330kV Coastal Backbone 工程（尼日利亚—贝宁—多哥互联线路升级改造工程）

作为 WAPP 优先项目之一，尼日利亚—贝宁—多哥互联互通工程，将在尼日利亚、贝宁和多哥之间建立一条主干线路。一旦建成，它将对西部非洲的电力供应产生重大影响。它将使得 ECOWAS 中的电力供应不足的国家能够从电力过剩的国家获得额外的电力。

该项目分为两个部分；第一部分是建设一条长约 70km 的从 Ikeja（尼日利亚）到 Sakete（贝宁）的 330kV 输电线，该部分已于 2004 年完成，它使得尼日利亚与西部非洲国家经济共同体（ECOWAS）的其他国家相连，使得 WAPP 的区域内的国家之间的电力交换得到加强；第二部分是将贝宁、多哥、加纳之间的现有线路（贝宁到多哥长约110km，多哥到加纳长约150km）升压改造，将电压水平从现有的161kV提高到330kV可线路改造完成后，将有效解决电力损耗大、输电能力不足等问题，届时尼日利亚的电能能有效地传输到WAPP中其他国家。

该项目涉及总投资达5830万美元，其中2500万美元为世界银行的援助。

2. 330kV Median Backbone 工程

该工程被纳入贝宁电网体系优先实施工程。将实现 Yendi（加纳）—Kara（多哥）—Bembereke（贝宁）—Kaindji（尼日利亚）的互联。预计2020年投产。该项目投产后，将使得该区域内电网结构得到加强，输电能力有效提升。

3. 尼日利亚—尼日尔—布基纳法索互联工程

根据 WAPP 规划，尼日利亚—尼日尔—布基纳法索之间将建设互联互通工程，电压等级为330kV，主要路径为 Birnin Kebbi（尼日利亚）—Dosso（尼日尔）—Niamey（尼日尔）—Ouagadougou（布基纳法索），该项目暂处于规划阶段。

4. 几内亚—塞内加尔互联工程

根据冈比亚河流域水电开发规划，2015年前位于几内亚与塞内加尔交界处的 Sambangalou（128MW）水电站将建成投产。为满足该电站的送出需要，规划2015年建成几内亚—塞内加尔的225kV输电线路。

5. 几内亚比绍—几内亚互联工程

根据冈比亚河流域组织电力发展规划，2015—2020年期间沿冈比亚河流域规划建设 Mansaba（几内亚比绍）—Kaleta（几内亚）的225kV输电线路，在满足 Kaleta 水电站电力送出的同时，满足冈比亚河流域沿线各国的用电需求。

6. 布基纳法索—加纳互联工程

Ouagadougou（布基纳法索）—Bolgatanga（加纳）、Bobo Dioulasso（布基纳法索）—Bolgatanga（加纳）规划建设2回225kV线路。

7. 布基纳法索—马里互联工程

2015—2020年规划建设 Bamako – Sikasso（马里）—Bobo Dioulasso（布基纳法索）的225kV输电线路，以实现北部塞内加尔—马里—布基纳法索3个国家的联网。

8. 几内亚—塞拉利昂—利比里亚—科特迪瓦互联工程

根据 WAPP 跨国电网互联规划，为满足近期几内亚、塞拉利昂水电送出的需要并兼顾远期利比里亚水电送出的需求，规划2015年左右建设几内亚—塞拉利昂—利比里亚—科特迪瓦的225kV输电线路。

9. 几内亚—马里互联工程

为满足几内亚富余电力向邻国马里输送，远期规划建设 Kankan（几内亚）—Bamako（马里）以及 Kindia（几内亚）—Manantali（马里）的225kV输电通道。

17　中国与西部非洲国家电力合作重点领域

通过对西部非洲 15 个国家在自然地理、矿产资源、社会经济、内政与对外关系、能源结构、电力系统现状及发展规划等方面因素的深入研究，遴选出中国与西部非洲电力合作的重点国家以及各国重点领域，如表 17-1 所示。

表 17-1　　　　中国与西部非洲电力合作的重点国家以及各国重点领域

国　　家	重点国别	合作重点领域				
		水电	风电	太阳能	火电	电网工程
贝宁					√	√
多哥						
佛得角			√			
几内亚	√	√			√	√
几内亚比绍						
加纳	√	√	√	√	√	√
科特迪瓦	√	√			√	
利比里亚		√				
马里				√		
毛里塔尼亚			√			
尼日尔						√
尼日利亚	√	√	√	√	√	√
塞拉利昂	√	√				√
塞内加尔			√	√	√	
布基纳法索						

西部非洲水能资源较丰富，水电资源约为 26860MW，但已开发的水电仅占资源量的 16%。根据各国水能资源分布情况，推荐中国与西部非洲水电领域重点合作的国家主要有尼日利亚、加纳、科特迪瓦、几内亚、塞拉利昂、利比里亚。

西部非洲地区的风能资源主要集中在毛里塔尼亚、马里和塞内加尔，尼日利亚和加纳的风能资源也相对比较丰富。结合风能资源分布情况、电力系统特性及社会经济发展等因素综合考虑，推荐中国与西部非洲风电领域重点合作的国家主要有尼日利亚、佛得角、加纳、毛里塔尼亚、塞内加尔。

西部非洲大部分地区太阳能辐射量在 $5000MJ/m^2$ 以上，太阳能资源较丰富，其中马里各地平均全年日照时间在 2300~3200h 之间。结合太阳能资源分布情况、电力系统特性及社会经济发展等因素综合考虑，推荐中国与西部非洲太阳能发电领域重点合作的国家主要有尼日利亚、加纳、塞内加尔、马里。

西部非洲 15 国中，尼日利亚、科特迪瓦石油储量较丰富，贝宁、加纳也具有一定规模的石油储量；尼日利亚、毛里塔尼亚天然气储量很丰富，科特迪瓦、贝宁、加纳以及尼日尔天然气储量较丰富。另外，尼日利亚、尼日尔 2 个国家还有少量的煤炭储量。根据西部非洲各国火电规划，未来尼日利亚规划火电装机容量将超过 6000MW，加纳、科特迪瓦以及塞内加尔的规划火电装机容量也将达到 500～1000MW，其余 11 国规划火电装机容量均小于 300MW，大部分国家低于 100MW；规划火电机组以燃油燃气为主，部分为燃煤电厂。结合各国火电规划情况，推荐中国与西部非洲火电领域重点合作的国家为尼日利亚、贝宁、加纳、科特迪瓦、几内亚以及塞内加尔。

为满足国内负荷增长需要，加强国内网架，同时满足电源送出需要，结合西部非洲 15 国电网规划情况，推荐中国与西部非洲电网工程领域重点合作国家为尼日利亚、尼日尔、贝宁、科特迪瓦、几内亚以及塞拉利昂。

综合前述分析，推荐中国与西部非洲电力合作的重点国家为尼日利亚、加纳、科特迪瓦、几内亚以及塞拉利昂。

中部非洲篇

18 中部非洲概况

18.1 国家概况

18.1.1 国家组成

中部非洲地区位于非洲中部，是指从撒哈拉沙漠与非洲大陆西部突起部分合围的广大纵深地区，不包括东非大裂谷西部。按地理位置，中部非洲习惯上通常包括刚果（金）、刚果（布）、中非共和国、加蓬、赤道几内亚、乍得、喀麦隆、圣多美和普林西比等 8 个国家和地区。由于圣多美和普林西比国社会经济总量占中部非洲社会经济总量的比重小，且电力市场需求不大，故本次中部非洲电力市场研究不包括该国。

18.1.2 人口与国土面积

本书研究的中部非洲区域国土总面积约 536.5 万 km^2，2012 年人口约 1.14 亿。刚果（金）国土面积最大，赤道几内亚最小。2012 年中部非洲国家国情统计如表 18-1 所示。

表 18-1　　　　　　　　　2012 年中部非洲国家国情统计表

国家	面积 /km²	人口 /万人	GDP /亿美元	人均 GDP /亿美元	经济增长率 /%	通货膨胀率 /%	失业率 /%	外汇和黄金储备 /亿美元	外债总额 /亿美元	币种	汇率/ 1美元=
刚果（金）	234.5	7171	178.7	249	7.2			16.3		刚果法郎	962.5
刚果（布）	34.2	424	136.8	3226	3.8			55.5		非洲金融共同体法郎	575.63
中非共和国	62.3	495	21.4	432	4.1			1.6		非洲金融共同体法郎	575.63
加蓬	26.8	158	186.6	11810	6.1			23.5		非洲金融共同体法郎	575.63
赤道几内亚	2.8	67	177	26418	2.5			44		非洲金融共同体法郎	575.63
乍得	128.4	1075	110.2	1025	5			11.6		非洲金融共同体法郎	575.63
喀麦隆	47.5	1971	249.8	1267	4.7			33.8		非洲金融共同体法郎	575.63
合计	536.5	11361	1060.5	933							

18.1.3 地形与气候

中部非洲整体地形东高西低，从刚果（金）东部向喀麦隆及赤道几内亚海岸线海拔逐渐下降，除乍得北部及东部、喀麦隆中部以及刚果（金）东部为高原，整体地势平坦。

除乍得外，本区域大部属于热带雨林及稀树草原，乍得自北由南由荒漠、半荒漠向干草原、灌木草原过渡。

18.1.4 社会经济

中部非洲区域各国经济发展较为不发达，其中拥有较丰富石油资源并以出口石油为重要经济支柱的刚果（布）、加蓬、赤道几内亚及喀麦隆整体经济水平相对较高，而刚果（金）、中非、乍得经济较不发达。总体来讲，中部非洲除中非存在一定政治安全隐患外，各国整体政局相对较为稳定，秩序良好。

18.1.5 对外关系

1. 刚果（金）

刚果（金）与美国、法国、比利时保持良好关系。比利时为其重要援助国。近年来刚果（金）积极恢复与改善同邻国间关系。

1961 年 2 月 20 日，中国与刚果（金）建交，9 月 18 日中止。1972 年两国实现关系正常化，此后双边关系稳步发展。1997 年 12 月，洛·卡比拉总统访华。约·卡比拉执政后于 2002 年、2005 年两度访华。近年来，两国往来不断增长，2008 年，卡比拉总统应邀出席北京奥运会开幕式，2010 年国务委员戴秉国访刚果（金）。

2. 刚果（布）

刚果（布）与美国、法国保持有良好关系。法国一直以来系该国最大的援助国。刚果（布）同周边国家均保持有良好睦邻关系。

中国与刚果（布）1964 年 2 月建立外交关系，是撒哈拉以南非洲地区与中国建交较早的国家之一。建交以来，两国关系发展顺利，刚果（布）历任总统马桑巴-代巴、恩古瓦比、雍比、萨苏、利苏巴均曾访华。2013 年 3 月，国家主席习近平对刚果（布）进行国事访问，两国发表联合公报，同意建立中国和刚果（布）团结互助的全面合作伙伴关系。近年来，中刚两国贸易大幅增长。

3. 中非共和国

中非共和国与美国、法国保持有良好关系。法国一直以来系该国最大的援助国。中非共和国积极发展改善与周边及非洲其他国家间关系。

中国与中非共和国在 1964 年 9 月 29 日建交。1966 年 1 月博卡萨上台后，同中国断交。1976 年 8 月 20 日，双方签署两国关系正常化公报。1991 年 7 月 8 日，中非共和国政府同台湾方面"复交"，中国与中非共和国中止外交关系。1998 年 1 月 29 日，两国签署联合公报，决定恢复大使级外交关系。复交以来，两国关系不断巩固和加强。目前中国和中非共和国两国友好合作关系巩固和加强，经贸领域合作稳步发展并取得新成果。

4. 加蓬

加蓬与美国、法国保持有良好关系。法国一直以来是该国最大的援助国，在其境内设有军事基地。加蓬同周边国家均保持有良好睦邻关系，其与邻国赤道几内亚、圣多美和普林西比的领土、领海纠纷正在谈判之中。

中国和加蓬自 1974 年建交以来，关系发展顺利。21 世纪以来，双方政治交往频繁，两国元首实现互访，为两国发展长期友好合作打下了坚实的基础。中加双方合作领域不断拓宽，涉及政治、经贸、军事、文教、司法、科技和医药卫生等诸多领域。双边关系开始形成多层次、全方位发展的格局，并呈现出蓬勃发展的势头。中国、加蓬在文化、旅游等领域合作与交流活跃。2006 年 11 月，加蓬被列为"中国公民组团出境旅游目的地"。近年来两国地方和民间积极开展友好交往。2004 年 1 月，加蓬中国友好协会成立。2005 年 10 月，中国浙江省温州市与加蓬的让-蒂尔港市缔结为友好城市。

5. 赤道几内亚

赤道几内亚与法国、美国保持有良好关系。美国为其最大出口国。赤道几内亚同周边国家均保持有良好睦邻关系，与邻国加蓬、喀麦隆、赤道几内亚、圣多美和普林西比等国的领土领海纠纷正在谈判之中。

中国同赤道几内亚自 1970 年 10 月 15 日建交以来，两国关系发展顺利。近年来，两国高层保持接触，政治互信不断增强，合作领域不断扩大。奥比昂总统至今已七次访华。中国、赤道几内亚签有经济技术合作协定和贸易协定，并设有经贸混委会。两国建交后，中方援助赤道几内亚建设了巴塔广播电台、恩圭—蒙戈莫公路、毕科莫水电站、巴塔—涅方公路、涅方—恩圭公路、马拉博电视中心等项目。

6. 乍得

乍得与美国、法国、伊斯兰国家保持有良好关系。法国一直以来系该国最大的援助国，在其境内设有军事基地；美国为其最大出口国。乍得同周边国家均保持有良好睦邻关系，其与邻国利比亚存在领土纠纷。

1972 年 11 月 28 日，中乍两国建交。1997 年 8 月 12 日，乍得政府违背中乍建交公报原则，与台湾方面"复交"，中国政府宣布自 8 月 15 日起中止同乍得的外交关系。2006 年 8 月 6 日，中国外交部长李肇星与乍得外交部长阿拉米在北京签署两国关于恢复外交关系的联合公报。复交以来两国关系取得了长足进展，双方高层互访频繁，在国际重大和地区事务中立场相近，在双方关心的重大利益问题上相互支持，各项经贸合作进展顺利。2007 年 9 月，代比总统对中国进行国事访问，两国发表联合新闻公报。中国也是乍得最大的援助国之一。

7. 喀麦隆

喀麦隆与美国、法国、英国及俄罗斯保持有良好关系。法国系该国最大的援助国，也是法国在中部非洲第一大贸易伙伴；1995 年英国同意喀麦隆加入英联邦。喀麦隆同周边国家均保持有良好睦邻关系，收留有邻国如中非、乍得等战乱期间的大批难民。

1971 年 3 月 26 日，喀麦隆与中国建立外交关系，建交后两国高层互访不断。喀麦隆总统阿希乔、比亚曾访华。2007 年国家主席胡锦涛对喀麦隆进行了国事访问，两国发表联合公报，进一步加深了两国间的传统友谊。

18.2　资源概况

中部非洲矿藏资源丰富，其中刚果（金）自然资源丰富，全国蕴藏多种有色金属、稀有金属和非金属矿，其中钻石储量世界第一、铜储量世界第二，钴储量占世界 1/2；加蓬锰储量占世界 1/4；其他国家也均具有十分丰富的矿产资源。

中部非洲化石能源资源的总体特点是石油及天然气含量丰富。包括刚果（布）、赤道几内亚、加蓬、乍得的石油蕴藏量均在 15 亿桶以上；天然气同样储量丰富，刚果（布）、加蓬、赤道几内亚、喀麦隆的储量均在 300 亿 m³ 以上；中部非洲的煤炭资源十分有限，除了刚果（金）有少部分外，其余国家均无已探明的煤矿。

中部非洲水能资源极其丰富，七国中刚果（金）、刚果（布）、喀麦隆水资源储量属第一梯队，中非、加蓬次之，赤道几内亚、乍得水能资源相对较差。其中刚果（金）水力资源极为丰富，境内刚果河干流全长 2900km，平均流量 4 万 m³/s，仅次于巴西亚马逊河，列世界第二，而且是世界上流量最稳定的河流之一。

中部非洲除乍得外，各国森林资源均较丰富，森林覆盖率高。刚果（金）森林覆盖率为 53%，森林面积约 123 万 km²，占整个非洲赤道带森林面积的 47% 及世界热带森林面积的 7%，刚果盆地的原始森林是除巴西亚马逊原始森林外世界第二大原始森林；加蓬原木储量排非洲第三；喀麦隆森林储量排世界第十。

中部非洲资源概况如表 18-2 所示。

表 18-2　　　　　　　　　　　中部非洲资源概况表

国　　家	矿产资源	化石能资源	水能资源	森林资源
刚果（金）	20 余种有色金属，钻石储量世界第一、铜储量世界第二、钴储量占世界一半	石油、天然气储量较少，少量煤炭	极其丰富	极其丰富、占非洲森林近半
刚果（布）	丰富的钾、铁、磷酸盐矿及金、铜、锡、铝等矿藏	石油储量极丰富、天然气储量丰富	丰富	丰富、占非洲森林一成
中非共和国	丰富的钻石、金、铁、铀以及锰、钴、锡、铜等矿藏	尚未探明	较丰富	丰富
加蓬	锰矿储量占世界储量的 1/4，丰富的铌、铁及磷酸盐、金、重晶石等矿藏	石油、天然气储量丰富	较丰富	原木储量非洲第三、奥库梅木世界第一
赤道几内亚	拥有黄金、磷酸盐、铝矾土等矿藏	石油、天然气储量丰富	相对较差	森林覆盖率 80%
乍得	拥有铀及天然碱、石灰石、白陶瓷、钨、锡、铜等矿藏	石油储量较丰富、天然气尚未探明	相对较差	相对较差
喀麦隆	丰富的铝矾土、金红石、铁矿及铀、铜、钻石等多种矿藏	石油储量丰富、天然气储量极丰富	丰富	丰富、森林储量世界排名第十

18.3　主要河流概况

中部非洲主要的河流有刚果河、沙里河、奥果韦河、萨纳加河、奎卢河等，下文将重点介绍刚果河、奥果韦河以及萨纳加河概况。

18.3.1　刚果河

刚果河又称扎伊尔河，位于中西部非洲。发源于赞比亚东北部高原的赞比西（Zambezi）河，流经上游河段众多的急滩、瀑布、湖沼、沼泽地带后、进入地势低平的刚果盆地中部，由于刚果盆地地形的特殊性，刚果河在此支流众多，河网密布，河道纵坡平缓，水量丰富，水流平稳，河面较宽，并形成许多辫状河道，河中有沙洲和岛屿，沿岸多沼泽和湖泊。在干流两次穿过赤道后转向西南流，在流经金沙萨以南的一系列峡谷、急滩和瀑布以后，于博马（Boma）附近汇入大西洋，干流全长约4700km。其左岸支流多发源自安哥拉、赞比亚；右岸支流多发源自喀麦隆、中非共和国。

刚果河流域地处非洲赤道地区著名的刚果盆地，呈典型的盆状，盆底海拔300～500m，周围为500～1500m的高原和山地。广袤的刚果河流域占据了非洲大陆的东部。纵向位于北纬9°～南纬13°之间，横向位于东经12°～34°之间，河流流域面积约380万km²。流域范围覆盖了刚果（金）、刚果（布）、喀麦隆、中非共和国、卢旺达、布隆迪、坦桑尼亚、赞比亚和安哥拉9个国家，其中约60%在刚果（金）境内。

刚果河支流密布，沿途接纳纵多支流，右岸的支流主要有：卢库加（Lukuga）河、卢阿马（Luama）河、埃利拉（Elila）河、乌林迪（Ulindi）河、洛瓦（Lowa）河、阿鲁维米（Aruwimi）河、伊廷比里（himbiri）河、蒙加拉（Mongala）河、乌班吉（Ubangi）河、桑加（Sangha）河等；左岸支流主要有：洛马米（Lomami）河、卢隆加（Lulonga）河、鲁基（Ruki）河、开赛（Kasai）河、因基西（1nkisi）河等。刚果河干支流都处在赤道多雨区。由于有茂密的热带雨林，流量巨大而稳定，年最低平均流量为30000m³/s，最高约80000m³/s，年平均流量42000m³/s（长江为22000m³/s）。按流量来划分，刚果河的流量仅次于亚马逊河，是世界第二大河。

18.3.2 奥果韦河

奥果韦河（Ogooue）是加蓬共和国境内最大的河流，流域位于东经9°～14°29′，北纬2°16′～南纬2°46′之间，发源于刚果共和国境内夏于山东坡，先向西北流，在锡马附近进入加蓬，继续向西北流，至博韦以后朝正西方向流，到达恩乔莱以后转向西南，在让蒂尔港附近注入大西洋。奥果韦河全长1210km，流域面积22.3万km²，多年平均流量4730m³/s，实测最大流量13500m³/s，多年平均径流量1491亿m³，径流量居非洲第四位。奥果韦河主要支流有伊温多（Ivindo）河和恩古涅（Ngounie）河等，其他还有姆帕萨（Mpasa）河、莱科科（Lekoko）河、莱科尼（Leconi）河、塞贝（Sebe）河、洛洛（Lolo）河、奥富埃（Offoue）河、奥卡诺（Okano）河以及阿班加（Abanga）河等。

伊温多河发源于喀麦隆、加蓬与刚果共和国三国交界附近，河流先向东流，然后朝南流，先后接纳耶（Ye）河、朱阿布（Djouab）河、贾迪（Djadie）河、利本巴（Liboumba）河、穆尼安泽（Mouniaze）河和姆翁（Mvoung）河等支流，在博韦以东约30km处汇入奥果韦河。河流多年平均流量558m³/s，径流量176亿m³，实测最大流量1980m³/s。

恩古涅河发源于刚果共和国-加蓬边界附近的巴昌吉山西北坡，河流朝西北方向流动，在兰巴雷内附近注入奥果韦河，主要支流有伊科伊（Ikoy）河等。河流多年平均流量739m³/s，径流量233亿m³，实测最大流量2620m³/s。

18.3.3 萨纳加河

萨纳加河（Sanaga）是非洲喀麦隆中部的河流，流经该国的南部省、中部省和西部省，河道全长890km。萨纳加河两旁是热带雨林，上游沿途有瀑布和急流，而水坝和水库用作控制河水流量和水力发电。

19 中部非洲能源资源状况及其发展规划

19.1 能源资源概况及开发现状

中部非洲地区化石能源的特点是两多一少，即石油多、天然气多、煤炭少。整体来看，中部非洲的水能资源丰富，特别刚果（金）、刚果（布）、喀麦隆 3 国水能资源，可供开发的前景十分广阔。相比较而言，中部非洲的风能和太阳能资源较一般。

19.1.1 化石能源概况及开发现状

中部非洲 7 国的石油蕴藏量多在 7 亿桶以上，包括刚果（布）、加蓬、赤道几内亚、乍得、喀麦隆，其中，尤以加蓬最为丰富，达到了 20 亿桶；天然气同样储量丰富，刚果（布）、加蓬、喀麦隆的储量均在 1000 亿 m^3 以上；与丰富的石油、天然气资源形成鲜明对比的是，中部非洲的煤炭资源十分有限，除了刚果（金）有少部分外，其余国家均无储量。中部非洲各国化石能源情况如表 19-1 所示。

表 19-1 中部非洲各国化石能源情况

国　　家	石油/亿桶	天然气/万亿 m^3	煤炭/百万 t
刚果（金）	0.927	0.04	60
刚果（布）	16	0.1	尚未发现
中非共和国	尚未发现	尚未发现	尚未发现
加蓬	20	0.34	尚未发现
赤道几内亚	17	0.04	尚未发现
乍得	15	尚未探明	尚未发现
喀麦隆	7.7	0.154	尚未发现

刚果（布）拥有丰富的石油资源和天然气资源，煤炭资源缺乏。有关资料显示，刚果（布）石油可开采储量为 3 亿 t 左右。许多迹象表明刚果河盆地地区，特别是在刚果（布）、刚果（金）分界的刚果河两侧地区，很可能是一个极具前景的油区。尽管刚果（布）的油气资源丰富，但其火电装机容量仅 38.5MW，占电源总装机的 14.4%。

加蓬石油资源较丰富，油气田主要位于加蓬西部沿大西洋海岸地区。加蓬石油出口主要面向美国和亚洲国家，占出口额的 51%，另外还包括欧洲 15%，澳大利亚 5%。欧美企业主导了加蓬的石油开采。加蓬生产的天然气主要用于电或作为炼油厂的燃料。2000 年加蓬天然气的产量和消费量估计均约为 0.99 亿 m^3。天然气在加蓬一次能源消费中占 7.3%（石油占 80.3%，其余部分为非化石燃料）。截至 2012 年年底，加蓬火电装机容量约 244MW，占电源总装机的 42.5%，均为柴油发电机组。

赤道几内亚 1996 年在其领海内发现了大量石油资源。此后该国经济快速增长，赤道几内亚已经成为撒哈拉以南非洲的第三大石油生产国，2011年其原油日产量32万桶。近年来，为缓解电力供应紧张、经常停电的局面，赤道几内亚政府相继从美国引进了大功率的发电设备，分别在马拉博市和巴塔市建立了天然气发电站。2011年，由中国公司改造扩容的马拉博燃气电厂投入运行。截至2012年，赤道几内亚的火电装机容量约196MW。

喀麦隆自1978年开始大规模开采石油，目前年产原油500万t左右，许可勘探区主要集中在南部的杜阿拉/克里比-坎波盆地（Douala/Kribi-Campo），北部的洛贡-比尔尼盆地（Logone Birni）目前还没有发放任何许可。喀麦隆生产的原油为重油，年产量的80%用于出口，剩余的20%用于满足国内市场需求。喀麦隆天然气主要集中在Rio del Rey、Douala和Kribi-Compo等地区。截至2012年，喀麦隆的火电装机容量约206MW。

中部非洲火电在其电力能源中占比最大的是乍得，其国内电源均为火电。

19.1.2 水能能源概况及开发现状

中部非洲拥有占非洲水能资源37%的刚果河，以及沙里河、奥果韦河、萨纳加河、奎卢河等另外几条重要河流，其中的奥果韦河、萨纳加河、奎卢河，水能资源也较丰富。

分国家来看，刚果（金）、刚果（布）、喀麦隆3国的水电技术可开发量均超过20000MW，其中刚果（金）甚至达到100000MW。赤道几内亚水资源较为贫乏，可开发的规模不大。乍得的水资源虽然丰富，但因该国主要为平原地貌，水位落差小，不具备修建高坝大库的地形条件，因此，水力资源并不丰富，水电开发条件较差。中部非洲各国水能资源统计如表19-2所示。

表 19-2　　　　　　　　　　中部非洲各国水能资源统计表

国家	理论蕴藏量/ (GW·h·a⁻¹)	技术可开发量		已开发容量		开发利用率 /%
		可开发容量/ (GW·h·a⁻¹)	可开发装机容量/MW	已开发装机容量/MW	开发截至年份	
刚果（金）			>100000	2516	2012	2.5
刚果（布）			>25000	209	2012	0.84
中非共和国			>2500	22	2012	0.88
加蓬	80000	80000	6000	170	2012	2.8
喀麦隆	294000		20400	928	2012	4.5

注　由于赤道几内亚和乍得水能资源不太好，因此表格中未列出；表中空白处为数据未知。

1. 刚果（金）

（1）英加1号和2号水电站。70年代建成的2个水电站（英加1号和2号）是该河段的第一阶段工程。目前英加1号和英加2号的实际发电能力仅为1700MW，主要供应刚果（金）首都金沙萨和英加水电站所在的下刚果省，以及刚果（布）首都布拉柴维尔、津巴布韦、南非等。

英加1号电站（Inga I Hydropower Station）于1972年投入运行，正常水头50m，引用流量140m³/s，装机6台，其中1台备用，容量350MW，保证出力300MW，年发电量2400GW·h。1号水电站是地面式电站，长135m，厂房内轨距为15m。1号水电站尾水渠长1230m，流量780m³/s。

英加 2 号电站（Inga Ⅱ Hydropower Station）于 1981 年投产，水轮机平均水头 56.2m，最大水头 62.5m，引用流量 315m³/s，电站装机 8 台，其中 1 台备用，容量 1400MW，保证出力 1100MW，年发电量 9600GW·h。2 号水电站是地面封闭式电站。

（2）ZONGO Ⅰ 水电站。在下刚果省的刚果河左岸一级支流印基西（Inkisi）河上，有 20 世纪 60 年代建成的 ZONGO Ⅰ 水电站。该水电站位于 ZONGO Ⅱ 水电站拦河坝上游，同样为低坝引水式电站。ZONGO Ⅰ 水电站利用 ZONGO 瀑布落差裁弯取直引水发电，利用水头约 65m。ZONGO Ⅰ 水电站拦河坝位于 ZONGO 瀑布上游约 800m，最大坝高 17m，坝顶长 190m，水库库容 80 万 m³；引水隧洞直径 5.40m，长 725.35m，引水流量 145.5m³/s；ZONGO Ⅰ 水电站厂房位于 ZONGO 瀑布下游约 500m，电站装机 5 台，总装机容量 75MW（3×13MW＋2×18MW），年发电量 300～350GW·h（年利用小时约 4000～4600h）。

（3）ZONGO Ⅱ 水电站。ZONGO Ⅱ 水电站为低坝引水式水电站。拦河坝位于刚果河一级支流印基西（Inkisi）河上，距印基西河河口约 5km。工程位置距首都金沙萨公路里程约 165km，距港口城市马塔迪约 320km；拦河坝距 20 世纪 60 年代建成的 ZONGO Ⅰ 水电站厂房约 0.8km、大坝约 2.5km，距当地有名的印基西河 ZONGO 瀑布约 1.3km（均为沿河道距离）。

ZONGO Ⅱ 水电站是以发电为单一目标的混合式开发水电站，坝址控制流域面积 14600km²。ZONGO Ⅱ 水电站利用印基西河下游约 5km 河段的河道天然落差，开挖隧洞，集中水头，引水发电，水电站设计水头 125.0m。发电厂房安装 3 台立式混流机组，单机装机容量 50MW，总装机容量为 150MW。多年平均发电量约为 861.9GW·h。中水集团公司于 2009 年 5 月 14 日签订了本项目的 EPC 开口协议，合同金额 3.765 亿美元，计划工期 3 年。该项目由中国水电一局有限公司负责具体实施。ZONGO Ⅱ 水电站建设总工期计划 3 年，包括输变电及金沙萨居民用电电力计量系统改造项目在内的工程估算总投资 34992 万美元。工程建成后，对缓解刚果（金）一些地区特别是首都金萨沙的电力供应紧缺局面以及刚果（金）的国民经济复苏与发展，将起到极大的促进作用。ZONGO Ⅱ 水电站已于 2012 年 5 月 16 日开工。

（4）邦德拉（Bendera）水电站（改扩建）。邦德拉（Bendera）水电站，位于刚果民主共和国东部，距离卡莱米（Kalemie）市 120km，为引水式电站，承担卡莱米市基荷电力供应。电站从 Kiymbi 河引水，根据电站原统计资料，Kiymbi 河最小流量 3.0m³/s，最大流量 500m³/s。水库最高水位 1654.70m，正常水位 1652.20m，最低水位 1646.10m，库容 90000m³。电站最大毛水头 679.7m，设计毛水头 677.2m，最小毛水头 671.1m。额定水头 644m。原设计装机 5 台单机容量为 8.6MW 的冲击式机组，1951 年开工建设，1959 年完工，目前两台机组均因故障停机。刚果（金）能源部计划对现有两台机组进行拆除和更新，并安装其余 3 台机组，初拟总装机容量约 53MW。

（5）其他水电站。刚果民主共和国在刚果河各支流上修建了 20 余座中小型水电站，共计装机容量 638MW。

2. 刚果（布）

（1）英布鲁水电站。英布鲁水电站，位于刚果（布）首都布拉柴维尔以北 215km 处的莱菲尼河上，为河床径流式水电站，坝高约 46m。项目总装机容量为 120MW，由 4 台 30MW 机组，年平均发电量为 681.5GW·h，建成后将成为刚果（布）国家电网的主力电站，刚果（布）首都布拉柴维尔和沿线其他城市将告别缺电时代，刚果（布）总体上电的供需矛盾可望达到平衡。

英布鲁水电站是中刚两国迄今最大的合作项目，该电站于 2004 年 11 月正式开工，并先后于 2009 年 1 月 26 日电站截流、2010 年 1 月 16 日 4 号机组一次性启动成功等重大节点目标的顺利实现。英布鲁水电站建成后，可作为刚果（布）电力系统的骨干电站输送电力并承担调峰、调频任务，极大地改善刚果（布）中部及北部地区的电力供应状况。

（2）利韦索水电站。利韦索水电站工程位于刚果（布）北部桑加地区，坝址距离区首府韦索 85km，有水路和公路交通可达。该水电站以发电为主，主要满足刚果北部地区城市的用电需求，工程将采用混凝土面板堆石坝施工技术方案，总装机容量 19.2MW，电站安装 3 台 6.4MW 混流式机组。项目分为电站工程、输变电线工程两个标段，总工期 4 年。电站 2012 年 5 月奠基，项目进入正式实施阶段。

（3）昂扎电力系统。昂扎电力系统包括 1 座姆古古鲁（布昂扎）水电站和 6 座变电站，是中国政府于 20 世纪 70 年代援建的项目，于 1975 年 6 月 24 日开工，1979 年 5 月 4 日竣工，1979 年 7 月 4 日正式移交给刚果（布）政府。由于年久失修和连年战争，布昂扎电力系统工程一直处于带病危险工作状态。中国水电第十一工程局中标承担了主要包括中国政府援建的姆古古鲁水电站和布昂扎输变电系统的所有设备的维修施工、技术改造和物资设备配件采购及技术培训等施工项目。

该工程分别于 2003 年 10 月 10 日、2007 年 1 月 8 日开工，于 2007 年 7 月底竣工。中国水电第十一工程局刚果（布）布昂扎电站修复项目部共完成合同金额 617 万美元。

3. 中非共和国

中非共和国已开发博阿利（Boali）Ⅰ、博阿利Ⅱ两座水电站，总装机容量为 18.75MW，年平均发电量大约为 130GW·h。这两座电站位于姆巴利（Mbali）河上，距首都班吉 90km，分别建于 1954 年、1976 年。博阿利Ⅰ/Ⅱ水电站的发电机组均已运行数十年，机件老化严重，故障频发，经常需要拉闸限电、断电。近年，中非共和国致力于该两座水电站的修复与扩容工作。由非洲开发银行及中国政府提供的资金将用于博阿利Ⅱ扩容（扩容 2×5MW）及博阿利Ⅰ的修复工作。另外，博阿利Ⅲ水电项目目前处于假设阶段，该水电站装机容量为 10MW。

4. 喀麦隆

喀麦隆已建及在建水电工程见表 19-3。

表 19-3　　　　　　　　　喀麦隆已建及在建水电工程表

工程名称	所在河流	工程类别	工程规模	建设情况
Bamendjin	Noun	龙头调蓄水库	18 亿 m³	已建
Mape	Mbam	龙头调蓄水库	32 亿 m³	已建
Mbakaou	Djerem	龙头调蓄水库	25 亿 m³	已建
Edea	Sanaga	发电	264MW	已建

工程名称	所在河流	工程类别	工程规模	建设情况
Song loulou	Sanaga	发电	384MW	已建
Lagdo	Benoue	发电	72MW	已建
Lom Pangar	Sanaga	龙头调蓄水库发电	68 亿 m³ 30MW	中国长江三峡集团公司承建中
Mekin	Dia	发电	12MW	中国电工设备总公司承建中
Memve Ele	Ntem	发电	200 MW	中国水利水电建设集团承建中

注 在建水电站装机容量合计为 242MW。

5. 加蓬

截至 2011 年，加蓬已建水电装机容量 170MW，主要有位于姆贝河（Mbei）上的 Tchimbélé 水电站（69MW）、Kinguélé 水电站（56MW），位于奥果韦河上的 Poubara 水电站（36MW）。其中 Tchimbélé 电站、Kinguélé 电站向首都 Libreville 及其周围地区供电。

大布巴哈（Poubara）水电站位于 3 弗朗斯维尔地区（Franceville）奥果韦河上游流域的布巴哈地区，一期安装 4 台 40MW 机组，装机容量为 160MW，是加蓬目前最大的在建水电工程，由中国水利水电建设集团承建。大布巴哈水电站工程于 2008 年 11 月 15 日开工，于 2013 年 4 月 30 日下闸蓄水。

19.1.3　风能能源概况及开发现状

相比非洲其他区域，中部非洲的风能资源较一般。从目前获得的资料来看，仅有乍得北部高原区域具备较好的风能资源，满足资源开发条件。由于区内内风能资源不太丰富，因此目前未见中部非洲大规模开发风电。

19.1.4　太阳能能源概况及开发现状

中部非洲的乍得、中非及喀麦隆北部在中部非洲区域属于太阳能比较丰富的地区，但与其他区域相比，整个中部非洲的太阳能资源一般，在非洲属于中下游水平。

2012 年，喀政府与 Fides Gestion 集团草签了总金额达 5800 亿中非法郎的"2020 喀麦隆光伏电站项目"，该项目计划于 2020 年以前在喀麦隆的 50 个电力严重匮乏的农村地区建造和安装小型太阳能光伏电站，装机总容量累计可达 500MW。"2020 喀麦隆光伏发电站项目"为期五年，将为 250 个喀乡镇接通照明用电，其中项目一期工程将由德国 Belectric 公司出资 1150 亿非郎。作为"2020 喀麦隆光伏发电站项目"首个工程，马鲁阿光伏发电站项目已于今年 3 月正式启动，目前项目进展顺利，相关物资和设备已运抵现场。马鲁阿光伏发电站设计装机容量 60～100MW，是撒哈拉以南非洲地区最大的光伏发电站。

19.2　能源资源开发规划

近年来，中部非洲各国政局趋于稳定，各国都致力于社会和经济的快速恢复和发展，电力需求稳步增长，能源与电力是经济发展的重要基础之一，电力建设力度将逐步加大，水电资源得天独厚的中部非洲地区，水电开发的潜力巨大。

根据中部非洲各国能源发展规划资料，为满足国内能源需求、促进经济社会发展，刚果（金）、刚果（布）、喀麦隆、中非共和国等国以发展水电为主，加蓬则发展水电和燃气电厂并举，乍得、赤道几内亚由于水能资源少，则主要依靠建设火电厂，喀麦隆、赤道几内亚、乍得等国还计划发展新能源。

根据统计，中部非洲地区规划建设的电力装机容量约达 95123MW。按电源种类分，水电约 92258MW、火电约 1487MW、新能源约 1378MW，其中水电占有绝对比重，达 97%。按国家分，主要集中在刚果（金），刚果（布）、喀麦隆、加蓬，其他国家也有较大的发展，其中的刚果（金）由于大英加等巨型水电站的关系，规划电力装机容量约占中部非洲地区总量的 3/4。详细的中部非洲电力能源发展规划情况请见表 19-4。

表 19-4   中部非洲电力能源发展规划

序 号	国 家	水电/MW	火电/MW	新能源/MW	合计/MW
1	刚果（金）	76250	0	0	76250
2	刚果（布）	12600	71.4	0	12671.4
3	中非共和国	268	0	0	268
4	加蓬	1200	300	0	1500
5	赤道几内亚	0	150	150	300
6	乍得	150	900	100	1150
7	喀麦隆	1790	66	1127.5	2983.5
合计		92258	1487.4	1377.5	95122.9

由于资料缺乏，上述数据只具有参考意义，目前统计成果中，水电主要包括 2030 年以前计划兴建的项目和已进行比较深入研究的项目，还有那些需要长期研究的大型或重点工程项目如刚果河皮奥卡、大英加等巨型水电项目，对有些国家如加蓬等，仅有国家计划开发情况而无确切电站项目基本情况的，则根据国家计划投产的装机容量总数进行反算；火电主要包括近期拟建的和 2020 年前计划兴建的项目，新能源主要包括 2020 年前计划兴建的或设想的项目。

1. 刚果（金）

由于刚果（金）已有近 20 年未开展水电规划，目前了解到的拟开发水电站如下。

（1）英加 3 号水电站。英加 3 号（Inga 3）是该河段的第二阶段计划，继续使用上游的松戈水库，并修建英加 3 号电站，英加 3 号可根据用电增长情况分建英加 3A、英加 3B 和英加 3C 3 个电站，装机容量分别为 1300MW、900MW 和 1200MW。新资料显示的装机容量为 16×270MW，见表 19-5。

英加 1 号、2 号、3 号水电站群都是利用右岸与河道平行的恩科科洛山谷，采用无坝引水方式，引用流量根据电站投入运行情况而逐渐增大。由于不在干流上筑坝，投资较小且便于分期开发。这两个阶段的 5 个水电站全部建成后，也仅利用英加地区全部水能资源的 15%。

表 19-5　　　　　　　　　　　　　英加 3 号水电站特性指标

指　　标	英加 3 号	指　　标	英加 3 号
利用落差/m	60	装机容量/MW	4320
引用流量/(m³·s⁻¹)	6300	年电量/(GW·h)	23500
机组台数/台	16	投资/亿美元	85

英加 3 号水电站由 ABD fund 和 BHP Billiton 开展初步研究。初拟开发方式，可采用特许权或公私合营方式，拟建立国际财团进行经营管理。

（2）大英加水电站。大英加（Grand Inga）水电站是该河段规划的第三阶段——全面开发阶段，即拦截刚果河，利用其流量和水头的全部水资源，修建大英加工程。这是一座巨型电站，装机容量 52 台×750MW，共 39000MW，项目投产后将居世界第一位。这就是"大英加"方案，枢纽包括以下主要建筑物（初步设计）：

上游工程。大坝：横断刚果河干流的大坝为土石坝型，高 140m，长 1100m，填筑方量达 1800 万 m³。1 号和 2 号溢洪道：1 号溢洪道在大坝右岸，泄洪能力为 35000m³/s，2 号溢洪道在大坝下游，泄洪能力为 65000m³/s。溢洪道按千年一遇洪水流量设计，可宣泄略大于设计洪水（95000m³/s）的流量。

发电引水路线。从大坝到电站之间将利用一段山谷和天然洼地修建总长 15km 的几十座引水建筑物。

下游工程。崩迪（Bundi）坝和水库：大坝方量 3200 万 m³，坝顶长 1.5km，坝高 180m。水库是一个深达 25m 的盆地。

电站装 52 台机组的电站、压力钢管和进水口均集中在一个开角略小于 160′ 的环形平面上。电站由 13 批各为 4 台的机组构成，由隔墙分开，从而每一批机组构成一个独立单元。厂房宽度约 75m，上下层结构总高度约 85m。

大英加工程建成后，年发电量为 300000GW·h，将以 400kV 的交流电进行输送。鉴于资金以及将来在该地区消耗大量电力的工业配置问题，该方案施工的选择与期限尚未决定。大英加水电站特性指标见表 19-6。

表 19-6　　　　　　　　　　　　　大英加水电站特性指标

指　　标	大 英 加	指　　标	大 英 加
利用落差/m	150	装机容量/MW	39000
引用流量/(m³·s⁻¹)	26400	年电量/(GW·h)	288000
机组台数/台	52	投资/亿美元	800

由于刚果河水流量巨大而稳定，两条峡谷都利用起来之后也不会导致刚果河主河道干涸，主河道将起到调节峡谷内水量的作用。在英加 3 号和"大英加"建成后，原有的英加 1 号和英加 2 号还将继续使用。

由 ABD fund 和 BHP Billiton 开展初步研究。初拟开发方式，可采用特许权或公私合营方式，拟建立国际财团进行经营管理。大因加水电站项目涉及范围大，不仅仅是刚果

（金）一国的项目，其开发、经营方式等应适合中部非洲共同体利益。

（3）布桑加（Busanga）水电站。布桑加（Busanga）水电站，位于刚果（金）南部加丹加省卢阿拉巴河，总装机容量240MW。该电站也是中刚一揽子矿业项目的配套电源项目，对中刚合作及矿业项目的生产具有重要意义。布桑加水电站距离科卢韦奇（Kolwezi）直线距离约70km，公路里程约110km，距刚果（金）第二大城市卢本巴西约410km。电站安装4台单机容量为60MW的机组，多年平均发电量1320GW·h，其中Sicomines铜钴矿项目达产后，华刚矿业稳定用电负荷225MW，年用电量1348GW·h，电站能够满足华刚矿业的大部分用电需求。

（4）鲁济济（Ruzizi）水电站。鲁济济河（Ruzizi）Ⅲ、Ⅳ级，装机容量分别为145MW、287MW，建成后用于满足布隆迪、卢旺达和刚果（金）三方的用电需求。目前，有关各方正在就移民和补偿问题进行商讨，随后SOFRICO公司将负责该工程的建设。

（5）Nzilo 2水电站。Nzilo 2水电站装机容量80MW，位于加丹加省，该项目将与该区域矿业持续发展相关联。

（6）Kakobola 2水电站。Kakobola水电站装机80MW，该项目将由印度出口银行提供贷款建设。

（7）马塔迪水电站。马塔迪水电站装机容量12000MW。

（8）皮奥卡水电站。皮奥卡水电站，站址位于刚果河干流金沙萨、布达柴维尔以下，刚果（金）与刚果（布）之间的界河，规划装机容量22000MW，属巨型电站。

（9）其他。由于刚果（金）缺乏近20年的水电及相关规划，具体开发时，还需结合相关近期规划，并结合地方及中部非洲的发展情况进行。

2. 刚果（布）

目前了解的规划的水电站主要有：苏达一期2×100MW、苏达二期2×100MW、肖莱6×100MW。

肖莱（Chollet）水电站选址位于喀麦隆和刚果（布）两国交界地区，距离喀麦隆东部大区莫伦都市（Moloundo）126km，距离刚果（布）韦索市（Ouesso）150km。2010年10月28日，两国签署肖莱水电站项目合作议定书。设计和融资方面，中国水电集团（Sinohydro）2010年承担该项目可行性初步研究，并提出两个方案：一是水电站设计装机容量600MW，分六个机组，每个机组装机容量100MW，项目造价为6700亿非郎；第二个方案是分两期建设水电站，每一期设计装机容量均为300MW，每一期项目造价为3540亿非郎。

皮奥卡水电站，站址位于刚果河干流金沙萨、布达柴维尔以下，刚果（金）与刚果（布）之间的界河，规划装机容量22000MW，属巨型电站。

刚果（布）距海近，年降雨量大，山地地形比例较大，其水能资源丰富，并有利于兴建水电站。

3. 中非共和国

中非境内乌班吉河、洛贡河、瓦姆河和马莫河水力资源较丰富，同时综合经济、交通、政治等因素，整理已有的资料，拟优先开发以下水电项目：

洛巴耶（Lobaye）河梯级水电项目。位于洛巴耶省，距首都班吉距离较近，包括三个站点，分别为乐特莫（Lotemo）、巴克（Bac）、博纳格曼巴（Bongoumba），总装机容量

24MW。洛巴耶（Lobaye）法国工程公司 1977 年、1985 年曾对三个工程项目开展预可行性研究和可行性研究。

蓝科诺（Lancreno）瀑布水电站。该项目利用蓝科诺瀑布天然的落差条件，技术可开发装机容量为 64MW，有待进一步进行可行性研究。

第莫立（Dimoli）水电站。该项目处在中非西南部的桑加姆巴埃雷省（Sangha - Mbaere），位于马莫河上，距首都班吉 760km，装机容量 180MW。

帕拉博（Palambo）水电站。项目距班吉 65km，装机容量 300MW，最初作为向乍得湖调水项目的一部分。由于该项目横跨区域调水，工程投资巨大，目前项目进度缓慢，推进艰难。

根据有关资料，中非境内还有其他可供开发的水电站点达 36 个，装机容量超过 1800MW。

4. 加蓬

加蓬油气资源比较丰富，按照加蓬政府计划 2020 年装机容量达到 1200MW 以上，2030 年装机容量达到 2000MW 以上，2015—2020 年建设 100MW 燃气电厂，2020—2030 年建设 200MW 燃气电厂。

根据 2012 年美国柏克德公司为加蓬制定的国家基础设施指导大纲（Schéma Directeur National d'Infrastructure，简称 SDNI）规划，到 2020 年，加蓬政府将投入 14200 亿非郎（约合 21.6 亿欧元）新建 6 座水电站。

近期计划建设 3 座水电站，分别为大布巴哈水电站（终期 240MW）、恩古涅省（N'gounié）的 l'Imperatrice 水电站（42MW）和沃勒-恩特姆省（WOLEU - NTEM）的 FEⅡ水电站（52MW）。另 3 座水电站也计划于 2020 年前投产，但目前未收集到相关信息。

2012 年 7 月 18 日，非洲发展银行批准向加蓬发放总额为 290 亿中非郎（合 5750 万美元）的贷款用于 l'Imperatrice 水电站和 FEⅡ水电站项目的建设，预计 2016 年前并网发电。

5. 赤道几内亚

赤道几内亚规划 2020 年建设燃气发电项目 150MW；规划 2030 年开发太阳能发电项目 150MW。

6. 乍得

2011 年中石油集团与乍得政府合资在建一座 Ndjamena 炼油厂，本期原油加工能力为 100 万 t/年。配套炼油厂建设，新建一座炼油发电厂，本期 5 台发电机，单台机组额定功率为 12MW，总装机容量 60MW。扣除炼油厂自身用电外，预计发电厂实际剩余总出力约 20MW。根据 Ndjamena 炼油厂规划，预计不久可开发炼油厂二期，二期投产后原油加工能力可达 500 万 t/年，远期约 1000 万 t/年。因此中期可考虑在炼油厂附近建设大型发电厂，该电厂近、远期总装机规模分别可按 400MW（新增 300MW）、900MW（新增 500MW）考虑。乍得电源发展规划如下表 19 - 7 所示。

7. 喀麦隆

喀麦隆经济、计划与领土整治部和经济、公共投资计划总署 2012 年 10 月提出了项目融资需求计划单。计划投资 687 亿非洲法郎建设电力基础设施强化项目、投资 400 亿非洲法郎建设喀麦隆-尼日利亚电力联网项目、投资 310 亿非洲法郎建设小型水电站和太阳能电站为农村供电项目，投资 590 亿非洲法郎建设班布托风力发电站项目。

表 19 - 7　　　　　　　　　　　乍得电源发展规划（2011 年）

电厂名称	额定功率/MW	计划执行年限	项目状况
Ndjamena 炼油发电厂Ⅱ期	300	2011—2015	计划
燃气发电厂	100	2011—2015	计划
Ndjamena 炼油发电厂Ⅲ期	500	2015—2030	计划
合计	900		

20　中部非洲电力系统现状及其发展规划

20.1　电力系统现状

2003 年 4 月，中部非洲国家经济共同体 ECCAS 在刚果（布）首都布拉柴维尔（Brazzaville）联合签署了一项关于成立中部非洲电力联营机构（Central African Power Pool，简称 CAPP）框架协议，以加强这一地区在电力生产和供应方面的协调与合作。根据这项协议，CAPP 总部设在布拉柴维尔，执委会主席由刚果（金）担任。该组织包括刚果（金）、刚果（布）、中非共和国、加蓬、赤道几内亚、乍得、喀麦隆、安哥拉、布隆迪、圣多美和普林西比。本研究的中部非洲 7 国均属 CAPP 成员国。

目前中部非洲各国电力短缺、电压不稳，如刚果（布）电力供应严重短缺，一天停电数次、几天连续停电是常有的现象。电压不稳，从 50V 到 380V 上下变动，对电器设备的损害相当严重。电力短缺成为制约国家经济发展的瓶颈。从 2009 年 CAPP 各个国家电气覆盖率来看，仍然较低，且各个国家电气率差异较大，乍得 4%，喀麦隆 29%，加蓬 37%。

2009 年 CAPP 成员国的用电量估计约为 14307GW·h（含安哥拉），安哥拉、喀麦隆、刚果（金）三个国家就占了 83%〔安哥拉占 24%，喀麦隆占 27%，刚果（金）占 32%〕，2009 年 CAPP 各成员国最大负荷如表 20-1 所示。

表 20-1　　　　　　　　　2009 年 CAPP 各成员国最大负荷　　　　　　　单位：MW

国家	安哥拉	布隆迪	喀麦隆	中非	刚果（布）	加蓬	赤道几内亚	刚果（金）	圣多美和普林西比	乍得
最大负荷	820	42	708	55	192	197	80	760		24

注　圣多美和普林西比数据未知。

如表 20-2 所示，CAPP 各成员国人均电力消费也存在大的差异，2009 年加蓬人均电力消耗 1326kW·h，赤道几内亚为 532kW·h，乍得低至 9kW·h。

表 20-2　　　　　　　　2000—2009 年 CAPP 各成员国人均电力消费　　　　　单位：kW·h/人

国家	2000 年	2001 年	2002 年	2003 年	2004 年	2005 年	2006 年	2007 年	2008 年	2009 年
安哥拉	91	91	79	135	120	126	137	151	186	187
布隆迪										
喀麦隆	233	238	233	257	245	239	240	239	245	245
中非	22	23	19	22	20	18	19	19	17	19
刚果（布）	115	117	128	126	126	137	148	155	155	167
加蓬	1194	1212	1239	1253	1233	1216	1265	1305	1352	1326
赤道几内亚	135	157	190	220	256	283	454	477	507	532
刚果（金）	89	86	83	76	77	73	75	70	68	63
圣多美和普林西比										
乍得	8	8	6	6	6	8.5	8	10	12	9

注　布隆迪和圣多美和普林西比数据未知。

结合 CAPP 统计数据，中部非洲国家 2012 年电力系统现状统计如表 20-3 所示。2012 年，中部非洲总装机规模达 4772.25MW，其中水电装机 3919.75MW，占总装机的 82%，火电装机 852.5MW，占总装机的 18%。年发电量 15489GW·h，其中水电 13260GW·h，火电 2229GW·h，最大负荷约 2945MW。

表 20-3　　　　　　　　　中部非洲国家 2012 年电力系统现状统计表

国　　家	装机容量/MW				年发电量/（GW·h）				最大负荷/MW	跨国送受电情况
	合计	火电	水电	其他	合计	火电	水电	其他		
刚果（金）	2550	34	2516	0	7453	33	7420	0	1050	区外受电 755MW
刚果（布）	247.5	38.5	209	0	670	40	630	0	221	送电至区外 214MW
中非共和国	42.75	24	18.75	0	86	36	50	0	60	
加蓬	414	244	170	0	1510	800	710	0	487	
赤道几内亚	316	196	120	0	550	350	200	0	138	
乍得	110	110	0	0	220	220	0	0	75	
喀麦隆	1092	206	886	0	5000	750	4250	0	913.6	
合计	4772.25	852.5	3919.75	0	15489	2229	13260	0	2945	

中部非洲主网架的供电电压等级较多，主要有 500kV、225kV、220kV、110kV、90kV、70kV、66kV、36kV、50kV，中部非洲 7 国输电线路长度统计如表 20-4 所示。

表 20-4　　　　　　　中部非洲 7 国输电线路长度统计表　　　　　　　单位：km

国　　家	合计	500kV	225kV	220kV	110kV	90kV	70kV	66kV	36kV	50kV	其他
刚果（金）	4620	1174		1483	1199		575			189	
刚果（布）	919			460	267						192
中非共和国	161				81				80		
加蓬	513		137			126			250		
赤道几内亚	8							8			
乍得	0										
喀麦隆	2027			480		337	1210				
合计	8248	1174	617	1943	1884	1336	575	8	330	189	192

目前在中部非洲国家中互联的有以下几个国家：刚果（金）和刚果（布）（输送容量 60MW，通过一条 220kV 线路相连）；刚果（金）和赞比亚（输送容量 150MW，通过从 Inga 至 Kolwezi 的 500kV 直流线路以及从 Kolwezi 至赞比亚北部的 Kitwe 的一条 220kV 线路相连）；刚果（金）和布隆迪、卢旺达（通过 110kV 线路相连）。

20.2 电力市场需求分析

进入 21 世纪以来，非洲国家经济发展势头强劲，自然资源丰富的中部非洲也将成为非洲最具活力的地区之一，各国均有自己发展之路。

刚果（金）政府近年来采取一系列措施促进经济和基础设施建设，从而刺激了电力需求的快速增长，全国电力供应出现明显不足。政府采取减少电力出口、从周边国家进口 418GW·h 电能等措施，仍无法满足生产和生活的基本需要，造成经常性大范围的停电，用户经常依赖柴油发电机自行发电。

刚果（布）推动国家经济多元化发展，刚果（布）总统推出了"未来之路"社会发展计划。根据规划内容，刚果（布）将建立 4 个经济特区，即：首都布拉柴维尔以北 45km 的港口城市黑角经济特区、布拉柴维尔以北 400km 的奥约—奥罗布经济特区、布拉柴维尔经济特区和西北部城市韦索经济特区。

加蓬政府计划于 2020 年达到 1200MW 以上，实现全国 100% 的地区实现供电覆盖。远景为实现国家工业化，电力装机容量将超过 2000MW。

喀麦隆经济计划和领土整治部 2009 年编制的《喀麦隆 2035 年远景规划》，喀麦隆国内公共用电和工业用电预计平均增长率分别为 6% 和 9.5%，均高于 GDP 约 5% 的增长速度，喀麦隆政府计划到 2020 年电力生产能力达到 3000MW，建立大型发电厂，改造和维修现有发电厂，以解决国内电力供应紧张问题，富余电力可出口周边国家。

由于缺少中部非洲国家的相关用电量的历史数据，无法计算历史电力消耗弹性系数，许多国家由于限电情况严重，计算出的历史电力消耗弹性系数也因失真不能使用。中部非洲地区电力需求预测主要根据 2000—2012 年经济增长和用电量增长的趋势，结合各国的经济发展规划、资源情况进行预测。预计 2015 年中部非洲地区用电负荷约 3783MW，年用电量约 18885GW·h，2012—2015 年平均增长率分别为 8.7%、8.6%。2020 年中部非洲地区用电负荷约 5574MW，年用电量约 27433GW·h，2015—2020 年平均增长率分别为 8.1%、7.8%。2030 年中部非洲地区用电负荷将达 11869MW，年用电量将达 60980GW·h。中部非洲电力系统需求预测如表 20-5 所示。

表 20-5　　　　　　　　　中部非洲电力系统需求预测表

国家名称	项目	2012 年（实绩）	2015 年	2020 年	2025 年	2030 年	平均增长率/%			
							2012—2015 年	2015—2020 年	2015—2025 年	2025—2030 年
刚果（金）	用电量/(GW·h)	6000	6900	8600	16900	22700	4.8	4.5	14.5	6.1
	负荷/MW	1050	1189	1463	2723	3361	4.2	4.2	13.2	4.3
	利用小时/h	5714	5803	5878	6206	6754				
刚果（布）	用电量/(GW·h)	884	1113	1792	2886	4648	8.0	10.0	10.0	10.0
	负荷/MW	221	278	448	721	1162	7.9	10.0	10.0	10.0
	利用小时/h	4000	4000	4000	4000	4000				

国家名称	项目	2012 年（实绩）	2015 年	2020 年	2025 年	2030 年	平均增长率/%			
							2012—2015 年	2015—2020 年	2015—2025 年	2025—2030 年
中非共和国	用电量/(GW·h)	86	114	168	270	436	9.9	8.1	10.0	10.1
	负荷/MW	60	65	84	135	218	2.7	5.3	10.0	10.1
	利用小时/h	1433	1754	2000	2000	2000				
加蓬	用电量/(GW·h)	2435	2985	4185	5870	8235	7.0	7.0	7.0	7.0
	负荷/MW	487	597	837	1174	1647	7.0	7.0	7.0	7.0
	利用小时/h	5000	5000	5000	5000	5000				
赤道几内亚	用电量/(GW·h)	552	952	1532	1956	2496	19.9	10.0	5.0	5.0
	负荷/MW	138	238	383	489	624	19.9	10.0	5.0	5.0
	利用小时/h	4000	4000	4000	4000	4000				
乍得	用电量/(GW·h)	225	390	960	1620	2730	20.1	19.7	11.0	11.0
	负荷/MW	75	130	320	540	910	20.1	19.7	11.0	11.0
	利用小时/h	3000	3000	3000	3000	3000				
喀麦隆	用电量/(GW·h)	4568	6431	10196	14974	19735	12.1	9.7	8.0	5.7
	负荷/MW	913.6	1286.2	2039.2	2994.8	3947	12.1	9.7	8.0	5.7
	利用小时/h	5000	5000	5000	5000	5000				
合计	用电量/(GW·h)	14750	18885	27433	44476	60980	8.6	7.8	10.1	6.5
	负荷/MW	2945	3783	5574	8777	11869	8.7	8.1	9.5	6.2

20.3　电源建设规划

中部非洲 2013—2030 年电源建设规划总体情况如表 20-6 所示。

表 20-6　　　　　　　　中部非洲电源建设规划表　　　　　　　　单位：MW

项　　目	水电	火电	风电	太阳能	合计
2013—2020 年新增装机容量	6350	687	50	1020	8107
2021—2030 年新增装机容量	25549	500	50	258	26357
小计	31899	1187	100	1278	34464

20.4 电力平衡分析

20.4.1 电力平衡主要原则

结合负荷预测水平、电源规划建设情况等因素，电力平衡主要原则考虑如下：

（1）计算水平年取 2020 年、2030 年。

（2）平衡中考虑丰水期和枯水期两种方式。

（3）结合中部非洲地区负荷特性，各区域枯水期负荷按最大负荷考虑；丰水期负荷为枯水期负荷的 0.97。

（4）系统备用容量按最大负荷的 15% 考虑。

（5）丰水期水电机组出力按装机容量考虑，火电（含燃煤、燃气、燃油）机组考虑部分检修，按装机容量的 70% 出力考虑。

（6）枯水期水电机组出力按装机容量的 30% 考虑，火电机组满发计。

（7）由于风电和太阳能发电出力具有不确定性，因此在电力平衡中不予考虑。

20.4.2 中部非洲电力平衡分析

中部非洲区域电力平衡结果如表 20-7 所示。

表 20-7 中部非洲区域电力平衡 单位：MW

项　目	2020 年		2030 年	
	丰水期	枯水期	丰水期	枯水期
一、系统总需求	6218	6410	13240	13649
（1）最大负荷	5407	5574	11513	11869
（2）系统备用容量	811	836	1727	1780
二、装机容量	11809	11809	37858	37858
（1）水电	10270	10270	35819	35819
（2）火电	1539	1539	2040	2040
三、可用容量	11347	4620	37247	12785
（1）水电	10270	3081	35819	10746
（2）火电	1078	1540	1428	2040
四、电力盈亏（＋盈，－亏）	5130	－1790	24007	－864

由表 20-7 电力平衡结果可看出，若规划期内的规划电源均如期投产发电，中部非洲 2020 年丰水期电力盈余约 5130MW；枯水期电力缺额约 1790MW，基本平衡。2030 年丰水期电力盈余达 24007MW，需考虑送至区外消纳。但枯水期仍有 864MW 缺额。结合中部非洲各国负荷预测及电源规划情况具体看来：刚果（金）和刚果（布）均水电资源十分丰富，随着规划水电站的逐步投产，两国电力将出现较大的盈余，需考虑新建电力外送通道以满足电力送出需要。中非共和国、加蓬以及喀麦隆近期内存在一定的电力缺口，随着

国内规划电源的投产，丰水期也将存在一定的电力盈余，但枯水期仍将有少量电力缺口，因此建议加快与周边国家的电力互联。赤道几内亚石油和天然气丰富，随着规划火电装机的建设，基本能够满足国内负荷增长需要，且有部分电力盈余。乍得缺电比较严重，建议加快区域电网互连互通工程。

20.5 电网建设规划

本次电网规划的建设项目应重点跟踪各电站送出工程以及中非电网互联互通规划中的电网建设项目，各国电网建设规划项目具体如下。

20.5.1 刚果（金）

刚果（金）主要是结合本次规划的布桑加（Busanga）水电站、Ruzizi Ⅲ 水电 Ruzizi Ⅳ 水电站、Nzilo 2 水电站、Kakobola 水电站、Inga 3 水电站的送出工程建设，加强刚果（金）国内主干电网，提高供电可靠性和供电覆盖面。

20.5.2 刚果（布）

刚果（布）主要是结合本次规划的苏达水电厂（2×100MW）、穆诺拉电厂（2×25MW），新建 110kV 变电站 8 个（马跨、韦索、金卡拉、博克、锡比提、埃沃、欧科依欧、埃杜昂比），并将兼巴拉变电站升压为 220kV，从而在黑角、布拉柴维尔、恩戈间形成 220kV 环网，使全国电网得到显著加强。2015—2020 年，将建成苏达水电厂二期（2×100MW）、穆巴马电厂（2×4.2MW）、露索电厂（2×6.5MW），并将 3 个 110kV 变电站（奥旺多、马跨、韦索）升压为 220kV，使 220kV 主干网贯穿全国并进一步得到加强。

20.5.3 中非共和国

中非规划建设 38km 的 110kV 高压输电线路架设、新建 1 座变电站（110kV）及对现有输电线路改造。

20.5.4 加蓬

加蓬新建 Alembe 225/90kV 变电站，Alembe—Ekouk 线路（120km、225kV）；FE Ⅱ 水电站—MITZIC 线路（17km、90kV）；FE Ⅱ 水电站—Alembe 线路（190km、90kV）。完成前期资料收集工作，目前已进入工程预可研阶段。同时建设 Chute de l'Impératrice—Ntoum 的 1 回 400kV 线路。

20.5.5 赤道几内亚

赤道几内亚 Djiplojo 水电站输变电工程（CMEC 承建）：新建 220kV 线路 559.4km，110kV 线路 624.26km，20kV 配电线路 182.4km；新建 220kV 变电站 5 座，110kV 变电站 13 个，20kV 变电站 9 个。Djiplojo 水电站送出工程，包括 220kV Bata 变、110kV Planta 变电站和 220kV Djiplojo—Bata 线路、110kV Bata - Planta 线路。同时政府正投入资金进行巴塔和马拉博市区的电力供应网络的改造。

20.5.6 乍得

规划 2015—2020 年炼油发电厂二期投产后，新建 Djermaya—Bongor—Moundou—

Doba—Sarh 220kV 高压输变电工程和 N'Djermaya—Oum - Hadjer Ati—Abéché 220kV 高压输变电工程。新建 220kV 线路长度约 600km，新建 220kV 变电站 5 座。

规划 2020—2030 年炼油发电厂三期投产后，Abéché—Am Timan—Sarh 220kV 高压输变电工程，实现全国大环网。新建 220kV 线路长度约 530km，新建 220kV 变电站 2 座。

规划 2020—2030 年 Faya 太阳能发电厂投产后，新建 Fada—Abéché 220kV 输变电工程。新建 220kV 线路长度约 300km，新建 220kV 变电站 1 座。

规划 2020—2030 年新建 1 座 500kV 变电站，通过新建 500kV 线路与南非联络，实现与非洲其他国家电网联网。

20.5.7　喀麦隆

喀麦隆主要是结合本次规划的 Lom Pangar、Nachtigal、瓦拉科（Warak）、Memvé Elé、Song Mbengué 等水电站送出工程建设，同时建设 Memve'ele - Maroua 内部联络线路。

20.6　区域电网互联互通规划

CAPP 投资研究的互联项目以及水电项目中包含的互联工程如表 20 - 8 所示。

表 20 - 8　　　　CAPP 投资研究的互联项目以及水电项目中包含的互联工程

互 联 项 目	互 联 线 路	电压/kV	备 注
刚果（金）水电站相关互联工程	北：Inga - Boali（中非）—EI Fasher（苏丹）—Cairo（埃及）直流线路，共 5300km；Inga—EI Fasher（苏丹）交流线路	800	途径刚果（布）、中非、苏丹、埃及 1993—1997 年完成可研
		500	途径刚果（金）、中非、苏丹、埃及
	西：Inga—Calabar（尼日利亚）直流互联，约 1400km	600	CAPP 与 WAPP 互联，途径刚果（金）、加蓬、喀麦隆、尼日利亚，正在可研，已经签署备忘录，缺研究资金
	南：Inga—Luanda（安哥拉）400kV 交流线路，340km；Luanda - Cambambe（安哥拉）220kV 交流线路，167km（现有）；Cambambe—Auas（纳米比亚）800kV 直流线路，1500km；Auas—博茨瓦纳 400kV 交流线路；博茨瓦纳-南非 400kV 交流线路。Auas—Aries（南非）400kV 交流线路，725km	400、220、800	途径刚果（金）、安哥拉、赞比亚、纳米比亚、津巴布韦、博茨瓦纳、南非
Mem'vele（喀麦隆）输电线路工程	Mem'vele—Bata（赤道几内亚）交流线路，95.4km	400	喀麦隆和赤道几内亚互联
	Mem'vele—加蓬交流线路	400	喀麦隆和加蓬互联
刚果（金）-安哥拉-刚果（布）互联项目	Inga［刚果（金）］—Cabinda（安哥拉）—Pointe Noire［刚果（布）］，250km	132	研究由非洲开发银行、南非开发银行、法国开发署资助，国家备忘录已经签署

互　联　项　目	互　联　线　路	电压/kV	备　　注
喀麦隆—乍得互联	Maroua（喀麦隆）—N'djamena（乍得），205.8km	220	可研已完成，需筹集建设资金以及承建方的选择
Inga—布隆迪和Inga—刚果（金）东部互联			为保证布隆迪和刚果（金）东部的电力供应，研究仍需投资资金

ECCAS 完成了"Interconnection Projects in Central Africa Region"的研究，它制定了至 2030 年的互联计划的整体发展方向，ECCAS 研究中总结的优先输电线路项目如表20-9所示。

表 20-9　　　　　　　ECCAS 研究中总结的优先输电线路项目表

互　联　国　家	互　联　线　路	电压等级/kV	输送容量/MW	线路长度/km
刚果（布）—加蓬	Mongo Kamba—Chutes de l'Imperatrice	400	600	482.1
加蓬—赤道几内亚	Ntoum—Bata	400	600	271.4

以下是其他研究中或国家规划的互联项目如表20-10所示。

表 20-10　　　　　　　其他研究中或国家规划的互联项目

互　联　项　目	互　联　线　路	电压/kV
刚果（金）—卢旺达、刚果（金）—布隆迪、刚果（金）—乌干达	1）Goma［刚果（金）］—Mukungwa（卢旺达）（2014 年）交流线路，62km； 2）Ruzizi［刚果（金）］—Bujumbura（布隆迪）（2020—2030 年）交流线路，112km； 3）刚果（金）—乌干达交流线路	220
刚果（金）—赞比亚	Kolwezi［刚果（金）］—Solwezi（赞比亚）交流线路，200km	330
乍得—中非	Moundou（乍得）—中非 220kV 线路，乍得—中非 500kV 联络线（2020—2030 年）	
刚果（金）—南非	刚果（金）—南非（马塔迪电力送出）交流线路，1500km	800

21 中国与中部非洲国家电力合作重点领域

通过对中部非洲7个国家在自然地理、矿产资源、社会经济、内政与对外关系、能源结构、电力系统现状及发展规划等方面因素的深入研究，遴选出中国与中部非洲电力合作的重点国家以及各国重点领域，如表21-1所示。

表 21-1   中国与中部非洲电力合作的重点国家及各国重点领域

区　域	国　　家	重点国别	合作重点领域				
			水电	风电	太阳能	火电	电网工程
中部非洲	刚果（金）	√	√				√
	刚果（布）	√	√				√
	中非		√				√
	加蓬	√	√			√	√
	赤道几内亚			√	√	√	√
	乍得			√	√		√
	喀麦隆	√	√	√	√		√

中部非洲地区除乍得外，雨量充沛、河流众多，水能资源极其丰富，但目前开发程度非常低，大力开发中部非洲地区水电资源不仅对本地区而且对整个非洲均具有极为重要的意义，未来具有很大的开发空间。根据各国水资源的分布情况，刚果（金）、刚果（布）、喀麦隆三国水电资源十分丰富，是水电开发合作的重中之重；加蓬、中非共和国的水电资源虽不及以上三国，但也较为丰富，同样是水电开发合作的重点国家；赤道几内亚和乍得由于水电资源少，合作潜力较小。鉴于此，同时结合中部非洲各国电力规划情况，推荐中国与中部非洲水电领域重点合作的国家主要有刚果（金）、刚果（布）、中非、加蓬以及喀麦隆。

中部非洲风能资源一般，仅乍得北部地区风资源较好。另外，喀麦隆和赤道几内亚也有一定的风能资源，且该两国还有开发新能源的计划。因此，推荐赤道几内亚、乍得以及喀麦隆作为中国与中部非洲风电领域重点合作国家。

中部非洲太阳能资源在非洲属于中下游。相对而言，乍得、喀麦隆以及赤道几内亚的太阳能相对较丰富，特别是喀麦隆政府，计划在2020年前新建投产太阳能发电装机500MW。因此，推荐中国与中部非洲太阳能发电领域重点合作的国家主要为赤道几内亚、乍得以及喀麦隆。

中部非洲地区石油、天然气资源丰富，结合各国电力发展规划，加蓬把建设"绿色加蓬"作为基本国策，计划将以水电、燃气电厂等清洁能源替代传统能源。另外，赤道几内亚也考虑建设部分燃气电厂，推荐加蓬、赤道几内亚作为中国与中部非洲火电领域重点合作国家。

　　中部非洲位于非洲的中心，未来将发展为非洲最大的电力能源基地。对于能源资源分布极为不均的非洲，满足电源，特别是水电工程的送出，加强区域内电网建设，实现非洲各国电网间的互通互联十分重要，因此电网建设也将是中国与中部非洲各国重点合作领域。

　　综合前述分析，中国与中部非洲地区合作前景广阔，推荐中国与中部非洲电力合作的重点国家为刚果（金）、刚果（布）、加蓬和喀麦隆。

南部非洲篇

22 南 部 非 洲 概 况

22.1 国家概况

22.1.1 国家组成

南部非洲地区通常包括安哥拉、南非、赞比亚、马达加斯加、莫桑比克、纳米比亚、津巴布韦、博茨瓦纳、莱索托、马拉维、毛里求斯、斯威士兰、科摩罗、留尼汪岛（法）、圣赫勒拿岛（法）等共 15 国家和地区。科摩罗为位于印度洋上的岛国，国土面积 2235km²；斯威士兰为非洲东南部内陆国家，北、西、南三面为南非所环抱，东与莫桑比克为邻，未与中国建交。考虑到斯威士兰、科摩罗、留尼汪岛（法）和圣赫勒拿岛（法）国土面积小，人口少，电力市场空间小，因此本次研究不包含该 4 个国家。

22.1.2 人口与国土面积

本书研究的南部非洲 11 国国土总面积 655.6 万 km²，占全非洲的 21.7%。2012 年人口约 1.56 亿，占全非总人口的 14.7%。南部非洲 11 国国土面积如图 22-1 所示，2012 年南部非洲 11 国人口情况如图 22-2 所示。

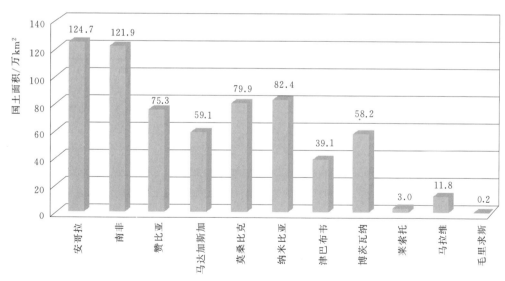

图 22-1 南部非洲 11 国国土面积

22.1.3 地形与气候

南部非洲地形主体为南非高原，东南部有德拉肯斯山脉。大部分是海拔 1000~1800m 的高原，外侧有北宽南窄的沿海低地，南端的开普山脉属褶皱山系。高原中部是卡拉哈里盆地，往四周地势逐渐升高；高原边缘以险峻的陡崖直落沿海低地，形成呈弧形绵延数千

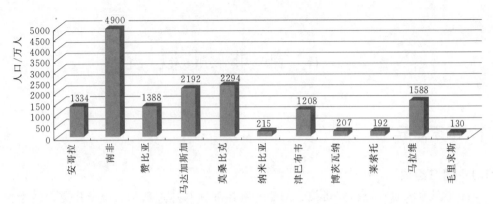

图 22-2　2012 年南部非洲 11 国人口

公里的大断崖，东南部德拉肯斯山脉最高峻，多海拔 3000m 以上山峰。气候类型复杂，热带海洋性气候为主，东部沿海炎热湿润，西南部沿海属地中海式气候，卡拉哈里盆地和西部沿海干旱少雨、荒漠和半荒漠广布。有赞比西、奥兰治、林波波等大河，东部河网较密，中西部多间歇性内流河。

22.1.4　社会经济

南部非洲是非洲经济最发达地区，11 国国家间经济发展水平差异大，2012 年毛里求斯人均 GDP 为 8069 美元、马拉维为 268 美元，毛里求斯、博茨瓦纳、南非、安哥拉、纳米比亚 5 国人均 GDP 超过 5000 美元，津巴布韦、莫桑比克、马拉维、马达加斯加 4 国人均 GDP 低于 1000 美元。2012 年南部非洲国家国情统计如表 22-1 所示，南部非洲 11 国人均 GDP 如图 22-3 所示，南部非洲 11 国用电人口比例如图 22-4 所示。

表 22-1　　　　　　　　　　　2012 年南部非洲国家国情统计表

国家	面积 /km²	人口 /万人	GDP /亿美元	人均 GDP /亿美元	经济 增长率 /%	通货 膨胀率 /%	失业率 /%	外汇和黄金储备 /亿美元	外债 总额 /亿美元	币种	汇率 /1 美元＝
安哥拉	124.7	1334	1142	8561	6.8	10.3	20	346.3	196.5	宽扎	95.54
南非	121.9	4900	3843	7843	2.6	5.2	24.4	549.8	475.6	兰特	8.095
赞比亚	75.3	1388	206.8	1490	6.1	6.5	14	26.16	54.45	克瓦查	5100
马达加斯加	59.1	2192	99.8	455	1.8	9.2	2.3	12.94	26.31	阿里亚里	2220
莫桑比克	79.9	2294	145.9	636	7.5	3.5	27	26.26	48.8	梅蒂卡尔	28.13
纳米比亚	82.4	215	128.1	5958	4	6.5	28	18.4	42.04	纳元	7.904
津巴布韦	39.1	1208	108.1	895	5	8.3		4.2	69.75	美元/南非兰特	
博茨瓦纳	58.2	207	144.1	6961	3.8	6.9	7.5	86.5	19.68	普拉	7.65
莱索托	3	192	24.5	1276	3.8	6.1	57	10.9	7.15	马洛蒂	8.095
马拉维	11.8	1588	42.6	268	1.6	34.6		3.2	12.14	克瓦查	335
毛里求斯	0.2	130	104.9	8069	3.4	4.7	8	28.5	57.68	卢比	29.96
合计	655.6	15648	5989.8	3828							

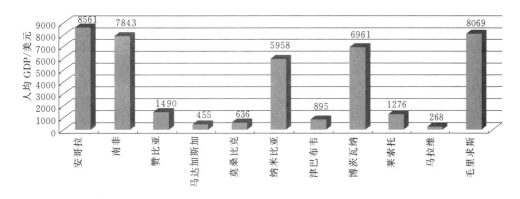

图 22 - 3 南部非洲 11 国人均 GDP

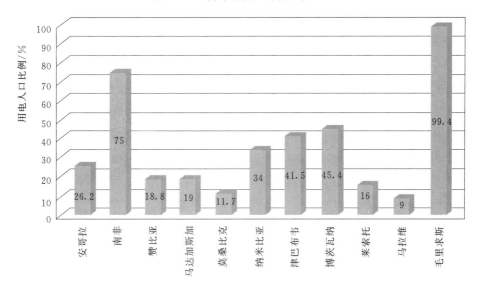

图 22 - 4 南部非洲 11 国用电人口比例

22.1.5 对外关系

1. 安哥拉

安哥拉奉行和平共处和不结盟的对外政策；主张在相互尊重主权、互不干涉内政和平等互利的基础上发展同世界各国的关系；坚持独立自主的多元化外交路线，重视外交为国内经济建设服务；呼吁建立国际政治经济新秩序，加强南南合作，积极参与地区和国际事务，努力提高自身影响力。截至 2015 年，安哥拉与 100 多个国家建立了外交关系。

2. 南非

奉行独立自主的全方位外交政策，主张在尊重主权和平等互利基础上同一切国家保持和发展双边友好关系。对外交往活跃，国际地位不断提高。已同 186 个国家建立外交关系。积极参与大湖地区和平进程以及津巴布韦、南北苏丹等非洲热点问题的解决，努力促进非洲一体化和非洲联盟建设，大力推动南南合作和南北对话。是联合国、非洲联盟、英联邦、二十国集团等国际组织或多边机制成员国。南非于 1998 年与中国建立外交关系。

建交以来，两国关系全面、快速发展。2012年7月，南非总统祖马来华出席中非合作论坛第五届部长级会议开幕式并访华。2013年3月，习近平主席对南非进行国事访问。双方发表了联合公报，中南全面战略伙伴关系发展进入了新的历史阶段。

3. 赞比亚

赞比亚奉行不结盟和睦邻友好的对外政策，强调外交多元化，主张在相互尊重、互不干涉内政、平等互利的基础上同世界各国建立并发展友好合作关系；注重经济外交，把争取外援、吸引外资、促进经济发展作为外交工作的重点。重视发展与西方的经济合作，争取援助和投资，同时也注意保持独立性。与非洲国家保持传统友好关系，积极致力于南部非洲政治、经济一体化与和平解决地区冲突，支持非洲联盟建设。重视发展与亚洲国家，特别是中国、日本和印度等大国的关系。

4. 马达加斯加

奉行不结盟政策，注意睦邻关系，主张建立印度洋和平区和印度洋区域合作，推行全方位外交。近几年，注意改善和发展同法、美等西方国家的关系。马达加斯加于1972年与中国建立外交关系。建交以来，中马经贸关系和经济技术合作进展顺利。两国签有相互促进和保护投资协定、贸易协定等，并设立了经济贸易混合委员会。

5. 莫桑比克

莫桑比克奉行广交友，不树敌的独立、不结盟外交政策，主张在相互尊重主权和领土完整、平等、互不干涉内政和互利的原则基础上与其他国家发展友好合作关系。重视睦邻友好和地区经济合作。主张通过谈判解决国家之间的争端。支持在非洲联盟内部建立预防和解决冲突的机制，支持全面裁军的原则。主张南南合作，要求建立国际政治、经济新秩序。截至2015年，莫桑比克同约100个国家有外交关系。

6. 纳米比亚

纳米比亚奉行不结盟、睦邻友好的外交政策，强调外交为经济建设服务，支持加强非洲国家间的合作，主张建立国际政治经济新秩序、加强南南合作、南北对话。注重周边外交。加强同周边国家、亚洲国家的经贸往来。纳米比亚已与108个国家建立外交关系。1990年，纳米比亚同中国建交。建交以来，两国在平等互利基础上的友好合作关系持续、稳步、顺利发展，在政治、经济、教育、卫生等方面的合作不断深化和扩大，双方在国际事务中的协调与配合十分密切。

7. 津巴布韦

津巴布韦奉行积极的不结盟政策。推行睦邻友好方针，以发展同非洲国家特别是南部非洲国家关系为外交重点。近年来大力推行"东向"政策，加强与其他发展中国家尤其是亚洲国家的关系。积极参与地区和国际事务，是不结盟运动、77国集团、非洲联盟、南部非洲发展共同体成员国。截至2015年，津巴布韦同约100个国家建立了外交关系。

8. 博茨瓦纳

博茨瓦纳奉行不结盟的对外政策，积极参与地区政治事务及经济合作。主张国家主权平等和互不干涉内政，通过谈判解决争端。提倡建立公正、平等的国际政治经济新秩序。积极参与非洲和地区事务，促进区域稳定、发展和合作。主张发展中国家尤其是中小国家应加强合作，共同应对全球化挑战。

9. 莱索托

莱索托奉行不结盟和睦邻友好政策。积极参与地区政治事务和经济合作。主张与不同政治、经济制度的国家和平共处。是南部非洲关税同盟、南部非洲发展共同体以及兰特货币区等地区组织成员国，与邻国均保持友好关系。近年来，莱索托在立足南共体的基础上，加强与欧美、联合国专门机构的关系，大力发展与东南亚和中、日、韩等东北亚及北欧国家的关系，积极参与地区与国际事务，大力引进外资，促进经济发展。

10. 马拉维

马拉维奉行睦邻友好和不结盟外交政策。主张通过谈判解决国际争端和地区冲突。马拉维是非洲联盟、不结盟运动、南部非洲发展共同体、东南部非洲共同市场等国际和地区组织的成员国。截至 2015 年，马拉维与 90 多个国家建立了外交关系。近年来，重视发展同中国、印度等新兴大国关系。

11. 毛里求斯

毛里求斯奉行中立、不结盟和全方位外交政策，坚持外交为经济建设服务，主张与所有国家发展友好关系，积极参与地区合作和南南合作，重视发展同东部和南部非洲国家和印度洋沿岸国家关系。毛里求斯是不结盟运动、非盟、东南非共同市场、南部非洲发展共同体、环印度洋地区合作联盟、印度洋委员会等组织成员，并为环印度洋地区合作联盟和印度洋委员会等组织秘书处所在地。截至 2015 年，毛里求斯同 90 多个国家建立了外交关系。

22.2 资源概况

南部非洲 11 国矿产资源丰富，金、铂、铬、锰、钒、锂、铀、石棉、铜的开采和输出居世界重要地位，还开采铁、金刚石、铅、锌、锑、煤等。金、金刚石、铬、铜、钒、锂、铍、石棉等矿产占世界重要地位，还有煤、石墨、锰、铂等。为非洲重要的蔗糖、羊毛、烟草产地。

南部非洲 11 国资源概况如表 22-2 所示。

表 22-2　　　　　　　　　　　南部非洲 11 国资源概况

国　　家	资 源 概 况
安哥拉	石油、天然气和矿产资源丰富，已探明石油可采储量超过 131 亿桶，天然气储量达 7 万亿 m^3。主要矿产有钻石、铁、磷酸盐、铜、锰、铀、铅、锡、锌、钨、黄金、石英、大理石和花岗岩等。钻石储量约 1.8 亿克拉，铁矿 17 亿 t，磷酸盐 2 亿 t，锰矿近 1 亿 t。森林面积 5300 万 hm^2，森林覆盖率 35%，是非洲第二大林业资源国，出产乌木、非洲白檀木、紫檀木、桃花心木等名贵木材
南非	矿产资源丰富，是世界五大矿产资源国之一。现已探明储量并开采的矿产有 70 余种。黄金、铂族金属、锰、钒、铬、硅铝酸盐的储量居世界第一位，蛭石、锆、钛、氟石居第二位，磷酸盐、锑居第四位，铀、铅居第五位，煤、锌居第八位，铁矿石居第九位，铜居第十四位
赞比亚	自然资源丰富，有金、银、铜、钴、铅锌、铁、锰、镍等金属矿，以及磷、石墨、云母、重晶石、大理石等非金属矿和祖母绿、黄宝石、紫金石、海宝蓝、孔雀石、石榴石等宝石矿，其中铜、钴、铁、煤和宝石等储量尤其丰富。已探明铜矿石储量 12 亿 t，在世界上排名第十位；钴储量 35 万 t，居全球第二位，钴产量占世界需求量的 20%，居世界第四位；铁矿以赤铁矿为主，铁矿石储量约 24 亿 t；祖母绿产量占世界总产量的 20% 以上。全国森林覆盖率为 45%

国　　家	资 源 概 况
马达加斯加	矿藏丰富，主要矿产资源有石墨、铬铁、铝矾土、石英、云母、金、银、铜、镍、锰、铅、锌、煤等，其中石墨储量居非洲首位。马达加斯加还是世界水晶蕴藏量第三大国，此外还有较丰富的宝石、半宝石资源以及大理石、花岗岩和动植物化石。森林面积 123279km²，约占国土面积的 21%
莫桑比克	有煤、铁、铜、金、钽、钛、铋、铝、石棉、石墨、云母、大理石和天然气等，其中煤蕴藏量超过 150 亿 t，钛 600 多万 t，钽矿储量居世界首位，约 750 万 t。大部分矿藏尚未开采。51% 的国土被森林覆盖，林木资源总量约 17.4 亿 m³
纳米比亚	矿产资源十分丰富，素有"战略金属储备库"之称。主要有钻石、铀、铜、铅、锌、金等。钻石储量约 5000 万克拉，是世界第六大钻石生产国；铀矿储量约 28 万 t，世界第四大、非洲第一大产铀国；铅矿储量约 100 万 t，非洲第一大产铅国；锌矿储量约 1180 万 t，为非洲第三大锌生产国；铜储量约 200 万 t；黄金储量约为 1 万 t
津巴布韦	自然资源丰富，有煤、铬、铁、石棉、金、银、锂、铌、铅、锌、锡、铀、铜、镍、钻石等。煤蕴藏量约 270 亿 t。铁蕴藏量约 2.5 亿 t。铬和石棉的储量均很大。工业用林面积 11.5 万 hm²
博茨瓦纳	矿产资源丰富，主要矿藏为钻石，其次为铜镍、煤、苏打灰、铂、金、锰等。钻石储量和产量均居世界前列。已探明的铜镍矿蕴藏量为 4600 万 t，煤蕴藏量 170 亿 t
莱索托	以钻石开采业为主，另有少量煤、方铅、石英、玛瑙及铀矿藏，但不具商业开采价值。钻石业发展较快，成为新的经济增长点。2006 年以来，莱先后发现了"莱索托诺言"等多颗特大高等级原钻。2011 年莱新开采出的重达 550 克拉钻石，拍出 1650 万美元。2012 年 2 月莱启动钻石切割和抛光设施建设，每月可切割和抛光钻石 2000 克拉。著名矿山有 Letseng 钻矿
马拉维	矿藏有煤、铝矾土、石棉、石墨、磷灰石、铀、铁矿等。2006 年在北部探明了储量为 11600t 的高品质铀矿。2010 年北部铀矿全面投产，采矿业同比增长 83.3%。森林面积约 73 万 hm²
毛里求斯	毛里求斯矿产资源匮乏，石油、天然气等完全依赖进口，水力资源有限，近海海域渔业资源稀少，但 190 万 km² 专属经济区渔业资源丰富，盛产金枪鱼

22.3　主要河流概况

南部非洲主要河流有赞比西河、奥兰治河、林波波河、萨韦河-萨比河、宽扎河、库内内河、奥卡万戈河等。

22.3.1　赞比西河

赞比西河（Zambezi）是非洲第四长的河流、南部非洲的最大河流，也是非洲大陆流入印度洋的第一大河。它发源于赞比亚西北部边境海拔 1300m 的山地，干流流经安哥拉、纳米比亚、博茨瓦纳、津巴布韦、赞比亚和莫桑比克等国，支流还流经马拉维，干流注入莫桑比克海峡，全长 2660km，流域面积 135 万 km²。河口多年平均流量 7080m³/s，径流量 2232 亿 m³，径流量仅次于刚果河，居非洲第二位。

从河源到莫西奥图尼亚瀑布（维多利亚瀑布）为上游，长 1287km；从莫西奥图尼亚瀑布至莫桑比克境内的卡布拉巴萨水库，为中游，长 869km；卡布拉巴萨以下是下游，长 579km。河水补给充足，流量随降水季节变化较大。多瀑布、急流，河上瀑布达

72 处，其中最大的莫西奥图尼亚瀑布为世界著名宽幅瀑布。水力资源丰富，水力资源理论蕴藏量 1.37 亿 kW。分段通航下游河段为最长通航河段。整个流域为非洲经济较发达地区。

赞比西河主要右岸支流有隆圭本古（Lunguui Bungo）河、卢安京加（Luanginga）河、宽多（Kwando）河、利尼扬蒂（Linyanti）河、胡尼亚尼河（Hunyani）等；左岸有卡邦波（Kabampo）河、卡富埃（Kafue）河、卢安瓜（Luangwa）河、希雷（Shire）河等。

中游河段接纳了 2 条大支流，即卡富埃河和卢安瓜河。卡富埃河是赞比西河的左岸支流，发源于扎伊尔与赞比亚北部边界的分水岭南侧，全长 970km，全部在赞比亚境内流动。流域面积 15.4 万 km²，年均径流量 74 亿 m³，在奇龙杜附近汇入赞比西河。卡富埃河中游地区为赞比亚国家公园区、下游修建有卡富埃水库。卢安瓜河是赞比西河的左岸支流，发源于赞比亚东北，马拉维湖北端以西，河流向西南流，于宗博附近汇入赞比西河，全长 770km，流域面积 14.57 万 km²。宽多河发源于安哥拉中部，河流向东南流，成为安哥拉和赞比亚长达 225km 的边界，然后进入卡普里维（Caprivi）地带，出该地带后，转向东流，河流改称乔贝（Chobe）河，在卡萨内附近注入赞比西河。河流全长 1046km，流域面积 9.67 万 km²。

赞比西河的下游只有 1 条大支流汇入，即希雷河，发源于马拉维湖，沿东非大裂谷流经马拉维和莫桑比克，于卡亚附近汇入赞比西河。河流全长 400km，流域面积 3.2 万 km²。

流域西部是辽阔的洪泛平原，分水岭不高，汛期河水可漫过分水岭与南部奥卡万戈河上游支流以及北部刚果河上游支流汇成大片的沼泽地。上游流经高原地区，河流纵坡平缓，河道多弯曲，水流缓慢，沿河沼泽广布，仅部分河段穿过急流和瀑布。中游流经著名的槽谷地带，大部分河道切过砂岩层，有些河道切过玄武岩层，形成峡谷段与洪泛平原相间的景观。中游河谷宽度变化较大，水流的缓急依河道的宽窄而变化。在峡谷间的开阔地带建有大型的卡里巴水库和卡布拉巴萨水库。中游河段的主要支流卡富埃河和卢安瓜河流经高原沼泽地带和断裂谷地，形成许多峡谷急滩。下游河段流经莫桑比克平原，河谷展宽至 3~8km。在近海处形成巨大的河口三角洲，其顶部在距海 120km 处，底部宽 150km，面积约 8000km²。三角洲上分布着许多汊流。

赞比西河流域处于热带草原气候带，河流有明显的洪水期和枯水期。赞比西河水流最大时是在 3 月或 4 月，到了 10 月或 11 月，流量减少到其最高峰时的 10% 不到。赞比西河流域的降水量从北向南由 1560mm 减至 650mm，因此两岸支流呈不对称发育，上游西南部雨量小而变率大，支流多为间歇性河流；而北部雨量较多而变率小，北部支流（卡富埃河、卢安瓜河及希雷河等）河水流量较稳定。卡富埃河流域的降雨量从北至南由 1500mm 减至 750mm。由于各河段雨季开始时间先后不同，洪水期出现的月份也不一致。上游洪峰一般出现在 2—3 月，中下游洪峰则推迟到 4—5 月。径流的季节变化较大，3—4 月流量最大，10—11 月流量最小，下游河段的最大流量与最小流量相差 11~14 倍之多。

赞比西河大部分河段流经海拔 500~1500m 的南非高原，穿越一系列峡谷地段，形成许多瀑布、急流，瀑布多达 72 处。举世闻名的莫西奥图尼亚大瀑布（维多利亚瀑布）是干流深切坚硬的玄武岩而形成的，总落差 122m，宽 1800m，洪水期水量达 5620m³/s。这些瀑布急流虽然不利于航运，但蕴藏着丰富的水能资源。卡富埃峡谷是卡富埃盆地的东口，有很大的落差；卢安瓜河及其支流，峡谷急流断续相连；希雷河上有恩库拉和泰扎西瀑布等。这些都是水力发电大有前途的地方。赞比西河总水能资源达 130000GW·h。

22.3.2　奥兰治河

奥兰治河（Orange）又称橘河，是非洲南部的一条重要河流，发源于莱索托境内德拉肯斯山脉中的马洛蒂山，向西流经南非中部及南非与纳米比亚的边界，最后注入大西洋。从河源至法尔（Vaal）河汇入奥兰治河的汇口为上游；从法尔河口至奥赫拉比斯（Aughrabies）瀑布为中游；下游段为南非与纳米比亚的界河。河流全长 1860km，流域面积 102万 km²，河口多年平均流量 490m³/s，是非洲第五大河。

奥兰治河右岸主要支流有马卡伦河、卡利登（Caledon）河、法尔（Vaal）河、赫龙瓦特河、莫洛波（Molopo）河、菲斯干（Fish）河等；左岸有克拉伊（Kraai）河、锡奎河、布拉克（Brak）河、哈特比斯（Hartbees）河。大部分支流集中在上游河段，中下游河段除间歇性河流外，无支流汇入。法尔河是奥兰治河最大支流，发源于德拉肯斯山脉的西坡，河长 1250km，流域面积 19.35 万 km²，年均径流量 44 亿 m³。主要支流有费特河、里特河和哈兹河等。

22.3.3　林波波河

林波波河也称鳄鱼河，是非洲东南部的一条较大河流，发源于约翰内斯堡附近的高地，向北转向东，流经南非与博茨瓦纳、津巴布韦的边界，在帕富里附近穿过列邦博山后向东南进入莫桑比克南部，在赛赛西南流入印度洋。林波波河全长约 1600km，流域面积 44 万 km²（其中约 40% 在博茨瓦纳境内，其余在津巴布韦、南非和莫桑比克境内），河口年平均流量 170m³/s。

22.3.4　萨韦河

萨韦河（Save）又名萨比河（Sabi），是津巴布韦和莫桑比克两国境内的一条较大的常流河，发源于津巴布韦首都哈拉雷以南 80km 的马什布鲁克附近，河流先向东南方向流经津巴布韦高地草原地区，至支流奥济（Odzi）河入汇口后转向南流，流经穆迪急流和奇维里拉（Chivirira）瀑布，到达马武埃附近开始进入莫桑比克，以上河段称萨比河。进入莫桑比克后，始称萨韦河。萨韦河向东流一段距离后折向东北方，在曼博内附近注入印度洋的莫桑比克海峡。河流全长 680km，总流域面积 10.3 万 km²，其中在津巴布韦境内约 8.42 万 km²，河口多年平均流量 160m³/s，流入大海的水量约为 50.5 亿 m³。

萨韦河-萨比河有大量的支流汇入，且主要集中在津巴布韦境内，主要支流有马切凯（Macheke）河、姆韦里哈里（Mwirihari）河、马库尼（Makuni）河、奥济河、代武雷（Devure）河［该河还有尼亚维齐（Nyazvidzi）河以及蒙盖齐（Mungezi）河等支流汇入］、图尔圭（Turgwe）河、伦迪（Lundi）河以及科阿（Coa）河等。

马切凯河是萨比河左岸第一条较大的支流,发源于津巴布韦南马绍纳兰省与马尼卡兰省交界之处的马切凯附近,河流向南流,先后有鲁萨佩(Rusape)河、鲁扎维(Ruzawi)河等支流汇入,最后在姆坦达山西侧汇入萨比河。

奥济河是萨比河左岸最大的一条支流,发源于津巴布韦和莫桑比克交界之处的姆塔拉齐瀑布公园,河流向南流,先后接纳姆普济(Mupdzi)河等支流,在温泉镇西南 20km 处汇入萨比河。

伦迪河是萨比河最大的支流,发源于津巴布韦中部省圭鲁附近,河流向东南流,先后有姆钦圭(Mchingwe)河、托奎(Tokwe)河[该河还有恩盖齐(Ngezi)河、沙谢(Shashe)河等支流汇入]、穆蒂利奎(Mtilikwe)河[该河还有沙加希(Shagashi)河等支流汇入,先后流经凯尔湖、班加拉(Bangala)水库与瀑布,在奇雷齐以西 20km 处汇入伦迪河]以及麦克杜格尔(Macdougall)河等支流汇入,流经奇维里加(Chiviriga)瀑布,在马武埃附近汇入萨比河。

22.3.5 奥卡万戈河

奥卡万戈河(Okavango River),又名库邦戈(Cubango)河,是南部非洲一条内陆河,发源于安哥拉比耶高原,向东南经纳米比亚流入博茨瓦纳,最后消失于奥卡万戈三角洲。奥卡万戈河全长 1600km,流域面积 80 万 km^2,河口流量 250m³/s。在博茨瓦纳境内,最大流量约为 453m³/s(3—4 月),最小流量约为 170m³/s(10 月)。主要支流有奎托河、库希河等。南部支流有的最终汇入恩加米湖;北部支流汇入宽多河(赞比西河支流)。

在罕见的大水年,一部分河水漫出天然河槽,从奥卡万戈三角洲的端部沿东北方向流入乔贝(Chobe)河,最后流入津巴布韦。但漫出的水量很少,几乎可以不计。流进三角洲地区的水量几乎全部消耗于蒸发和渗漏。该河水力资源并不丰富,水电开发意义不大。

22.3.6 库内内河

库内内河(Kunene)是安哥拉中南部的一条大河,发源于万博市东北大约 32km 处。河流从希亚梅卢向南在比耶高原陡峭的花岗岩河床中流动,在马塔拉流出花岗岩山地,河床高程下降 13m,后再进入卡拉哈里北部。在卡卢埃凯,河流突然转向西流,流经一系列急流,然后到达 70m 高的鲁阿卡纳(Ruacana)瀑布。从该瀑布起,河流成为安哥拉与纳米比亚的边界。往西大约 80km,河流横穿泽布拉山和海拔高达 2195m 的贝恩斯山进入峡谷地段。峡谷内,有翁多鲁苏瀑布和高达 30.5m 的埃普帕(Epupa)瀑布。河流从贝恩斯峡流出进入雨水稀少、干旱的纳米布(Mamib)大沙漠,然后进入泻湖状河口(在枯季,河口常常被拦门沙淤死),最后在库内内河口城附近注入大西洋。河流全长 945km,流域面积 11.2 万 km^2,河口多年平均流量 200m³/s,径流量 63.1 亿 m³。

库内内河流经安哥拉中南部,主要支流有库索(Cusso)河、卡伊(Cai)河、奇坦达(Chitanda)河、卡隆加(Calonga)河、卡库卢瓦尔(Caculuvar)河、奥卡塔纳(Ckatana)河以及奥沙纳埃塔卡(Oshana Etaka)河等。

卡库卢瓦尔河是库内内河右岸第一大支流,发源于威拉省境内靠近木萨米迪什省省界的卢班戈附近，向东南流，有穆科佩（Mucope）河等支流汇入，在洪贝以南10km处汇入库内内河。

奥沙纳埃塔卡河是库内内河左岸第一大支流，发源于纳米比亚西北部奥万博兰省境内最大的盐沼——埃托沙（Etosha）盐沼，河流向西北流，经奥波诺诺湖，最后在卡卢埃凯附近汇入库内内河。其中较大的支流有奥万博干（Ovambo）河（该河为干涸河）等。

库内内河上游流经山地，水能资源极为丰富，但到目前为止，未进行大规模开发，只兴建了一些中、小型水库，其中最大的工程为戈夫（Gove）水电站，该电站大坝为均质土坝，最大坝高58m，库容25.74亿 m³，工程主要用于发电和灌溉，1974年竣工。

22.3.7　宽扎河

宽扎河（Cuanza）是安哥拉具有重要经济价值的河流，发源于海拔1500m的比耶（Bie）高原希腾博东南大约80km的地方，离蒙布埃镇不到10km。河流先向北流约515km，然后曲折迂回地向西北流动，在罗安达以南48km处汇入大西洋。全长965km，流域面积15.6万 km²，多年平均流量836m³/s，多年平均径流量263亿 m³。宽扎河流经安哥拉中部，上中游主要在比耶省和马兰热省境内，下游经过南宽扎省、北宽扎省和罗安达省境。上、中游流经山地，水能资源丰富；下游流经平原，多灌溉、航运之利。中、下游交界处有一系列瀑布，如卡库洛卡巴萨（Caculo Cabaca）瀑布和卡瓦卢（Cavalo）瀑布等。

宽扎河水系庞大，支流众多，主要支流有库凯马（Cuquema）河、奎瓦河（Cuiva）、库宁加（Cunhinga）河、库塔托（Cutato）河、卢安多（Luando）河、奎热（Cuije）河、甘戈（Gango）河以及卢卡拉（Lucala）河等。

卢安多河是宽扎河上游最大的一条支流，发源于比耶省与莫西哥省交界处的萨林巴附近，河流先向西流，然后朝西北流，经马兰热省的卢安多自然保护区，先后接纳容博（Jombo）河、卢沃（Luvo）河和洛热（Loge）河等支流，在卡布洛附近从右岸汇入宽扎河。

卢卡拉河是宽扎河下游最大的支流，发源于威热省境内恩加热附近的一个湖泊，河流先向南流，后转向西流，先后有罗安达（Luanda）河、科尔（Cole）河等支流汇入，在马桑加诺附近注入宽扎河。

宽扎河水能资源丰富，主要集中在上游、中游，但到目前为止，却只在干流下游进行了开发，其中较大的工程有：①卡潘达（Capanda）工程，该工程大坝为土坝与重力坝混合结构，最大坝高110m，坝顶长1200m，坝体体积86.1万 m³，水库总库容48.0亿 m³，水电站装机容量52万 kW，1994年竣工；②坎班贝（Cambanbe）工程，该工程大坝为拱坝，初期最大坝高68m，后又加高至87.5m，坝顶长300m，坝体体积20万 m³，水库总库容2000万 m³，电站装机容量26万 kW，工程以发电为主，于1963年建成投产。

22.3.8　库沃河

库沃河（Queve）发源于安哥拉万博地区，流经万博省（Huambo）和南宽扎省。

库沃河上游自源头处的 Huambo 市起，到 Cassombo 镇附近，总长217km，海拔1700～1300m，落差400m，平均坡度约为1.8‰；中游自 Cassombo 镇附近起，到 Ebo 镇附近，总长 189km，海拔 1300～1250m，落差 50m，平均坡度约为 0.3‰；上游和中游河岸地处高原地区，支流纵横交错，河谷宽阔，流速缓慢，分布有较多农田与村庄，为农业和畜牧业发展地区。

下游卡夫拉至宾加瀑布河段长约 120km，总落差约 1245m，河段平均比降约 10.4‰，大瀑布至河口处河段总长 60km，地处平原，道路平坦，河岸宽阔，多为耕地区，落差仅25m，因此这一段水电开发价值相对不高。

23　南部非洲能源资源状况及其发展规划

23.1　能源资源概况及开发现状

南部非洲能源资源十分丰富，从分布情况看，水力资源主要集中在北部的安哥拉、赞比亚、津巴布韦、莫桑比克和东部岛国马达加斯加，5 国水能资源技术可开发量 41435MW（占南部非洲的 75%）；石油资源主要集中在安哥拉和西部的纳米比亚；天然气资源主要集中在安哥拉、马达加斯加、莫桑比克和纳米比亚；煤炭资源资要集中在南部的南非、中部的博茨瓦纳、赞比亚和马达加斯加。风能资源主要集中在安哥拉、纳米比亚、莱索托、马达加斯加、毛里求斯。太阳能资源以南非、纳米比亚的西部沿海地带最为丰富，向北部—东北部呈阶梯式递减，马达加斯加西部的太阳能资源也较丰富。由此可见安哥拉、马达加斯加是南部非洲能源资源品种最齐全的国家。

23.1.1　化石能源概况及开发现状

南部非洲 11 国石油、天然气储量最丰富的是安哥拉，石油储量 126 亿桶、天然气 3660 亿 m^3，纳米比亚、马达加斯加和南非也有石油、天然气资源。煤炭资源最丰富的是南非 5875 亿 t，博茨瓦纳 212 亿 t，莫桑比克、马达加斯加和马拉维也有煤炭资源。2012 年南部非洲各国化石能源状况统计如表 23-1 所示。

表 23-1　　　　　　　　　2012 年南部非洲各国化石能源状况统计表

国家	石油/亿桶	天然气/万亿 m^3	煤炭/百万 t
安哥拉	127	36.6	尚未发现
南非	0.15	0.00272	30156
赞比亚	尚未探明	尚未探明	>100
马达加斯加	17	2.53	>600
莫桑比克	尚未探明	12.74	7000
纳米比亚	31.6	6.23	尚未发现
津巴布韦	尚未发现	0.0005	502
博茨瓦纳	尚未发现	尚未发现	212000
莱索托	尚未发现	尚未发现	尚未发现
马拉维	尚未发现	尚未发现	22
毛里求斯	尚未发现	尚未发现	尚未发现

23.1.2 水能资源概况及开发现状

南部非洲主要河流有赞比西河、奥兰治河、林波波河、萨韦河-萨比河、宽扎河、库内内河、奥卡万戈河等。

南部非洲 11 国水能资源理论蕴藏量 614960GW·h/a，技术可开发量 41450GW·h/a（55445MW），至 2012 年水电装机容量 7658.4MW，仅开发 14％。水能资源蕴藏量最多的是马达加斯加 321000GW·h/a，水能资源丰富且开发程度较低的国家有安哥拉、赞比亚、莫桑比克。南部非洲 11 国水能资源及开发情况汇总如表 23－2 所示。

表 23－2　　　　　　　　南部非洲 11 国水能资源及开发情况汇总表

国家	理论蕴藏量 /(GW·h·a⁻¹)	技术可开发量		已开发容量		开发利用率/%
		可开发容量 /(GW·h·a⁻¹)	可开发装机容量/MW	已开发装机容量/MW	开发截至年份	
安哥拉	150000	65000	18260	1224	2012	6.7
南非	73000	11000	5160	661	2012	12.81
赞比亚	52460	28753	6000	1880.75	2012	31.35
马达加斯加	321000	180000	7800	105	2008	1.3
莫桑比克	50000	37647	6610	2183	2009	33.03
纳米比亚	10000	9000	2000	240	2008	12
津巴布韦	18500	17500	7200	750	2012	10.42
博茨瓦纳		500		0	2012	0
莱索托			450	75.25	2012	16.72
马拉维		6000	1200	300	2012	25
毛里求斯				59.4	2012	90

注　表中用电人口比例数据源自世界银行官网。

23.1.3 风能资源概况及开发现状

南部非洲风力最大区域基本位于安哥拉、纳米比亚和南非沿海 200～300km 陆上及海上区域，马达加斯加陆上大部分区域、南北距海边 200～300km 海上区域，毛里求斯距陆上 200～300km 海上区域，该区域风速在 8m/s 以上；南部非洲中东部大部分地区风速在 5.5m/s 以下，少部分地区风速在 5.5～7.0m/s 之间。

总体来说，南部非洲风能资源非常丰富。南部非洲 11 国风能资源概况及开发现状如表 23－3 所示。

表 23－3　　　　　　　南部非洲 11 国风能资源概况及开发现状

国　　家	风能资源概况及开发现状
安哥拉	安哥拉风能资源主要分布在西部沿海地区，平均风速可达 6m/s 以上，中东部地区资源贫乏，平均风速在 5m/s 以下。目前暂无建成的风电场
南非	南非风资源较好地区主要集中在距海约 200～300km 的东北、东南、西南、西北地区，风速达到 8～9m/s 以上。截至 2011 年年底，南非已批准风电总装机容量为 634MW；目前已知已建、在建风电场共 11 个，相应装机容量为 651.1MW

国　　家	风能资源概况及开发现状
赞比亚	赞比亚风能资源较好的区域主要分布在赞比亚东北和西南区域，80m 高度的平均风速均在 6～8m/s。目前暂无建成的风电场
马达加斯加	马达加斯加北部和南部地区 50m 高度的平均速度为 6～8m/s。目前暂无建成的风电场
莫桑比克	莫桑比克南海岸 10m 高度的平均风速高于 5m/s，其余大部分地区的风速都低于 4m/s。目前暂无建成的风电场
纳米比亚	纳米比亚风资源较好的区域主要分布在沿大西洋的海岸线附近及中西部地区的山地和丘陵区，80m 高度年平均风速约 6～9m/s。目前暂无建成的风电场
津巴布韦	津巴布韦风能资源较好的区域主要分布在西南部、中部和北部的部分地区，80m 高度年平均风速约 6.5～8.0m/s。目前暂无建成的风电场
博茨瓦纳	博茨瓦纳风能资源较差，绝大部分区域风速在 5.5m/s 以下。目前暂无建成的风电场
莱索托	莱索托除了西北部地区风速偏低，在 5m/s 以下外，东北至西南区域风速较大，在 6～7m/s 以上，部分地区风速达到 9m/s。在建的风电装机容量为 285MW
马拉维	马拉维风能资源较差，风速在 5.5m/s 以下。目前暂无建成的风电场
毛里求斯	毛里求斯陆上部分区域和距离海边 200～300km 的海上区域风能资源非常丰富，年平均风速可达 8m/s 以上，但本区域台风活动频繁。目前有 3 台 60kW 风电机组，总装机容量为 180kW（法国承建）

23.1.4　太阳能资源概况及开发现状

南部非洲大陆上绝大部分地区太阳能辐射量在 2000～2900kW·h/m²，少部分地区在 1800kW·h/m² 以下，且以南非、纳米比亚的西部沿海地区向北部—东北部呈阶梯式递减；马达加斯加以中部东北—西南向较高山脊为界，西部区域太阳能辐射量在 2000kW·h/m² 以上，东部区域太阳能辐射量在 1600kW·h/m² 以下。

总体来说，南部非洲太阳能资源非常丰富。南部非洲 11 国太阳能资源概况及开发现状如表 23-4 所示。

表 23-4　　　　　　　　南部非洲 11 国太阳能资源概况及开发现状

国　　家	太阳能资源概况及开发现状
安哥拉	安哥拉南部地区的年太阳能总辐射可达 7500MJ/m² 以上，北部大部分地区在 7000MJ/m² 以上。目前尚未建有太阳能电站
南非	南非大部分区域太阳辐射量在 2000kW·h/m² 以上，其中西部地区达到 2800kW·h/m² 以上，属于太阳能资源最丰富区。截至 2011 年年底，南非已批准太阳能总装机容量为 782MW；目前已知已建、在建太阳能项目共 7 个，其余项目不详
赞比亚	赞比亚年总辐射量约 7200～7800MJ/m²，境内分布比较均衡，太阳能资源丰富。目前尚未建有太阳能电站
马达加斯加	马达加斯加以中部东北-西南向较高山脊为界，西部区域太阳能辐射量在 2000kW·h/m² 以上，东部区域太阳辐射量在 1600kW·h/m² 以下。目前尚未建有太阳能电站，但已被开发运用到照明、通信和水利灌溉等领域
莫桑比克	莫桑比克太阳辐射量在 1600～2000kW·h/m² 之间，太阳能资源一般。目前尚未建有太阳能电站

续表

国　家	太阳能资源概况及开发现状
纳米比亚	纳米比亚年总辐射量约 7500～8640MJ/（m² · a）之间，由西向东逐渐递减，太阳能资源丰富。暂未搜集到已建太阳能资源开发项目
津巴布韦	津巴布韦年辐射量约 7000～7800MJ/m²，由中西部向南北逐渐递减，太阳能资源丰富。目前尚未建有太阳能电站，但已被开发运用到太阳能热水器方面
博茨瓦纳	博茨瓦纳太阳辐射量约 2400～2700kW · h/m²，由最高的西南部到中部区域向东南和西北两个方向逐渐递减，太阳能资源丰富。目前尚未建有太阳能电站，但已开发小型离网式太阳能设施，用以照明及抽水等用途
莱索托	莱索托太阳辐射量在 2000～2400kW · h/m²，由西向东递减，太阳能资源丰富。目前已知莱索托已建、在建太阳能装机容量为 290MW
马拉维	马拉维太阳辐射量在 1800kW · h/m² 左右，有些点达到 2100kWh/m²，太阳能资源一般。目前尚未建有太阳能电站
毛里求斯	毛里求斯太阳辐射量在 1800kW · h/m² 以下，有些点达到 2000kW · h/m² 以上，总体上太阳能资源一般。目前尚未建有太阳能电站，但已开发小型离网式太阳能设施，用以照明及抽水等用途

23.2　能源资源开发规划

23.2.1　水电开发规划

1. 赞比西河

（1）赞比西河干流。在赞比西河干流上计划开发的工程有：①卡通博拉水库，位于维多利亚瀑布上游约 60km 处，工程主要目的是调节径流量；②扩建维多利亚瀑布水电站，计划在南岸（津巴布韦一侧）装机 390MW；③在卡里巴水电站上游兴建德弗尔水电站，计划装机容量 1200MW；④在卡里巴水电站和卡博拉巴萨水电站之间建穆帕塔峡水电站，计划装机容量为 640～1200MW；⑤在卡博拉巴萨水电站下游 64km、106km 和 214km 处分别建梅潘达安夸、博罗马和卢帕塔等 3 座水电站，计划装机容量分别为 1780MW、444MW 和 654MW。

（2）卡富埃河。卡富埃河（Kafue River），赞比亚中部河流，赞比西河左岸支流。发源于北部边境山地，先向东南，流过铜带省后，折向西南，再急转向东，在卡里巴水库下游 64km 处注入赞比西河。河长 960km，流域面积 9.6 万 km²。大部分河段坡平流缓，两岸地势低平，有著名的卢坎加沼泽和卡富埃低地。下游穿切峡谷，陡落赞比西河各地，20km 内落差达 580m。该河规划由伊泰兹水电站、上卡富埃水电站和下卡富埃水电站，其中伊泰兹水库及上卡富埃水电站已建成，上卡富埃水电站装机容量 990MW，伊泰兹水电站装机容量 120MW 及下卡富埃水电站装机容量 750MW。

（3）卡邦波河。在西北省的赞比西河左岸支流卡邦波河流域，规划水电总装机容量 50.7MW，年发电量 221.2GW · h，分别为卡邦波峡（Kabombo）水电站（40MW）、Chavuma Falls 水电站（1.2MW）、Chikata Falls 水电站（3.5MW）、West Lunga 水电站（3MW）、Luakela Falls 水电站（2MW）、Lufubu 水电站（1MW）共计 6 座小水电站。

（4）卢安瓜河。卢安瓜河（Luangwa River）是赞比亚四大河流之一，为赞比西河左岸支流，发源于赞比亚伊索科（Isoka）附近的赞比亚与马拉维边境附近，在赞比亚、津巴布韦和莫桑比克三国交界的卢安瓜地区费拉附近汇入赞比西河。河流全长 800km，流域面积 14.6 万 km²。

根据前述分析，卢安瓜河支流上已建有穆隆古希、伦塞姆富瓦及卢西瓦西 3 座水电站。根据规划，将对该 3 座已投电站进行扩机，穆隆古希电站规划扩建 10MW 容量，卢西瓦西电站扩机 40MW。另外，将规划在伦塞姆富瓦电站下游新建一座 70MW 的水电站。

2. 卢安普拉河

卢阿普拉河干流及支流规划水电装机容量 917.25MW，除已建的 Chishimba Falls、Musonda Falls、Lunzua River 3 座小水电站外。赞比亚能源与水利部还规划在卢阿普拉河流域新建 3 座水电站，分别为卡伦维希河上的 Kundabwika falls 水电站（135MW）、Kabwelume Falls 水电站（84MW）和 Lumangwe Falls 水电站（60MW），总装机容量 279MW；规划在卢阿普拉河干流的中游河段新建 5 座水电站，分别为蒙博图塔 CX（Mombutota CX）、蒙博图塔 M（Mombutota M）、曼比利马 V（Mambilima V）、曼比利马 Ⅱ（Mambilima Ⅱ）、曼比利马 Ⅰ（Mambilima Ⅰ）水电站，5 座水电站总装机容量为 626.5MW。

3. 宽扎河

宽扎河流域卡班达—堪帕博河段长约 117km，河段平均比降 7.4‰，总落差约 867m。该河段共规划 9 级电站，总装机容量 6510MW，总发电量 26200GW·h，装机利用小时数 4025h。

除目前已投产了卡班达和堪帕博两个水电站外，宽孔河还规划了其他 7 座水电站。宽扎河卡班达—堪帕博河段梯级开发水电站主要指标如表 23-5 所示。

表 23-5　　　　宽扎河卡班达—堪帕博河段梯级开发水电站主要指标表

电　站	流域面积 /km²	总库容 /亿 m³	正常蓄水位 /m	利用落差 /m	规划装机容量 /MW	年发电量 /（GW·h）
卡班达	109022	33.00	940	90	450	1000
罕戈	112536	60.00	850	90	450	1300
拉乌卡（劳卡）	112617	0.42	768	135	2120	4700
卡库鲁-卡巴萨	112663	0.66	630	215	1560	7500
泽邹Ⅰ	113218	1.08	415	80	450	2700
泽邹Ⅱ	113239	0.05	333	20	120	700
卡萨多（猎人墓）	113503	2.35	270	80	450	2700
路易明	115122	1.83	185	43	330	1500
堪帕博	115524	1.02	130	114	580	4100
合计		100.41		867	6510	26200

需要说明的是，目前拉乌卡电站已完成项目建议书，装机容量调整为2067MW；卡库鲁-卡巴萨和卡萨多两电站也完成过相关研究报告，装机容量分别调整为500MW、500MW。

4. 库沃河

根据当地经济和社会发展需求，结合流域自然条件、资源情况和施工条件，为充分利用水能资源，本流域规划主要任务为发电，满足当地居民和铝矿石开采加工用电需求，促进当地经济和社会发展，并考虑生态环境用水需求。

上游和中游河岸地处高原地区，支流纵横交错，河谷宽阔，流速缓慢，分布有较多农田与村庄，为农业和畜牧业发展地区。下游卡夫拉至宾加瀑布河段长约120km，总落差约1245m，河段平均比降约10.4‰。该河段共规划7级电站，梯级自上而下分别为：卡夫拉、乌特安东博、达伊亚、宾加、卡膨达、巴拉农加、宾加瀑布。总装机容量2950MW，总发电量11511GW·h，装机利用小时数3902h。大瀑布至河口处河段总长60km，地处平原，道路平坦，河岸宽阔，多为耕地区，落差仅25m，因此这一段水电开发价值相对不高。

库沃河卡夫拉—宾加瀑布河段梯级开发方案主要指标如表23-6所示。

表 23-6　　　　库沃河卡夫拉—宾加瀑布河段梯级开发方案主要指标表

电　站	流域面积 /km²	总库容 /亿 m³	正常蓄水位 /m	利用落差 /m	装机容量 /MW	年发电量 /（GW·h）
卡夫拉	19040	11.00	1260	220	540	2115
乌特安东博	19420	0.15	1040	90	235	927
达伊亚	19450	0.22	950	195	510	1998
宾加	19650	1.80	755	315	815	3132
卡膨达	20170	0.16	440	130	380	1494
巴拉农加	20660	0.02	195	105	275	1080
宾加瀑布	20760	0.15	90	75	195	765
合计		13.50		1130	2950	11511

5. 萨韦河

萨韦河水能资源主要集中在上、中游萨韦河干支流上，兴建了6座坝高大于30m的大坝，主要用于灌溉和供水。目前了解到该河2020年前规划建设康多（Condo）水电站（270MW）和 Gairezi（25MW）水电站，总计装机容量295MW。

23.2.2　风电、太阳能电站开发规划

南部非洲风电、太阳能发展规划如表23-7所示。

表 23-7　　　　　　　　南部非洲风电、太阳能发展规划

国　　家	风电、太阳能发展规划
安哥拉	安哥拉境内风能和太阳能资源丰富，具有很大开发潜力，但目前安哥拉未进行风电和太阳能发电的规划工作，新能源开发处于起步阶段
南非	南非风能和太阳能资源非常丰富，根据南非已经发布《综合资源规划（IRP）2010—2030》（2011 年）可知，从 2011 年到 2020 年计划新增风电装机容量 3600MW，太阳能装机容量 3400MW；从 2021 年到 2030 年计划新增风电装机容量 5600MW，太阳能装机容量 6200MW

国　　家	风电、太阳能发展规划
赞比亚	赞比亚东北和西南区域风能资源较好，暂没有具体的开发项目和风能开发规划，但有开发风能资源的意向 赞比亚计划在 Kabompo 水电站附近建设 20MW 光伏电站，并考虑在资源允许的情况下，可能与水电联合运行
马达加斯加	马国风资源较好，可适当安排风力发电机组 马国太阳能资源较为丰富，未来考虑开发少量太阳能发电
莫桑比克	莫桑比克风能资源一般，但已在马普托地区规划了一个装机容量 100MW 风电场，并建议首期开发装机容量 10MW 莫桑比克太阳能资源一般，暂无太阳能开发规划
纳米比亚	纳米比亚风能资源丰富，政府将推广技术经济可行的新能源技术，在吕德里茨港已规划装机容量 10～20MW 风电项目 纳米比亚太阳能资源丰富，目前未收集到规划光伏电站的资料
津巴布韦	津巴布韦风能资源丰富，暂未搜集到风能资源开发的规划 津巴布韦风能资源丰富，已规划 1 座（名称未知）装机容量 100MW 的光伏电站和规划装机容量 400MW 的 Plumtree Power Plant 光伏电站
博茨瓦纳	博茨瓦纳风能资源条件一般，现尚无风能资源开发规划 博茨瓦纳太阳能资源丰富，根据博政府第十个国家发展规划，博政府致力于开发可再生能源，拟开发太阳能三个：①BPC（200MWp）；②试验发电站（1MWp）；③离网式光伏电站（为农村地区提供电源）
莱索托	莱索托部分山区风能资源较丰富，已计划开发风电场的装机容量为 6000MW。现尚无风能资源开发规划莱索托西部区域太阳能资源较丰富，已于 2012 年在三个地区开始实施风能和太阳能发电项目，具体情况不详。现尚无太阳能资源开发规划
马拉维	马拉维风能资源较差，无风能资源规划 马拉维太阳能资源一般，无太阳能资源规划
毛里求斯	毛里求斯政府致力于开发可再生能源，根据《长期能源战略及行动计划》，计划逐年增加现有风电机组的装机容量，预计每年约 2～3MW，在 2025 年风能发电占全国发电量比重达到 8%。计划于 2014 年在 Curepipe 地区投产装机容量为 29.4MW 风电场（Plaine Sophie wind farm）；此外拟在 Plaines des Roches 以及 Britannia 地区建造装机容量高于 10MW 的风电场 毛里求斯太阳能储藏量较丰富，已计划于 2014 年委托开发一座装机容量为 10MWp 的联网式太阳能光伏电站（5 个装机规模为 2MW 的光伏电站组成）。此外，另一装机容量为 15MWp 的光伏电站也在规划当中

24 南部非洲电力系统现状及其发展规划

24.1 电力系统现状

24.1.1 范围说明

本次研究的南部非洲 11 国分别为安哥拉、南非、赞比亚、马达加斯加、莫桑比克、纳米比亚、津巴布韦、博茨瓦纳、莱索托、马拉维、毛里求斯。其中的马达加斯加和毛里求斯为两个岛国。

南部非洲电力联盟（Southern African Power Pool，简称 SAPP）成立于 1995 年，目前共有 12 个国家：刚果（金）、安哥拉、坦桑尼亚、赞比亚、马拉维、纳米比亚、博茨瓦纳、津巴布韦、莫桑比克、南非、斯威士兰、莱索托，总供电面积 926 万 km^2，约占非洲的 28%；人口 2.5 亿，约占非洲的 25%。

经对比可知，本研究的南部非洲 11 个国家中的马达加斯加和毛里求斯并不是 SAPP 的成员国，其余 9 个均为 SAPP 成员国。另外 SAPP 中的刚果（金）、坦桑尼亚、斯威士兰不在本次研究范围内。因此本次研究的南部非洲国家与 SAPP 成员国略有差异。

截至 2012 年 6 月，SAPP 电力企业共有 16 家，如表 24 - 1 所示。

表 24 - 1 　　　　　截至 2012 年 6 月 SAPP 电力企业

序 号	企 业 全 名	身 份	简 称	国 家
1	Botswana Power Corporation	OP	BPC	博茨瓦纳
2	Electricidade de Mocambique	OP	EDM	莫桑比克
3	Hidro Electrica Cahora Bassa	OB	HCB	莫桑比克
4	Mozambique Transmission Company	OB	MOTRACO	莫桑比克
5	Electricity Supply Corporation of Malawi	NP	ESCOM	马拉维
6	Empresa Nacional de Electricidade	NP	ENE	安哥拉
7	ESKOM	OP	Eskom	南非
8	Lesotho Electricity Corporation	OP	LEC	莱索托
9	NAMPOWER	OP	Nam Power	纳米比亚
10	Societe Nationale d'Electricite	OP	SNEL	刚果（金）
11	Swaziland Electricity Board	OP	SEB	斯威士兰
12	Tanzania Electricity Supply Company Ltd	NP	TANESCO	坦桑尼亚
13	ZESCO Limited	OP	ZESCO	赞比亚
14	Copperbelt Energy Corporation	ITC	CEC	赞比亚
15	Lunsemfwa Hydro Power Company	IPP	LHPC	赞比亚
16	Zimbabwe Electricity Supply Authority	OP	ZESA	津巴布韦

注　表中身份栏代表含义分别为：OP（Operating Member）代表运行成员，OB（Observer）代表观察者，NP（Non-Operating Member）代表非运行成员，IPP（Independent Power Producer）代表独立发电公司，ITC（Independent Transmission Company）代表独立输电公司。

24.1.2 南部非洲电力联盟 SAPP 电力系统现状

截至 2011 年年底 SAPP 装机容量 54325MW。2011 年 SAPP 主要发电装机构成如表 24-2 所示。可见，2011 年 SAPP 以煤电为主，占比高达 73%，这与该区域丰富的煤炭资源有关；基荷水电 9474MW，占比 17%，另有少比例的核电、燃油、燃气电站。2011 年 SAPP 主要发电装机构成如图 24-1 所示。

表 24-2　　　　　　　　　　2011 年 SAPP 主要发电装机构成表

发 电 类 型	装机容量/MW	所占比例/%
基荷水电	9474	17
煤电	39666	73
核电	1930	4
燃气	646	1
燃油	2609	5
合计	54325	100

截至 2013 年 3 月，SAPP 总电源装机 57182MW，其中可用装机 51702MW。总的电力需求为 53833MW（包含限负荷因素），比 2011 年新增 2857MW。

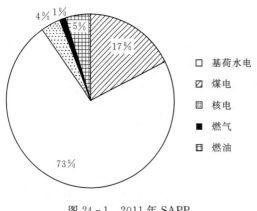

图 24-1　2011 年 SAPP
发电装机构成比例图

SAPP 装机类型分布大体为"北水南火"，北部区域主要是水电，包含刚果（金）、安哥拉、赞比亚、坦桑尼亚、马拉维、津巴布韦、莫桑比克等 7 个国家。

南部区域主要是火电，主要是纳米比亚、博茨瓦纳、南非、莱索托、斯威士兰等 5 个国家。

SAPP 电网互联现状如下。

20 世纪 50 年代：刚果（金）—赞比亚联网，一条 220kV 交流线路。20 世纪 60 年代：赞比亚—津巴布韦联网，2 条 330kV 交流线路。1975 年：莫桑比克—南非联网，1400km 的 533kV 直流。从 1995 年起，一共有如下互联输电线路投产：①连接南非与津巴布韦之间的 400kV 线路，1995 年投产；②连接莫桑比克与津巴布韦的 330kV 线路，1997 年投产；③博茨瓦纳与 SAPP 连接的 400kV 线路，1998 年投产；④莫桑比克与南非之间的 533kV 直流线路，1998 年投产，Cahora Bassa - Apollo substation；⑤通过斯威士兰连接南非和莫桑比克之间的 400kV 线路，2000 年投产，Camden—Edwaleni—Maputo；⑥连接南非与莫桑比克的 400kV 线路，2001 年投产，Arnot Arnot—Maputo；⑦连接南非与纳米比亚的 400kV 线路，2001 年投产，Aggeneis Aggeneis—Kookerboom；⑧连接赞比亚与纳米比亚之间的 220kV 线路，2007 年投产。

除马拉维、安哥拉和坦桑尼亚外，其余 9 个国家实现了电网互联，形成南部非洲电网，互联线路电压等级有 533kV、400kV、330kV、220kV 和 132kV。根据规划，远景安哥拉将与刚果（金）、纳米比亚互联，赞比亚将与刚果（金）以及坦桑尼亚互联。2012 年南部非洲电网互联如图 24 - 2 所示。需要说明的是，图中虚线为远景规划线路。

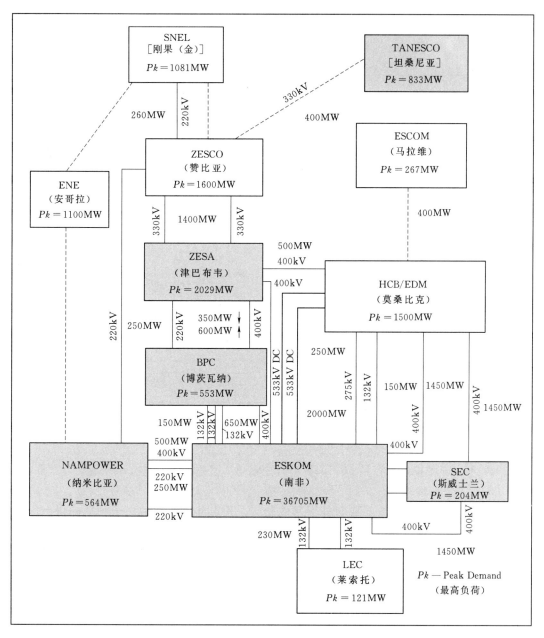

图 24 - 2　2012 年南部非洲电网互联图

24.1.3　南部非洲 11 国电力系统现状

南部非洲国家 2012 年电力系统现状统计如表 22 - 3 所示。从该表可见，南非装机容量最大，达到 41689MW，其次为莫桑比克 2432MW，第三为津巴布韦 2045MW，第四为赞比亚 1989MW，第五为安哥拉 1651MW。其余 6 个国家装机容量均未超过 1000MW。

表 24-3　　　　　　　　　南部非洲国家 2012 年电力系统现状统计表

国　家	装机容量/MW				年发电量/（GW·h）				最大负荷/MW	跨国送受电情况
	合计	火电	水电	其他	合计	火电	水电	其他		
安哥拉	1651	427	1224	0			6988	0	950	
南非	41689	37715	661	3313					36212	与南部非洲多国有电力联系
赞比亚	1989	108	1881	0				0	1800	赞比亚根据国内用电需求，从刚果（金）南部，以及南非购买电量
马达加斯加	287	182	105	0				0	206	
莫桑比克	2432	249	2183	0				0	2050	与南非有电力交换、富余电力送至周边津巴布韦、马拉维等国
纳米比亚	404	164	240	0				0	614	
津巴布韦	2045	1295	750	0				0	2414	主要从莫桑比克、赞比亚、南非进口电量
博茨瓦纳	202	202	0	0			0	0	585	从南非购买电量
莱索托	75	0	75	0		0		0	148	从南非购买电量
马拉维	288	3	285	0					300	
毛里求斯	738	590	30	118					420	
合计	51800	40935	7434	3431						

注　1. 表中数据为各国公布的电力系统数据，空白处为暂无数据。

　　2. 由于缺乏资料，马达加斯加、纳米比亚为 2008 年数据，莫桑比克为 2009 年数据。

24.1.3.1　安哥拉

2012 年，安哥拉装机容量 1651MW，其中水电 1224MW，煤电 267MW，燃气联合循环 160MW。

目前安哥拉电网还没有完成与外部区域联网，其内部电网分为三个独立的供电区域，包括北部、中部、南部供电区。北部供电区是安哥拉最大的供电区，由依托 Cuanza 流域发电的 Cambambe 水电站和 Capanda 水电站供电。中部供电区由依托 Catumbela 流域发电的 Lohaum 水电站供电，南部供电区由依托 Cunene 流域发电的 Matala 水电站供电。

2012 年，安哥拉最大负荷为 950MW，同比增长 9.3%；年发电量 3940GW·h，用电量 3370GW·h。

24.1.3.2　南非

2012 年南非共有电厂 27 座，总装机容量 41689MW。其中燃煤电厂 13 座，装机容量 35289MW；燃油/燃气电厂 4 座，总装机容量 2426MW；水电站 6 座，总装机容量 661MW；抽水蓄能电站 2 座，总装机容量 1400MW；风电场 1 座，装机容量 3MW；核电厂 1 座，装机容量 1910MW。

截至 2012 年 3 月，南非输电网拥有 153 座变电站，主变 408 台，总装机容量

132955MV·A。拥有输电线路长度 28995km，其中 765kV 线路长度 1153km，533kV 直流线路长度 1035km，400kV 线路长度 17118km，275kV 线路长度 7361km，220kV 线路 1217km，132kV 线路 1111km。

2012 年南非最大用电负荷 36212MW。南非与莫桑比克有电力交换、富余电力送至纳米比亚、博茨瓦纳、斯威士兰、莱索托等国。

24.1.3.3 赞比亚

2012 年赞比亚电力系统总装机容量为 1989MW，其中，水电装机容量 1881MW，占 95%，燃气、柴油等热电 108MW，占 5%。

赞比亚根据国内用电需求，会从刚果（金）等周边国家购买电量。购电合同是不固定合同。同时也有一些电量通过低压输电线路，出口至周边国家——博茨瓦纳、纳米比亚、坦桑尼亚、刚果（金）边境周边地区，在过去的 6～7 年内共出口电力约 100GW·h。

赞比亚正在不断发展和完善本国输电系统，电网以 330kV 的干线输电线路将上卡富峡、卡里巴北岸、卡里巴南岸（津巴布韦）水电站和采矿区连接起来，并和刚果（金）北部科卢韦齐变电站相连，目前赞比亚与刚果（金）之间，是经由 Luano 变电站通过 220kV 线路和刚果（金）的 Likasi 相连。另规划一回 330kV 的线路自南北 330kV 干线中部的 Kabwe 起，与 Pensulo 相连，其延伸部经北方省的 Kasama 与坦桑尼亚相连，以实现与坦桑尼亚和肯尼亚的电力连接（总长 700km），对肯尼亚内罗毕供电，同时也会加强赞比亚北方省和卢阿普拉省的电力供应。从利文斯顿至卡蒂马穆利洛的 220kV 赞比亚—纳米比亚输电线路（200km），实现了与纳米比亚电网的互联。

24.1.3.4 马达加斯加

2012 年马达加斯加全国共有 114 座电站。其中水电站为 14 座，另有 100 座柴油或重油发电站。马达加斯加的供电系统目前主要由三个电网（即塔那那里佛电网、塔马塔夫电网和费亚南楚电网）以及其他一些独立电站组成。全国总发电装机容量为 287MW。其中，约 2/3 为水力发电，14 个水电站发电量占总发电量的 68%，其余 100 个热电站的发电量占总发电量的 32%。其中 Andekaleka 水电站（58MW）和 Mandraka 水电站（24MW）是全国最大的电站。

24.1.3.5 莫桑比克

莫桑比克电力构成以水电为主，火电为辅，2012 年装机规模达 2432MW，其中水电 2183MW，火电 249MW。2012 年莫桑比克最大负荷 2050MW，该国与南非有电力交换、富余电力送至周边津巴布韦、马拉维（规划）等国。莫桑比克电网目前主要分为北部电网、中部电网和南部电网三大部分。莫桑比克输电线路总长度为 4873km，其中 275kV 线路 117km，220kV 线路 1756km，110kV 线路 2530km，66kV 线路 470km。

24.1.3.6 纳米比亚

截至 2012 年，纳米比亚总装机规模达到 404MW，其中水电装机容量 240MW，火电装机容量 164MW。纳米比亚的电源结构具有区域性特征，北部地区主要为水电，中部地区主要为燃煤火电，南部地区没有装机分布。

2012 年，该国最大负荷为 614MW，同比增长 5.9%。2012 年，该国全年发电量为 2200GW·h；用电量为 3930GW·h；外送电量为 370GW·h；外受电量为 2100GW·h。

境内主网架电压等级为 400kV、350kV、330kV、220kV、132kV、66kV、33kV、19kV、11kV，境内 220kV 线路纵贯南北，400kV 线路 1 回，长度 988km，350kV 线路长度 953km，330kV 线路长度 522km，220kV 线路长度 2911km，132kV 线路长度 2113km，66kV 线路长度 3605km。另有一条 400kV 线路至南非，一条 330kV 线路至安哥拉。

24.1.3.7　津巴布韦

津巴布韦 2012 年装机规模达 2045MW，其中水电 750MW，火电 1295MW。2012 年发电量 7808GW·h，最大负荷 2414MW。输出电量、受入电量、净受电分别为：56GW·h、5338GW·h、5282GW·h。该国电力净受入较多，主要从莫桑比克、赞比亚、南非进口。

津巴布韦境内主网架为 400kV、330kV、220kV、132kV，全国形成了以 330kV 为主干网的供电结构。

24.1.3.8　博茨瓦纳

2012 年 3 月，博茨瓦纳装机容量为 202MW，全部为火电机组，其中，燃煤火电装机 1 座（Morupule 站），装机容量为 $4×33MW$，燃油火电装机 70MW。2012 年，博茨瓦纳最大负荷为 585MW，年发电量为 1590GW·h，年用电量为 3549GW·h，年受电量为 1959GW·h，其中南非至博茨瓦纳送电量占博茨瓦纳总外受电量的 70%。境内主网架电压等级为 220kV、132kV、66kV、33kV，并有一条 400kV 过境线路。

24.1.3.9　莱索托

2010 年仅有水电装机 75MW，年发电量 200GW·h。年用电量 520GW·h，最大负荷 148MW。受入电量 320GW·h，无输出电量。作为南非的国中国，其受电量主要来自南非。

24.1.3.10　马拉维

2010 年马拉维全国装机总容量为 288MW。其中 285MW（94%）来自于希雷河上的水力发电站，其余为遍布各地的小柴油发电机组。2010 年用电量 1570GW·h，最大负荷 300MW。莫桑比克和赞比亚供电马拉维部分边境城镇。马拉维境内输电线路长度共计 2395km。其中 132kV 线路长约 1274km，66kV 线路长约 1121km。输电线路中约 60% 为木质结构杆塔，其余为钢结构杆塔。建成时间从 1966 年到 2006 年。截至 2012 年，马拉维共有 39 座变电站，主变超过 70 台。其中 132kV 及 66kV 变电容量分别为 390.5MV·A 及 355MV·A。

24.1.3.11　毛里求斯

2010 年，毛里求斯总装机容量为 738MW，其中燃油火电装机容量为 275MW，燃煤火电装机容量 315MW，水电站总装机容量为 30MW，燃烧甘蔗渣电站装机容量 118MW。

全国电力供应由中央电力公司和独立电力供应商提供，其中独立电力供应商的供电量占比 40%～45%。2012 年，毛里求斯最大负荷为 420MW。全年发电量为 2432.4GW·h，用电量为 2358.4GW·h。截至 2012 年，毛里求斯全网主变总容量 3496MV·A，电压等级包括 66kV、22kV、6.6kV。66kV 架空线路总长 280km，66kV 电缆线路总长 18km。

24.2　电力市场需求分析

南部非洲电力系统需求预测如表 24-4 所示。

表 24-4　　　　　　　　　　南部非洲电力系统需求预测

国家名称	项　　目	2012 年（实绩）	2015 年	2020 年	2025 年	2030 年	平均增长率/%			
							2012—2015 年	2015—2020 年	2015—2025 年	2025—2030 年
安哥拉	用电量/(GW·h)	5805	7563	10757	14457	19429	9.2	7.3	6.1	6.1
	负荷/MW	950	1238	1760	2366	3180	9.2	7.3	6.1	6.1
	利用小时/h	6111	6111	6111	6111	6111				
南非	用电量/(GW·h)	254400	311500	341000	365200	401200	7.0	1.8	1.4	1.9
	负荷/MW	36212	45952	50316	53878	59195	8.3	1.8	1.4	1.9
	利用小时/h	7025	6779	6777	6778	6778				
赞比亚	用电量/(GW·h)	10800	13068	15073	17892	21120	6.6	2.9	3.5	3.4
	负荷/MW	1800	2145	2605	3251	4044	6.0	4.0	4.5	4.5
	利用小时/h	6000	6092	5786	5504	5223				
马达加斯加	用电量/(GW·h)	1030	1200	4000	10000	20000	5.2	27.2	20.1	14.9
	负荷/MW	206	240	800	2000	4000	5.2	27.2	20.1	14.9
	利用小时/h	5000	5000	5000	5000	5000				
莫桑比克	用电量/(GW·h)	10200	11600	14400	17800	22100	4.4	4.4	4.3	4.4
	负荷/MW	2050	2339	2915	3633	4527	4.5	4.5	4.5	4.5
	利用小时/h	4976	4959	4940	4900	4882				
纳米比亚	用电量/(GW·h)	3720	4431	5725	7412	9595	6.0	5.3	5.3	5.3
	负荷/MW	614	731	945	1223	1584	6.0	5.3	5.3	5.3
	利用小时/h	6059	6059	6059	6059	6059				
津巴布韦	用电量/(GW·h)	14000	15300	18100	21300	25100	3.0	3.4	3.3	3.3
	负荷/MW	2414	2643	3115	3674	4322	3.1	3.3	3.4	3.3
	利用小时/h	5800	5789	5811	5797	5807				
博茨瓦纳	用电量/(GW·h)	2850	3205	4091	4977	6056	4.0	5.0	4.0	4.0
	负荷/MW	585	658	840	1022	1243	4.0	5.0	4.0	4.0
	利用小时/h	4871	4871	4871	4871	4871				
莱索托	用电量/(GW·h)	600	700	900	1100	1400	5.3	5.2	4.1	4.9
	负荷/MW	148	165	188	214	244	3.7	2.6	2.6	2.7
	利用小时/h	4054	4242	4787	5140	5738				
马拉维	用电量/(GW·h)	1560	2300	2800	3300	4000	13.8	4.0	3.3	3.9
	负荷/MW	300	448	541	629	652	14.3	3.8	3.1	0.7
	利用小时/h	5200	5134	5176	5246	6135				

续表

国家名称	项 目	2012 年（实绩）	2015 年	2020 年	2025 年	2030 年	平均增长率/%			
							2012—2015 年	2015—2020 年	2015—2025 年	2025—2030 年
毛里求斯	用电量/(GW·h)	2322	2587	3033	3590	4249	3.7	3.2	3.4	3.4
	负荷/MW	420	475	548	635	736	4.2	2.9	3.0	3.0
	利用小时/h	5529	5446	5535	5651	5770				
合计	用电量/(GW·h)	307287	373454	419879	467028	534249	6.7	2.4	2.2	2.7
	负荷/MW	48331	57034	64573	72525	83727	5.7	2.5	2.3	2.9

24.2.1 安哥拉

目前，安哥拉只有 30% 的地区能有正常供电，其农村地区的正常供电比例甚至低于 10%。结合安哥拉装机容量分布及产业分布可知，安哥拉北部地区用电量占全国比例最高。由此可知，安哥拉的电力发展空间比较大，由安哥拉年用电量历史数据可知，该国年用电量的发展存在不可预测的因素，如 2007—2008 年的增长率达到了 51%。因此，对于安哥拉未来阶段性的负荷预测可以参考历史阶段性的电力需求增长率。本次预测参考了 SAPP 对安哥拉的电力负荷预测。由预测结果可知，安哥拉用电量 2015 年、2020 年、2030 年用电量分别为 7563GW·h、10757GW·h 和 19429GW·h，对应的负荷分别为 1238MW、1760MW 和 3180MW。

24.2.2 南非

南非 2000—2012 年用电量年均增长率约为 1.66%，同时期经济增长率平均约为 2.8%，弹性系数约为 0.571。南非人均用电量多年来维持在 4000～5000GW·h 之间，并且基本保持稳定，说明南非基本处于用电量维持较高水平的程度，未来增长率不会太高，但仍有增长空间。南非国家计划委员会 2011 年 11 月公布《2030 年国家发展规划》，提出在未来 20 年内实现减贫和社会公平。《2030 年国家发展规划》提出增加政府支出，加大在公路、铁路、港口、电力等基础设施领域投资，支持经济快速发展。根据历史数据和经济发展规划，参考 SAPP 给出的预测值，预计未来 20 年内南非电量和负荷增长率均为 1.9%。南非用电量 2015 年、2020 年、2030 年用电量分别为 311500GW·h、341000GW·h 和 401200GW·h，对应的负荷分别为 45952MW、50316MW 和 59195MW。

24.2.3 赞比亚

1990—2000 年赞比亚用电量增长一直处于停滞状态，从 2000 年开始用电量以每年平均 4% 增长，到 2012 年达到 10800GW·h。用电量的增长，主要来于工业、商业、服务业、居民等用电行业。采矿业的用电量一直最大，所占总用电量的比例超过 50%。

根据赞比亚电力需求预测资料，2015 年、2020 年、2030 年电量需求分别为 13068GW·h、15073GW·h 和 21120GW·h，最大负荷分别为 2145MW、2605MW 和 4044MW。

24.2.4 马达加斯加

马达加斯加 2000—2012 年发电量、用电量年均增长率约为 3.3% 左右，增长较为缓慢，这一方面是由于经济发展缓慢，但另一方面，电力长期供应不足影响了工业的发展。世界银行近日发布的一份研究报告指出，马达加斯加是世界上用电成本最高的五个国家之一，在过去的 20 年中，马达加斯加的电力生产一直处于停滞不前状态，远不能满足国内发展需求，而电价却在不停地上涨。马达加斯加电力需求长期得不到满足，人均用电量一直维持在 50kW·h 以下，具有非常大的增长潜力。2012 年马达加斯加人口 2192 万，根据马达加斯加国家统计局预计，如果马达加斯加人口持续以 2.8% 的速度增长，其数量在 2030 年将突破 4500 万。即使按照目前非洲人均用电量水平 500kW·h 计算，马达加斯加用电量需求也将在目前基础上增长约 20 倍达到约 20000GW·h，同样马达加斯加用电负荷也将达到 4000MW 以上。由此可知马达加斯加负荷增长潜力巨大。根据预测结果，马达加斯加用电量 2015 年、2020 年、2030 年用电量分别为 1200GW·h、4000GW·h 和 20000GW·h，对应的负荷分别为 240MW、800MW 和 4000MW。

24.2.5 莫桑比克

莫桑比克 2000—2012 年用电量年均增长率约为 21% 左右，增长非常迅猛。但增长随机性很大，如 2001 年比 2000 年下降 70%，2002 年比 2001 年又增长 200%，2005 年和 2006 年分别同比增长 260% 和 110%，2006 年以后有基本维持不变。其变化几乎无规律可循，参考 SAPP 提供的 2011 年年度报告提供的负荷预测情况，莫桑比克负荷、电量增长预测结果如下。莫桑比克国用电量 2015 年、2020 年、2030 年用电量分别为 11600GW·h、14400GW·h 和 22100GW·h，对应的负荷分别为 2339MW、2915MW 和 4527MW。

24.2.6 纳米比亚

目前，纳米比亚只有 30% 的人口能够得到正常供电。根据纳米比亚政府最新的国家发展计划，政府将会注重经济的快速、协调发展，预计该国的矿产业、农业、工业将得到快速发展。由此可知，纳米比亚的电力发展空间比较大，由纳米比亚年用电量历史数据可知，该国年用电量的发展存在不可预测的因素，如 2008—2010 年的增长率连续下降。因此，对于纳米比亚近期的负荷预测不能参考近 5 年的负荷发展速率。

为了满足近期的负荷发展需求，纳米比亚制订了相关规划。SAPP 对纳米比亚近期的年平均负荷增长率为 4.16%，由此可知 SAPP 对于纳米比亚的负荷增长率的预测整体偏低，结合纳米比亚电力公司的预测数据，对相关的 SAPP 预测数据进行修正，结果如下：纳米比亚用电量 2015 年、2020 年、2030 年用电量分别为 4431GW·h、5725GW·h 和 9595GW·h，对应的负荷分别为 731MW、945MW 和 1584MW。

24.2.7 津巴布韦

2000 年土改以后，受多种因素的影响，津巴布韦经济持续下降，人均收入锐减。2009 年津巴布韦联合政府成立后，经济结束负增长，2009 年津巴布韦 GDP 达 58.99 亿美元，增长率为 5.7%；2010 年 GDP 达 82.9 亿美元，增长率为 8.1%；2011 年 GDP 达 100.68 亿美元，增长率为 9.3%。2000—2012 年用电量年均增长约 3.3%，人均用电量维持在 700~1000kW·h 的水平。参考以上历史数据，结合 SAPP 给出的预测结果，津巴布韦电力需求预测如下：津巴布韦 2015 年最大负荷 2643MW，年需电量 15300GW·h；2020 年最大负荷 3115MW，年需电量 18100GW·h；2025 年最大负荷 3674MW，年需电量 21300GW·h；2030 年最大负荷 4322MW，年需电量 25100GW·h。

24.2.8 博茨瓦纳

2012 年，博茨瓦纳农村用电普及率为 49.13%，同比增长 5% 左右。东南部地区用电普及率最大，达到 78.04%，而 Gantsi 地区（位于博茨瓦纳西北部）用电普及率最低，为 38.91%。由此可知，博茨瓦纳的电力发展空间比较大。

根据博茨瓦纳年用电量历史数据可知，该国近 10 年的用电量的发展比较平稳，但其未来的负荷发展仍具有很多不确定因素。博茨瓦纳用电量历史数据可以划分为三个阶段：近 5 年年平均增长率为 3.8%，近 10 年年平均增长率 4.7%，近 17 年年平均增长率 5.8%，对于博茨瓦纳中期（2015—2020 年）及远期（2020—2030 年）的负荷预测可以参考历史阶段性的电力需求增长率。博茨瓦纳电力需求预测结果为：博茨瓦纳用电量 2015 年、2020 年、2030 年用电量分别为 3205GW·h、4091GW·h 和 6056GW·h，对应的负荷分别为 658MW、840MW 和 1243MW。

24.2.9 莱索托

莱索托 2000—2012 年用电量变化较无规律，如 2000 年用电量 210GW·h，到 2001 年降为 60GW·h。到 2011 年和 2012 年用电量达到最多的 520GW·h，2012 年回落到 24GW·h。究其原因在于莱索托潜在用电量较大，肯定大于 520GW·h，只不过由于该国电力装机不足，主要依靠南非供给。当南非电力富余时可以保证向莱索托的供电，当南非电力出现缺额时，莱索托的用电将无法得到保证。根据以上分析参考 SAPP 预测情况：莱索托用电量 2015 年、2020 年、2030 年用电量分别为 700GW·h、900GW·h 和 1400GW·h，对应的负荷分别为 165MW、188MW 和 244MW。

24.2.10 马拉维

马拉维 2000—2012 年用电量增长率约为 5%，该国落后的电力基础设施根本无法保证全国用电需求，用电人口比例仅为 9%。根据历史增长率，并参考根据 SAPP 年报，马拉维负荷增长预测结果如下：马拉维用电量 2015 年、2020 年、2030 年用电量分别为 2300GW·h、2800GW·h 和 4000GW·h，对应的负荷分别为 448MW、541MW 和 652MW。

24.2.11 毛里求斯

根据毛里求斯中央电力公司的分析，2010 年，该国居民用电占总用电量的 30%，该部分用电量未来增长率不大。商业用电占总用电量的 27%，该部分用电量未来增长较快。工业用电占比 33%，该部分用电在现有工业发展趋势下，其未来用电量比例将不高于 28%。在此基础之上，毛里求斯负荷预测结果如下：毛里求斯用电量 2015 年、2020 年、2030 年用电量分别为 2587GW·h、3033GW·h 和 4249GW·h，对应的负荷分别为 475MW、548MW 和 736MW。

24.3 电源建设规划

南部非洲 2013—2030 年电源建设规划总体情况如表 24-5 所示。

表 24 - 5	南部非洲电源建设规划表				单位：MW
项　　目	水电	火电	风电	太阳能	合计
2013—2020 年新增装机容量	9089	13400	1667	1040	25196
2021—2030 年新增装机容量	13863	18042	13656	7585	53146
小计	22952	31442	15323	8625	78342

24.4　电力平衡分析

24.4.1　电力平衡主要原则

结合负荷预测水平、电源规划建设情况等因素，电力平衡主要原则考虑如下：

（1）计算水平年取 2020 年、2030 年。

（2）平衡中考虑丰水期和枯水期两种方式。

（3）结合南部非洲地区负荷特性，各区域枯水期负荷按最大负荷考虑；丰水期负荷为枯水期负荷的 0.97。

（4）系统备用容量按最大负荷的 15％考虑。

（5）丰水期水电机组出力按装机容量考虑，火电（含燃煤、燃气、燃油）机组考虑部分检修，按装机容量的 70％出力考虑。

（6）枯水期水电机组出力按装机容量的 30％考虑，火电机组满发计。

（7）由于风电和太阳能发电出力具有不确定性，因此在电力平衡中不予考虑。

24.4.2　南部非洲电力平衡分析

南部非洲区域电力平衡结果如表 24 - 6 所示。

表 24 - 6	南部非洲区域电力平衡			单位：MW	
项　　目	2020 年		2030 年		
	丰水期	枯水期	丰水期	枯水期	
一、系统总需求	72031	74259	93397	96286	
（1）最大负荷	62636	64573	81215	83727	
（2）系统备用容量	9395	9686	12182	12559	
二、装机容量	70767	70767	102672	102672	
（1）水电	16432	16432	30295	30295	
（2）火电	54335	54335	72377	72377	
三、可用容量	54467	59265	80959	81466	
（1）水电	16432	4930	30295	9089	
（2）火电	38035	54335	50664	72377	
四、电力盈亏（＋盈，－亏）	－17565	－14994	－12439	－14821	

由表 24 - 6 电力平衡结果可看出，规划电源如期投产后，无论丰水期还是枯水期，南

部非洲仍将严重缺电，其中 2020 年最大电力缺额 17565MW，2030 年最大电力缺额高达 14821MW。结合南部非洲各国负荷预测及电源规划情况具体看来：安哥拉、莫桑比克、马拉维电源结构以水电为主，因此容易出现季节性缺电，近期枯水期仍需从周边国家购电，丰水期及远期水电出力较大，将电力输送至周边缺电的国家或者以火电装机为主的国家（区域），从而使水电装机容量充分发挥。南非电源结构以火电为主，一直处于缺电状态，需考虑从国外购电。赞比亚在丰水期可以维持电力平衡，且略有富余，但在枯水期将一直处于缺电状态。马达加斯加一直处于缺电状态，主要是由于该国人口较多，电力负荷需求大，而电源建设滞后造成。因此，马达加斯加应加大国内水电的开发力度。纳米比亚近、中期将呈现为电力盈余的状态，远期随着负荷的发展，将出现电力缺口，可考虑通区域互联的输电通道受电解决。目前津巴布韦处于缺电状态，主要是国内负荷需求大，同时已有电厂万吉火电站缺乏维护，不能达到满出力。但津巴布韦水力资源和煤炭资源均很丰富，规划的水电、火电均较多。津巴布韦近期无论丰水期还是枯水期均将出现电力缺口，因此需考虑加强与周边国家电力互联建设。远期丰水期电力将略有盈余。由于电力负荷增速度较慢，而规划装机容量较多，博茨瓦纳将一直处于电力盈余状态。莱索托国家较小，负荷不大，电源结构以水电为主，近期内主要依靠从南非进口电力，远期待规划电源投产，将出现电力盈余。毛里求斯国内电力基本能达到供需平衡。

24.5　电网建设规划

24.5.1　安哥拉

目前，安哥拉电网还没有和 SAPP 区域电网互联，并且其电网本身分为北部、中部及南部三个独立的供电区。根据该国政府规划，2016 年之前安哥拉将投资 160 亿美元改进该国的输电网及配电网网架，同时将提高偏远农村的供电率。

安哥拉北方地区水力资源及天然气资源丰富，规划开发的水电容量无法在国内消纳，在满足国内负荷需求之余，需要向周边非洲国家输送电力，因此有必要将安哥拉北、中、南部供电区域联系起来将为未来该国北部水电发电量向南部提供通道。

安哥拉农业分布在北部地区和中部地区，因此安哥拉的农村主要分布在北部地区和中部地区。该国三个供电区域的联网后，将能够缓解中部、北部地区装机容量不足和电力需求不断增长的矛盾。

综上所述，本次电力市场研究认为，安哥拉未来在电网建设将会以国内北部、中部、南部电网互联为重点。

24.5.2　南非

南非电网发展未来将关注以下几个方面：①注重安全与环境，努力达到零伤害；②加强电网建设，提高电网冗余和供电可靠性；③确保 IPPs 并网；④提高电网可靠性和运行水平，减小线路故障和停电事故；⑤努力减少线路和铁塔被盗。

南非电力公司（Eskom）依据 IRP2010，制定了《输电网"十年"规划 2013—2022》，根据该规划，2013—2022 年南非输电网规划建设规模如表 24-7 所示。

表 24 - 7 2013—2022 年南非输电网规划建设规模

项　目	数　量	单　位	项　目	数　量	单　位
高压直流	0	km	主变容量	83725	MV·A
765kV 线路	3700	km	电容补偿	2634	Mvar
400kV 线路	8631	km	电抗补偿	9203	Mvar
275kV 线路	402	km			

765kV 与 400kV 线路建设主要是加强西部的开普省和东部的夸祖鲁省的主干网,满足这两个省的供电需要。东北角火电机组林波波省新建的 Medupi 火电站距离负荷中心非常远,也需要建设很长的 765kV 高压送出线路。大量的 400kV 线路建设同样也是 400kV 电网发展的需要,作为南非主干网,400kV 电网需要提供更高的可靠性和安全性。

这些新建线路将构成输电网发展的一部分,这样地区电网将得到加强。新建线路将把各个电源基地和南非的主要负荷中心连接为一个整体。这种坚强的电网结构可以满足电力负荷发展的需要,并能保证新建电厂更合理地接入国家电网,再将电力有效地供给用电客户,同时可以提高抵御事故的能力。83725MV·A 主变容量的建设主要是负荷发展的需要。电容补偿是为了保持电压合理,同时减小网损。另外送往开普省的高压线路还需要加装串补以提高线路输送能力。电抗器建设是配合新建的 765kV 和 400kV 输电线路而建设的。另外还建议在两个站加装动态无功补偿装置 SVC,以更好地维持电压稳定。

24.5.3 赞比亚

2013—2022 年赞比亚输电网建规划设规模如表 24 - 8 所示。

表 24 - 8 2013—2022 年赞比亚输电网规划建设规模

项　目	数　量	单　位	项　目	数　量	单　位
330kV 线路	1064	km	330kV 变电站	1	座
330kV 间隔	2	个	330kV 开关站	1	座

该国电网建设具体工程项目为:新建卡鲁姆比拉(Kalumbila)330kV 变电站,新建蒙布瓦(Mumbwa)330kV 开关站,Lumwana 扩建 1 个 330kV 间隔,卢萨卡(Lusaka West)扩建 2 个 330kV 间隔。新建卡鲁姆比拉(Kalumbila)至 Lumwana 1 回 330kV 线路,长度约 66km;新建卡鲁姆比拉(Kalumbila)至蒙布瓦(Mumbwa)同杆 2 回 330kV 线路,长度约 365km;新建卢萨卡(Lusaka West)至蒙布瓦(Mumbwa)同杆 2 回 330kV 线路,长度约 134km。

24.5.4 马达加斯加

目前,马达加斯加的供电系统主要由三个电网(塔那那里佛电网、塔马塔夫电网和费亚南楚电网)以及其他一些独立电站组成,尚未实现全国联网。

马达加斯加仅有约 10%～20% 人口用电,绝大部分人尚未用上电。供电能力不足,用电潜能不能得到释放,供电效率低下,电价居高不下。

因此，马达加斯加电网建设任务繁重，既要逐步扩大电网覆盖范围，又要寻求扩大电网联络，逐步向全国联网过渡。电网建设要考虑加强主干电网建设，如建设 110kV、220kV 电网，并将现有三个独立电网建立联系，同时考虑将规划的各个火电厂、水电厂接入电网。

24.5.5 莫桑比克

莫桑比克北部的电源位于西部的 Tete 省，而负荷中心位于东北部的 Nampula 省，这种电源和负荷的分布不均衡的状况决定了电力资源需在全国范围内配置和优化，也就决定了电力的长距离输送。

莫桑比克主干网规划（CESUL），即中南输电规划，该规划旨在将 Cahora Bassa 水电站的电力输往南部用电地区，输送容量 3100MW。目前前期研究成果为通过 800kV 直流和 400kV 交流来输送。其中 800kV 直流最大输送容量为 2650MW，400kV 交流最大输送容量为 1100MW。该工程计划于 2017 年完成，工程总投资约 17 亿美元。

工程建设主要从以下几个方面考虑：

（1）提高 EDM（莫桑比克电网公司）的整体性能，顾客满意度。

（2）满足 SAPP 的要求，主要是可靠性、安全性准则，以及电压控制要求。

（3）执行国家能源政策，促进经济发展。

（4）环境可持续发展的需要。通过该工程向 SAPP 输送约 3000MW 可再生的水电来替代 3000MW 的火力发电。

24.5.6 纳米比亚

目前，纳米比亚电力公司对于输电网的规划主要集中在 220kV、66kV 及 132kV 电压等级线路，提高现有用户的供电可靠性，满足工业区不断增长的负荷需求，同时为新兴城镇供应电力。主要的项目如下：

（1）新建 Rössing—Walmund 220kV 线路，以满足西部沿海地区的用电需求。

（2）新建 Auas—Naruchas 132kV 线路，线路长度为 80km，以提高 Rehoboth 周边（中南部地区）的供电可靠性，该工程目前正在实施。

（3）新建 Omatando—Efundja 132kV 线路，同时新建 1 座 132/66kV 变电站，以满足奥希坎戈北部城镇的用电需求。

24.5.7 津巴布韦

南部非洲区域属于缺电地区，并且电源分布特点是"北水南火"。津巴布韦位于 SAPP 的中心地带，与周边国家都已经联网。津巴布韦与周边国家主要联网称为中部输电走廊（"Central Transmission Corridor，简称 CTC）。因此，津巴布韦在 SAPP 中有着重要的作用，需要建设新的输电网来满足目前和将来的需要。

津巴布韦电网规划建设主要工程为中部输电走廊，该工程主要作用为提高当地电网的输电能力、提高电压控制水平及系统控制水平和电网安全性、提高系统稳定性。该工程主要包含以下工程以及一些无功补偿装置，均已完成可行性研究工作。

（1）Alaska 至 Sherwood 第二回 330kV 线路，长度 160km。

（2）Bindura 至 Mtorashanga 的 330kV 线路，长度 80km。

（3）Insukamini 至 Marvel 的第二回 330kV 线路，长度约 40km。

24.5.8 博茨瓦纳

博茨瓦纳西北部地区电网结构比较薄弱，为了满足该地区的用电需求，博茨瓦纳电力公司的规划于 2014 年新建 1 回 400kV 线路，从而将该国网架覆盖到西北部地区，同时该线路还将连接到 Zizabona 规划线路互联。

西南部地区太阳能规划装机规模 600MW，应配套建设输变电工程，将规划中的太阳能进行并网。

24.5.9 莱索托

莱索托国内电网要加强 132kV 电网建设，以适应负荷不断增长需要。同时在边远农村地区可发展微电网。当然如果可能的话，建成全国电力联网。

24.5.10 马拉维

马拉维国内电网建设主要为北部及中部联网加强工程，主要建设一条约 587km 的 220kV 线路（包括线路建设、变电站间隔扩建及 Salima 变电站的降压变换调试），线路路径已经确定。

24.5.11 毛里求斯

根据毛里求斯电力公司的规划，未来 10 年内，毛里求斯电网将逐步对国内电网进行改造、增容，以满足不断发展的负荷需求。2013—2015 年：规划新建 1 座 66kV 变电站，扩建 3 座 66kV 变电站，包括配套线路工程。2016—2022 年：规划新建 6 座 66kV 变电站，扩建 1 座 66kV 变电站，包括配套线路工程。

为了满足 2022—2030 规划建设的燃烧甘蔗渣火电站的电力送出，配套建设送出线路工程。

24.6 区域电网互联互通规划

为了使南部非洲成员国实现互联互通，将南部非洲各国的现有及规划的火电、水电在区域内合理配置及消纳，2015—2020 年南部非洲电网互联互通规划项目如表 24-9 所示。其中赞比亚—坦桑尼亚—肯尼亚联网工程可通过肯尼亚将 SAPP 电网和东部非洲互联。另外，考虑规划中的刚果（金）马塔迪水电站（装机容量 12000MW）未来送电南部非洲电网，将配套规划一条刚果（金）—南非 ±800kV 或 ±1100kV 直流送出工程，长度在 1500km 以上，同时需要在南非需要建设一座换流站。

表 24-9　　　　　　　　**2015—2020 年南部非洲电网互联互通规划项目**

项　　目	电压等级/kV	线路长度/km	投产年份
坦桑尼亚—马拉维联网	220		2015
莫桑比克—马拉维联网工程	220		2015
刚果（金）—安哥拉联网	330		2016
赞比亚—坦桑尼亚—肯尼亚联网工程	330		2016

项　　目	电压等级/kV	线路长度/km	投产年份
ZIZABONA（赞比亚—津巴布韦—博茨瓦纳—纳米比亚）	400	408	2016
南非—纳米比亚—安哥拉—刚果（金）联网工程	400		2016—2020
津巴布韦—南非第二回联络线路	400		2017
莫桑比克—南非高压直流输电工程	533	1400	2020
莱索托—南非输电工程	400		2020
刚果（金）—南非输电工程	800～1100	1500 以上	2025—2030

表 24-9 中的电网项目具体如下：

（1）津巴布韦—南非第二回联络线路。该工程用于加强津巴布韦电网与南非电网联络通道的输电能力，输送容量 650MW，计划 2017 年建成投产。

（2）莫桑比克—南非高压直流输电工程。该工程可将莫桑比克丰富的清洁水电送往南非，送电线路长度约 1400km。

（3）南非—纳米比亚—安哥拉—刚果（金）联网工程。该工程可将安哥拉与刚果（金）水电送至南非。其中纳米比亚—安哥拉规划 2016 年建成投产，输送容量 400MW。整个通道规划于 2020 年完成。

（4）刚果（金）—安哥拉联网。该工程建设将使安哥拉和 SAPP 电网的联系更加紧密，将改善 SAPP 区域互联的网架结构，实现刚果（金）与安哥拉联网，有助于安哥拉水电经历枯水及丰水期期间和邻国的电力交换，输送容量 600MW，该工程计划 2016 年建成投产。

（5）赞比亚—坦桑尼亚—肯尼亚联网工程。该工程主要是实现坦桑尼亚电网与 SAPP 联网，另外，肯尼亚属于东部非洲电力联盟，该线路将 SAPP 电网和 EAPP 互联。该线路输送容量 400MW，计划 2016 年建成投产。

（6）莫桑比克—马拉维联网工程。该工程实现了马拉维与 SAPP 联网，线路输送容量 300MW。该工程在莫桑比克境内新建线路长度 124km，马拉维境内新建线路长度 76km。另外，还需扩建莫桑比克境内的 Matambo 变电站，新建马拉维境内 Phombeya 变电站。该工程计划 2015 年建成投产。

（7）ZiZaBoNa 工程，即赞比亚—津巴布韦—博茨瓦纳—纳米比亚电网互联工程。电压等级为 400kV，线路总长 408km，输送容量 600MW。初始降压至 330kV 运行。项目范围包括：Hwange—Vic Falls 开关站的线路；Pandamatenga—Vic Falls 开关站的线路；Vic Falls—new Livingstone 330kV 站的线路；Livingstone—Zambezi 站的线路。计划 2016 年投产。

（8）莱索托—南非输电线路工程。穆埃拉 Ⅱ 期建成后容量较大，现有的 132kV 电网显然无法满足送出需要，建议建设 400kV 输电线路送往南非。投产时间 2020 年。

（9）刚果（金）—南非输电线路工程。考虑刚果（金）马塔迪水电站（2025 年投产 6000MW，2030 年投产 6000MW）送出工程，需要建设刚果（金）至南非的 ±800kV 或

±1100kV 直流工程，长度在 1500km 以上，同时需要在南非建设一座换流站。

马达加斯加为岛国，与非洲大陆隔莫桑比克海峡相望。莫桑比克海峡全长 1670km，呈东北斜向西南走向。莫桑比克海峡两端宽中间窄，平均宽度为 450km，北端最宽处达到 960km，中部最窄处为 386km，由于距离较远，暂不考虑与非洲联网。

毛里求斯为岛国，位于马达加斯加西部 400km 以外，暂不考虑与非洲联网。

25 中国与南部非洲国家电力合作重点领域

通过对南部非洲11个国家在自然地理、矿产资源、社会经济、内政与对外关系、能源结构、电力系统现状及发展规划等方面因素的深入研究，遴选出中国与南部非洲电力合作的重点国家以及各国重点领域，如表25-1所示。

表25-1 中国与南部非洲电力合作的重点国家及各国重点领域

区　域	国　家	重点国别	合作重点领域				
			水电	风电	太阳能	火电	电网工程
南部非洲	安哥拉	√	√	√	√		√
	南非	√		√	√	√	√
	赞比亚		√				
	马达加斯加	√	√			√	
	莫桑比克		√				
	纳米比亚						√
	津巴布韦		√				
	博茨瓦纳				√		√
	莱索托			√	√		
	马拉维		√				√
	毛里求斯					√	

南部非洲国家水能资源较丰富，主要集中在安哥拉、赞比亚、莫桑比克、津巴布韦以及马达加斯加。另外，莱索托山区水资源较丰富，但不具备良好的水电开发条件。安哥拉水力资源开发潜力巨大，但开发利用程度低。开发水电符合安哥拉能源优化配置和能源可持续发展的战略。赞比亚水能资源占南部非洲的40%，规划待开发水电装机容量3672.7MW，且水电资源开发的政策、审批等外围环境好。马达加斯加理论水电总蕴藏量约为7800MW，目前只开发了3%。近年来，马达加斯加政府重视电力发展，正在积极寻求合作伙伴，开发国内水电站。莫桑比克虽然水电资源丰富，但国内开发能力稍欠缺。津巴布韦水能资源主要集中赞比西河的中游河段，总规划水电装机容量3360MW，开发空间较大。因此，推荐中国与南部非洲水电领域重点合作的国家主要安哥拉、南非、赞比亚、马达加斯加、莫桑比克、津巴布韦以及马拉维。

整体来说，南部非洲风能资源非常丰富，但开发起步较晚。安哥拉目前还处于起步阶段。安哥拉的水电电源多，具有优良的调节性能，为风能和太阳能的大规模利用创造了良好条件。南非海上及沿海区域风能资源极好，根据规划，未来将大幅开发。莱索托东北至西南区域风能资源好，具备风电开发条件。由于国内电力装机不足，主要依靠南非供给。

为保障电力自给率，莱索托政府正在积极推进利用风力和太阳能进行发电。因此，推荐安哥拉、南非和莱索托作为中国与南部非洲风电领域重点合作的国家。

南部非洲绝大部分地区太阳能资源丰富，根据规划，安哥拉和南非将大规模发展太阳能发电；莱索托为满足国内电力供应，也积极推动太阳能发电；博茨瓦纳电力较依赖于进口，根据博茨瓦纳政府第十个国家发展规划，博茨瓦纳政府致力于开发可再生能源，减少对化石燃料的依赖，博茨瓦纳境内太阳能储量丰富，资源条件满足开发要求。因此，推荐安哥拉、南非、博茨瓦纳和莱索托作为中国与南部非洲太阳能领域重点合作的国家。

结合南部非洲各国的电力建设规划，南非将重点发展燃煤电站和燃气电站，马达加斯加发现了一定储量的煤炭和天然气，未来有发展火电的潜力。毛里求斯的电源结构以火电为主，由于该国清洁能源开发潜力有限，随着远景负荷的增长，仍需要通过新建火电来保障持续可靠供电。因此推荐南非、马达加斯加和毛里求斯作为中国与南部非洲火电领域重点合作的国家。

南部非洲电网发展参差不齐。南非未来主要规划建设 400kV 与 750kV 电网工程。安哥拉现有电网的网架结构无法满足该国未来水电开发后的送出和消纳，因此，未来需统筹考虑水电送出、消纳的工程以及联网工程。马达加斯加电网尚未真正成形，处于电网发展最初级阶段，急需对全国电网进行全面规划建设，电网市场空间巨大。莫桑比克水电资源丰富，电网建设主要满足国内水电送出。马拉维的电网建设滞后于经济发展，且电网132kV 电压等级线路多为木杆线路，破坏严重。因此马拉维的电网改造及新建领域市场空间较大。

综合前述分析，中国与南部非洲地区合作前景广阔，推荐中国与南部非洲电力合作的重点国家为安哥拉、南非和马达加斯加。

参　考　文　献

［1］　BP. BP Statistical Review of World Energy 2013 ［R/OL］. London：BP，2013. http：//www. bp. com/ zh _ cn/china/reports - and - publications. html.

［2］　BP. BP Statistical Review of World Energy 2014 ［R/OL］. London：BP，2013. http：//www. bp. com/ zh _ cn/china/reports - and - publications. html.

［3］　BP. BP Energy Outlook 2030 ［R/OL］. London：BP，2012. http：//www. bp. com/zh _ cn/china/ reports - and - publications. html.

［4］　UN. Energy Statistics Yearbook 2010 ［R/OL］. New York：UN，2013. http：//unstats. un. org/ unsd/pubs/gesgrid. asp? data＝year.

［5］　IEA. Energy Balances of Non - OECD Countries 2012 ［R /OL］. Paris：IEA，2012. http：// www. iea. org：10000/search/search/C. view＝IEA/results? q＝Energy＋Balances＋of＋Non - OECD＋Countries＋2012.

［6］　IEA. Energy Balances of OECD Countries 2012 ［R /OL］. Paris：IEA，2012. http：//www. oecd - ilibrary. org/energy/energy - balances - of - oecd - countries - 2012 _ energy _ bal _ oecd - 2012 - en.

［7］　IEA. Electricity Imformation 2012 ［R /OL］. Paris：IEA，2012. http：//www. oecd - ilibrary. org/ energy/electricity - information - 2012 _ electricity - 2012 - en.

［8］　EIA. International Energy Outlook 2011 ［R /OL］. Paris. IEA，2011. http：//www. worldenergyoutlook. org/ publications/weo - 2011/.

［9］　商务部 . 对外投资合作国别（地区）指南（2013 年版）［R /OL］. 北京：商务部，2013. http：// fec. mofcom. gov. cn/gbzn/gobiezhinan. shtml? COLLCC＝693767161＆COLLCC＝1500140452＆.

［10］　中国气象局 . QT/X 89—2008　太阳能资源评估方法 ［S］. 北京：气象出版社，2008.

［11］　S. 诺里斯，等 . 非洲电力合作开发的前景 . 水利水电快报，2004，25（9）：18 - 21.

非洲地理行政区划图